自然科学学术文库

# 面向移动终端用户的 WLAN 定位技术

夏　颖　著

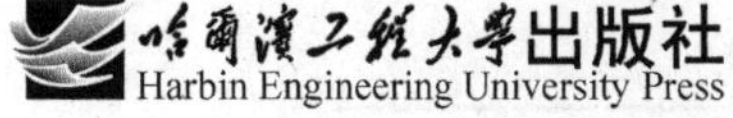

**内 容 简 介**

本书以室内环境下基于位置的服务为前提,对基于 WLAN 的定位技术进行介绍与实测。通过移动用户获取 RSS 信号,通过匹配算法与指纹数据进行特征映射,进而为基于位置的服务提供精确、实时的位置信息等,为室内定位及导航提供技术支持。

本书适合对 WLAN 的定位技术进行研究的人员参考。

**图书在版编目(CIP)数据**

面向移动终端用户的 WLAN 定位技术/夏颖著. —哈尔滨:哈尔滨工程大学出版社,2018. 7

ISBN 978 -7 -5661 -2077 -9

Ⅰ. ①面… Ⅱ. ①夏… Ⅲ. ①无线电通信 - 局域网 - 定位 - 研究 Ⅳ. ①TN92

中国版本图书馆 CIP 数据核字(2018)第 211637 号

**选题策划** 夏飞洋
**责任编辑** 夏飞洋
**封面设计** 李海波

---

出版发行 哈尔滨工程大学出版社
社　　址 哈尔滨市南岗区南通大街 145 号
邮政编码 150001
发行电话 0451 - 82519328
传　　真 0451 - 82519699
经　　销 新华书店
印　　刷 北京中石油彩色印刷有限责任公司
开　　本 787 mm×960 mm 1/16
印　　张 11. 25
字　　数 231 千字
版　　次 2018 年 7 月第 1 版
印　　次 2018 年 7 月第 1 次印刷
定　　价 39. 80 元
http://www. hrbeupress. com
E-mail:heupress@ hrbeu. edu. cn

---

# 前　言

“雨掸霜叶，掸落一地过往；云遮秋雁，遮住十载月光。”

攻读博士学位的几个春秋，转瞬即逝！回想博士学习经历，不仅仅是求学科研，也是磨炼意志、历经坎坷的一种人生沉淀。

拙著是在我的博士论文基础上完成的。此时最想表达的就是向所有关心和帮助过我的老师、同学、单位领导、亲人及朋友们致以深深的谢意！

首先向我的导师张中兆教授表达我最诚挚的谢意！师从您五年有余，作为恩师无论是从学术还是为人上都给予了我极大的指导和帮助，是您将我带入室内定位这一课题，让我在研究室内定位这一课题中不断成长，为我今后的科研道路奠定了坚实的基础。我每取得的一点进步都无不饱含您的辛勤汗水和孜孜教导。您宽广的研究视野、严谨的治学态度、身体力行的工作作风和言传身教都让我终生受益，必将会永远激励我不断前进。您成为了我今后学习和工作的楷模。

随着智能终端的手持化和无线网络的广泛覆盖，室内外基于位置服务的需求呈现出增加与快速发展的趋势，并日趋广泛地应用在抢险救援、医疗服务、旅游定位导航和监控等领域，展示出良好的市场前景。为位置服务提供精确与实时的位置信息需求，将定位技术与提供的服务紧密联系在一起，其中，实时可靠的高性能定位技术是提供准确位置信息的基础。基于接收信号强度 RSS 的无线局域网 WLAN 室内定位技术，在直接利用现有的网络硬件设施基础上，通过各种便携式的移动终端，以纯软件的方式即可实现定位过程，成为近年来室内定位技术领域的研究热点。然而，室内无线电信号传播环境的复杂多变，会导致 RSS 信号具有严重的时变性，使得信号空间与物理位置空间的映射关系不是唯一对应的，严重影响了定位的精确度，给室内基于位置指纹的定位技术带来了诸多问题，也对广大研究人员提出了更多的挑战。

本书分为两部分，第一部分主要针对基于 WLAN 的位置指纹定位系统的关键技术进行了深入研究，分析了影响定位性能的主要因素；第二部分从影响定位性能的两个阶段，即离线数据采集及在线实时定位，分别以降低 RSS 信号时变特性的影响、减少定位计算的复杂度、实现定位系统的有效性与可靠性平衡为主要目标，充分利用便于采集的未标记样本数据，采用半监督的流形学习、聚类分析及数据挖掘理论，提出了改进的位置解算算法，从不同的方面，一定程度上改善了基于指纹匹配的 WLAN 定位技术。

全书的章节安排如下：

第 1 章为绪论。较全面地介绍了以基于位置服务为核心的定位技术国内外的发展及其研究现状。重点以室内位置服务为需求，讨论了现有的室内定位技术各自的优缺点。以基于 WLAN 的位置指纹室内定位技术为核心，对定位原理、构建成本、定位精度和适用的场景几个方面进行了详细介绍，并在此基础上讨论了指纹采集与位置解算两个阶段的关键技术，总结指纹匹配算法、聚类分析、特征提取和指纹数据更新等环节的研究现状与存在的问题，对部分算法进行了详细介绍与研究，为后续算法的改进提供理论基础。

第 2 章为基于 WLAN 的位置指纹定位技术。从 WLAN 位置指纹法定位的基本步骤着手，分别讨论了离线阶段指纹采集与在线阶段位置解算的关键技术，对影响定位结果的主要因素进行了详细分析，为指纹定位提供理论基础。首先，研究了 RSS 信号与空间位置的特征映射，分析了定位系统中无线电信号强度与位置空间关系描述的电波数学传播模型法和位置指纹法，指出指纹信号的非线性和时变特性，及其对系统定位性能的影响。随后，介绍了对如何降低 RSS 信号的不确定性如何克服信号强度因干扰波动引起的定位精度下降，提出了对指纹数据的预处理，便于更好地实现对定位环境精细、有效的描述。最后，介绍了在室内多墙的定位实验环境下，用于数据采集所需的硬件设备与软件配置，并给出了 AP 部署、参考点布设、指纹库构建与测试点选取等详细实验设置方案。

第 3 章为基于距离约束的半监督聚类指纹定位算法。将流形学习理论应用于基于用户端的室内位置指纹定位系统中，提出了基于半监督流形学习的判别嵌入特征提取算法。针对高维数据空间存在的低维流形结构，指出了在高维数据处理中维数约减的必要性与可行性。然后在 LDE 算法的基础上，利用易于采集的未标记样本数据，采用半监督的学习方法有效地提取定位特征，从参考点布设密度、定位过程运算量和所需实时样本采集量等方面分析了算法的低功耗特性。

第 4 章为基于半监督流形学习的判别嵌入算法。从定位区域参考点的聚类分区角度出发，为了减小指纹匹配过程对数据库搜索与识别的区域范围，降低在线定位阶段的位置匹配计算复杂度，提出了结合均值的半监督仿射聚类传播算法。指出了已有的聚类分块算法在实际应用中存在的问题与不足，在基于数据点间信息传递的仿射聚类算法基础上，利用距离函数约束、修正聚类结果，实现对参考点的聚类分区。

第 5 章为基于用户位置的指纹数据库的更新算法。针对静态指纹库对定位精度的影响，提出了一种基于移动用户运动轨迹的 Radio Map 更新算法。移动用户沿着运动轨迹接收的实时 RSS 信号，可以更好地反映信号传播环境的变化，为此建立与运动轨迹相关的隐马尔可夫模型，通过对模型参数进行求解获取隐藏的相关位置信息，进而实现对指纹数据的实时更新。从基于用户轨迹的 HMM 模型建立开始，利用约束条件对模型参数进行求解，然后依据信息熵理论选择部分接入点集合进行数据的更新，用于实时的位置估计计算。

第 6 章为基于多信息融合的定位算法。针对单一定位技术存在的缺点与不足，提出了一种基于 WLAN、航迹推算与地磁相融合的室内定位方法。该方法减小了 PDR 定位的误差问题带来的移动用户轨迹偏离累计，同时改善了 WLAN 定位的精度不高的问题，从而得到融合之后的定位结果优于单一信息源定位的结果。算法通过 EKF 算法将 WLAN 定位及 PDR 定位的结果进行融合得到一个改善的定位结果，然后以该定位结果为中心，以该结果后验误差的标准差及本次 WLAN 定位结果来动态控制地磁匹配范围大小，最后在该范围内通过地磁匹配进行二次定位，得到最终定位结果。在融合定位的过程中，通过 PDR 定位所测方位角的变化量来修正预测方位角，使得方位角突变时滤波跟踪性增强以促进定位精度的提高。

全书所有实验结果的获得，全部得益于作者在哈尔滨工业大学通信技术研究所攻读博士学位期间，参与完成导师的国家自然科学基金“基于绿色 AP 的 WLAN 室内定位算法研究”（项目批准号：61101122）、国家自然科学基金面上项目“基于群智信息感知模式的 Wi－Fi 室内定位系统中 Radio Map 构建方法”（项目编号：61571162）等项目，所具备的实验场景及获取的实验测试数据。本书的出版得到了黑龙江教育厅基本科研业务专项面上项目（135209240）和齐齐哈尔大学博士科研启动金的资助。在此，请允许我再次向导师、通信技术研究所的老师及项目资助者致以深深的谢意！

在撰写本书的过程中，参考了许多专家学者在相关领域的研究成果，在此表示衷心的感谢和崇高的敬意。将参考部分的出处列在书末参考文献中，供有兴趣的读者进一步参考。由于笔者学识浅薄，尽管竭力而为，但书中还会有许多缺点和错误，恳请专家、读者批评指正。

著　者

2018 年 4 月于齐齐哈尔大学

# 目　　录

# 第1章　绪　　论

随着无线通信技术的迅猛发展和移动计算设备的广泛使用与普及,以互联网为核心的现代信息技术把人类带入了信息时代。充分利用网络资源随时掌握“人”或“物”的位置信息正在改变着人们的生活方式,给人们的生产和生活带来极大的方便,定位技术已越来越贴近人们的生活。基于位置的服务(Location Based Service, LBS)已经成为近年来移动计算研究领域的热点问题之一。所谓的LBS是指通过某种无线电通信网络,如全球移动通信系统GSM、码分多址通信CDMA等以适当的技术获取移动终端用户的空间物理位置坐标,然后将该位置信息提供给用户或第三方的服务机构,进而为用户提供与位置相关的增值业务。

提供基于位置服务的前提是移动设备需要知道自身所处空间的物理位置坐标,这一位置信息通常需要通过定位系统来获取。当移动设备位于开阔的室外环境时,作为成熟定位技术的代表,全球卫星定位系统(Global Positioning System, GPS),因其性能稳定、成本低、精度能达到米级,而被越来越多的人所熟悉并使用。例如车载导航、手机地图APP等都运用了GPS技术。室外空间虽然广阔,但大部分时间里,人们的活动还是在室内进行,此时由于受到钢筋混凝土等障碍物的遮挡和复杂室内环境的影响,接收到的GPS信号很弱,无法利用现有的GPS技术实现定位。因此,如何在室内实现精确的定位是定位技术研究领域中的一个重要方向。

## 1.1　定位技术的发展历史和现状

在开阔的室外环境中,GPS是迄今为止应用最为成功的定位、导航系统。该系统是由美国国防部研制建立的具有全方位、全天候、全时段、高精度的卫星导航系统,能够为全球用户提供低成本、高精度的三维位置、速度和精准定时等信息。除此之外,还有一些其他国家和组织的卫星定位、导航系统。如:俄罗斯的格洛纳斯全球导航卫星系统(Global Navigation Satellite System, GLONASS),该项目是苏联在1976年启动的,已经于2011年初在全球正式运行,系统使用24颗卫星实现全球定位服务,可提供高精度的三维空间和速度信息及其授时服务;欧盟研制和建立的伽利略卫星导航系统(Galileo Satellite Navigation System);中国在2003年开始建造的北斗卫星导航系统。

### 1.1.1 GPS 及其他全球定位系统

1. GPS 系统

GPS 卫星通信技术是导航领域的应用典范,它极大地提高了人类社会的信息化水平,有力地推动了数字经济的发展。从用户设备端来讲,通过地面接收机捕获、测量来自 4 颗或 4 颗以上在轨卫星信号到达时间差来估算移动终端的位置信息。在室外大部分场合,内置 GPS 模块的移动终端都可实现较高精度的位置估算。如今的卫星定位、导航应用等产业在国民经济中发挥着越来越重要的作用,具体表现在为船舶、汽车、飞机等运动物体进行定位导航,以及在公安、医疗、消防的紧急救助、目标追踪和个人旅游及野外探险的路径引导、紧急调度和环保建设等行业发挥的重要作用。目前 GPS 以其提供的全球化定位服务功能而成为影响力最大、覆盖范围最广的定位系统。

该系统由三部分组成:空间部分、地面控制部分和用户终端部分。空间部分由 24 颗卫星构成,其中有 3 颗为备用卫星。这些卫星将全球覆盖,并为全球的用户提供信息服务。地面控制部分主要负责与卫星的联系,并对卫星的相关参数进行校正。用户终端部分则为 GPS 信号接收机,根据接收到的若干卫星信号来计算用户所在的位置坐标。GPS 具有定位精度高、观测时间短、全球全天候工作、高效率、多功能、易操作和应用广泛等特点。

GPS 主要应用于汽车、飞机和船舶等运动物体的定位导航服务,以及网络时间同步与各种测量应用等。其定位方法按不同的划分方式可分为不同的种类。

按参考点的位置,GPS 定位可分为(以下两种):

(1)绝对定位。GPS 所采用的协议地球坐标系为 WGS - 84 坐标系。在该协议地球坐标系中,GPS 测量接收机与地球质心的相对位置,即为绝对位置定位。

(2)相对定位。在上述的协议地球坐标系中,GPS 测量两台以上的接收机到某一已知地面参考点的相对位置。之所以采用这样的相对复杂的方法,是因为 GPS 测量受到星历误差和大气折射误差的影响。这样的测量可以通过求差在一定程度上消除星历误差和大气折射误差的影响,从而使得相对定位相比绝对定位更准确。

按用户的接收机在工作时的运动状态,GPS 定位可分为(以下两种):

(1)静态定位。即接收机在定位时处于静止状态。这种静止是相对的,相对于周围的参照物而言。

(2)动态定位。即接收机在定位时处于运动状态。

实际上,上述两种划分方式是相互包含的。绝对定位里包含绝对静态定位和绝对动态定位两种。相对定位也同样包含相对静态定位和相对动态定位两种。反之,则依此类推。

在城市中心,对于室内等复杂环境,GPS 往往不能发挥作用,因此一种 GPS 的辅助技术被提出，即辅助GPS(Assisted GPS, AGPS)。这种技术通过结合移动通信运营基站与GPS对用户进行快速定位，广泛应用于具有GPS功能的手机上。其具体工作原理：AGPS首先将本身所在的基站地址通过通信网络发给位置服务器。位置服务器根据接收到的基站地址将相关的辅助定位信息发给用户，然后用户根据辅助定位信息接收GPS信号，在接收到GPS信号后，用户计算与卫星之间的伪距，并把相关信息发给位置服务器。位置服务器根据用户发过来的这些信息与其他辅助信息估计用户的位置并发给用户。至此，整个定位过程完成。

AGPS的优点为速度快，精度高。其首次捕获GPS信号仅需数秒，而GPS需要2 ~3 min。且其精度由于移动通信网络的辅助也优于GPS。但是，AGPS仍然存在着一些缺点。第一，该技术仍然不能用于室内定位。室内定位由于存在严重多径干扰和大量的人员干扰及环境的变动，使得需要有新的且不同于GPS系列的技术出现，才有解决室内定位的可能。这也使本书研究的室内定位显得尤为重要。第二，AGPS占用了大量的通信资源。其定位过程需要与位置服务器多次通信，使得本就有限的无线蜂窝通信资源更加紧张。第三，军事应用限制了民用。

GPS的重要性受到了越来越多的国家的关注，除了美国外，其他国家也相继开发出了自己的室外全球定位系统。

2. 格洛纳斯系统GLONASS

格洛纳斯系统是俄罗斯开发的一套类似于GPS的室外全球定位系统。该系统是始于苏联的计划，后被俄罗斯所继承。格洛纳斯于1993年开始建立，2007年开始运营，提供俄罗斯国内的定位服务，2009年开始提供全球范围的定位服务。

该系统与美国的GPS在服务和原理上基本差不多，但存在一些问题与不足：

(1)格洛纳斯目前的性能不稳定，卫星的工作寿命比较短，在轨卫星只有12颗。

(2)格洛纳斯受到俄罗斯本身的影响而发展缓慢，其设备大多体积大而笨重。

(3)格洛纳斯采用的是频分多址技术(Frequency Division Multiple Access, FDMA)，其用户的接收机的频率综合器比较复杂。

(4)格洛纳斯与全球应用最为广泛的GPS的兼容问题还有待于进一步解决。但是，格洛纳斯的民用信号没有加扰，其精度要比加扰的GPS民用信号要高。

3. 伽利略系统GALILEO

欧洲也打造了自己的全球定位系统，即伽利略系统。2002年，欧洲开始正式启动这一计划，首先是建立一个能与美国的GPS和俄罗斯的格洛纳斯完全兼容的系统，之后是建立一个完全独立的全球定位系统，即伽利略系统，期望以此能形成与美国和俄罗斯三足鼎立的局面。其建设的背景如下：

(1)单独的民用系统，而具有军方背景的GPS最初是为军事目的服务的。

(2)相对于其他全球卫星定位系统，提高了卫星定位的完好性、可用性和精度。

(3)希望能促进欧洲经济发展。

(4)希望能提高欧洲在全球定位导航领域的国际地位。

4. 减少欧洲对美国的 GPS 的依赖

伽利略系统主要包括五大部分:卫星星座、卫星系统主控中心、伽利略卫星轨道和同步性地面监测网、用户部分和数个控制站。

伽利略系统的主要特点如下:

(1)全天候,全球无缝覆盖。

(2)独立于美国,受欧洲控制的民用全球定位系统。

(3)定位精度高于 GPS。

(4)导航定位服务多样化。

(5)具有地面与卫星通信能力,提供救援和搜索服务。

(6)系统开放性。

(7)系统管理民间性。

5. 北斗卫星导航系统 BDS

中国北斗卫星导航系统(BeiDou Navigation Satellite System, BDS)是中国自行研制的全球卫星导航系统,是继美国 GPS、俄罗斯 GLONASS 卫星导航系统、欧洲伽利略卫星导航系统之后第四个成熟的卫星导航系统,是联合国卫星导航委员会已认定的供应商。

北斗卫星导航系统由空间段、地面段和用户段三部分组成,可在全球范围内全天候、全天时为各类用户提供高精度、高可靠定位、导航、授时服务,并具短报文通信能力,已经初步具备区域导航、定位和授时能力,定位精度 10 m,测速精度 0.2 m/s,授时精度 10 ns。

(1)系统构成

我国 2012 年利用一箭双星技术发射的两颗“北斗”导航卫星,计划到 2020 年左右,建成由 5 颗地球静止轨道卫星和 30 颗其他轨道卫星组成的覆盖全球的“北斗”卫星导航系统。

(2)卫星定位及导航原理

①定位原理

35 颗卫星在离地面 2 万多千米的高空上,以固定的周期环绕地球运行,使得在任意时刻,在地面上的任意一点都可以同时观测到 4 颗以上的卫星。由于卫星的位置精确可知,在接收机对卫星观测中,我们可得到卫星到接收机的距离,利用三维坐标中的距离公式,利用 3 颗卫星,就可以组成 3 个方程式,解出观测点的位置($X,Y,Z$)。考虑到卫星的时钟与接收机时钟之间的误差,实际上有 4 个未知数——$X$、$Y$、$Z$ 和钟差,因而需要引入第 4 颗卫星,形成 4 个方程式进行求解,从而得到观测点的经纬度和高程。事实上,接收机往往可以锁住 4 颗以上的卫星,这时,接收机可按卫星的星座分布分成若干组,每组 4 颗,然后通过算法挑选出误差最小的一组用作定位,从而提高精度。

卫星定位实施的是“到达时间差”(时延)的概念:利用每一颗卫星的精确位置和连续发送的星上原子钟生成的导航信息获得从卫星至接收机的到达时间差。卫星在空中连续发送带有时间和位置信息的无线电信号,供接收机接收。由于传输的距离因素,接收机接收到信号的时刻要比卫星发送信号的时刻延迟,通常称之为时延,因此,也可以通过时延来确定距离。卫星和接收机同时产生同样的伪随机码,一旦两个码实现时间同步,接收机便能测定时延;将时延乘以光速,便能得到距离。每颗卫星上的计算机和导航信息发生器能非常精确地了解其轨道位置和系统时间,而全球监测站网能保持连续跟踪。

②导航原理

卫星至用户间的距离测量是基于卫星信号的发射时间与到达接收机的时间之差,称为伪距。为了计算用户的三维位置和接收机时钟偏差,伪距测量要求至少接收来自 4 颗卫星的信号。由于卫星运行轨道、卫星时钟存在误差,大气对流层、电离层对信号的影响,使得民用的定位精度只有数十米量级。为提高定位精度,普遍采用差分定位技术,建立地面基准站进行卫星观测,利用已知的基准站精确坐标,与观测值进行比较,从而得出一修正数,并对外发布。接收机收到该修正数后,与自身的观测值进行比较,消去大部分误差,得到一个比较准确的位置。实验表明,利用差分定位技术,定位精度可提高到米级。

(3)系统功能

①军用功能

“北斗”卫星导航定位系统的军事功能与 GPS 类似,如:运动目标的定位导航;为缩短反应时间的武器载具发射位置的快速定位;人员搜救、水上排雷的定位需求等。

这项功能用在军事上,意味着可主动进行各级部队的定位,也就是说陆地各级部队一旦配备“北斗”卫星导航定位系统,除了可供自身定位导航外,高层指挥部也可随时通过“北斗”系统掌握部队位置,并传递相关命令,对任务的执行有相当大的助益。换言之,陆地可利用“北斗”卫星导航定位系统执行部队指挥与管制及战场管理。

②民用功能

个人位置服务:用于个人位置信息服务的定位导航。当用户进入不熟悉的地方时,可以使用装有北斗卫星导航接收芯片的手机或车载卫星导航装置找到所需路线。

气象应用:北斗导航卫星气象应用,可以实现中国天气分析和数值天气预报、气候变化监测和预测,也可以提高空间天气预警业务水平,提升中国气象防灾减灾的能力。

道路交通管理:通过在车辆上安装卫星导航接收机和数据发射机,车辆的位置信息就能在几秒钟内自动转发到中心站,利用位置信息可便于道路交通管理,有利于减缓交通阻塞,提升道路交通管理水平。

铁路智能交通:卫星导航将促进传统运输方式实现升级与转型。在铁路运输领域,通过安装卫星导航终端设备,可极大缩短列车行驶间隔时间,降低运输成本,有效提高运输效率。未来,北斗卫星导航系统将提供高可靠、高精度的定位、测速、授时服务,促进铁路交通的现代化,实现传统调度向智能交通管理的转型。

海运和水运:海运和水运是全世界最广泛的运输方式之一,也是卫星导航最早应用的领域之一。在世界各大洋和江河湖泊行驶的各类船舶大多都安装了卫星导航终端设备,使海上和水路运输更为高效和安全。北斗卫星导航系统将在任何天气条件下,为水上航行船舶提供导航定位和安全保障。同时,北斗卫星导航系统特有的短报文通信功能将支持各种新型服务的开发。

航空运输:当飞机在机场跑道着陆时,最基本的要求是确保飞机相互间的安全距离。利用卫星导航精确定位与测速的优势,可实时确定飞机的瞬时位置,有效减小飞机之间的安全距离,甚至在大雾天气情况下,可以实现自动盲降,极大提高飞行安全和机场运营效率。通过将北斗卫星导航系统与其他系统的有效结合,将为航空运输提供更多的安全保障。

应急救援:卫星导航已广泛用于沙漠、山区、海洋等人烟稀少地区的搜索救援。在发生地震、洪灾等重大灾害时,救援成功的关键在于及时了解灾情并迅速到达救援地点。北斗卫星导航系统除导航定位外,还具备短报文通信功能,通过卫星导航终端设备可及时报告所处位置和受灾情况,有效缩短救援搜寻时间,提高抢险救灾时效,大大减少人民生命财产损失。

指导放牧:2014 年 10 月,北斗卫星系统开始在青海省牧区试点建设北斗卫星放牧信息化指导系统,主要依靠牧区放牧智能指导系统管理平台、牧民专用北斗智能终端和牧场数据采集自动站,实现数据信息传输,并通过北斗地面站及北斗星群中转、中继处理,实现草场牧草、牛羊的动态监控。2015 年夏季,试点牧区的牧民就能使用专用北斗智能终端设备来指导放牧。

自从 2003 年 6 月以来,该系统的试验系统开始正式提供服务,在交通、渔业、水文、气象、林业、通信、电力和救援等诸多领域得到了广泛应用,产生了显著的社会效益和经济效益。2017 年 11 月 5 日,中国第三代导航卫星顺利升空,它标志着中国正式开始建造“北斗”全球卫星导航系统。

### 1.1.2 无线局域网 WLAN

然而,由于 GPS 发射的无线电信号在室内及建筑物密集的环境里传播会受到阻隔或被分散,导致定位功能无法有效地实现。对于人们工作和活动的室内环境,为了更好实现基于位置信息的服务而开发低成本、高精度及实时性的定位技术已经成为各国学者研究的热点课题。迄今为止,已有的室内定位技术大多数是基于无线传感器网络的，如红外线定位系统、超声波定位系统、无线电射频识别（Radio Frequency Identification, RFID）定位系统、超宽带定位系统和视觉定位系统，等等。在这些不同的定位系统中，分别使用了红外线、无线电、视频图像等各种感测信号，再通过不同的定位估计算法，获得对待测目标的位置估计结果。

然而，上述定位系统还存在一定的不足：它们都需要布置专门的网络架构，使用专用的硬件设备接收感测信号，增加定位系统的构建成本和运行维护的开销，导致系统的可扩展性较差；况且红外线、超声波等感测信号受视距传播限制，难以穿透墙壁、地板而实现远距离的传输，进一步地限制了定位系统的应用范围。基于IEEE 802.11协议标准的无线局域网（Wireless Local Area Network, WLAN）自问世以来，已在全球范围内迅速地普及。

WLAN具有硬件成本低、安装布置便捷的优点而成为笔记本电脑中的标准功能，并逐步应用于个人掌上电脑、移动电话等电子设备中，使得未来WLAN的普及率将很快就能够与互联网相媲美。据全球最大商用Wi-Fi网络提供商iPass公司发布报告称：公用WLAN热点数量在2014年实现了一个重要的里程碑，热点数目较2013年增长了80%，数量已经超过了5 000万个。其中法国居全球之首，全国的WLAN热点数量达到1 300万个；美国和英国分别位居第二和第三；中国位居第四，热点数量超过491万个。iPass预计，WLAN热点数量将快速增长，到2018年时的全球热点数量将达到3.4亿个。因大部分的WLAN热点布置在室内环境中，其覆盖区域的广泛性便于用户通过智能移动终端随时随地接入互联网。正是在这种应用背景下，若干基于WLAN的室内定位技术陆续被提出，用以弥补GPS定位系统因信号难以穿透多数建筑物或稠密植被而导致的定位信号失效问题，并受到研究人员越来越广泛的关注。

1. 物理层

WLAN使用IEEE 802.11标准。该标准在国际上被广泛认可，而且不断地在完善，推动着WLAN走向安全、高速和互联。IEEE 802.11标准中定义了三个可选的物理层实现方式，分别是红外线基带物理层和两种无线射频物理层。

（1）红外线物理层。使用红外线作为传输媒介，有较强方向性，受阳光干扰大。该方法适用于近距离通信。

（2）直接序列扩频。采用高码率的扩频序列，在发射端扩展信号的频谱，在接收端用相同的扩频序列将其还原成原来的信号。在发送端和接收端以宽带方式传输。

（3）跳频扩频。该方式受伪随机码控制，在工作带宽范围内，其发射端频率按随机规律不断改变频率。在接收端，其接收频率也按与发射端相同的随机规律变化。使用直接序列扩频和跳频扩频方式的WLAN具有覆盖面大、抗干扰、抗衰减和保密性好的优点。

2. 介质访问控制方法

IEEE 802.11 采用的介质访问控制方法为带冲突避免的载波侦听多路访问 CSMA/CA(Carrier Sense Multiple Access with Collision Avoidance)。在 WLAN 中使用该方法而不使用带冲突检测的载波侦听多路访问 CSMA/CD(Carrier Sense Multiple Access with Collision Detection)的主要理由在于:

(1)两者的传输介质不同。CSMA/CD 用于总线式以太网,而 CSMA/CA 则用于无线局域网 802.11a/b/g/n 等等。

(2)检测方式不同。CSMA/CD 通过电缆中电压的变化来检测,当数据发生碰撞时,电缆中的电压就会随着发生变化。而 CSMA/CA 采用能量检测、载波检测和能量载波混合检测三种检测信道空闲的方式。

(3)在 WLAN 中,对某个节点来说,其刚刚发出的信号强度要远高于来自其他节点的信号强度,也就是说它自己的信号会把其他的信号给覆盖掉。

(4)本节点处有冲突并不意味着在接收节点处就有冲突。

3. WLAN 的优势

与传统有线局域网相比,使用 WLAN 具有以下优势:

(1)安装便捷。在一般的网络施工中,布线工作是非常耗时且烦琐的。使用 WLAN 只需一个无线路由器即可,而不用烦琐的线路布置和线路维护,大大减少了网络架设和维护工作。

(2)使用灵活。在传统有线网络中,网络接入点的位置相对固定,如果需要改变网络接入点的位置则需另外布线。而 WLAN 则只需在无线路由器布置好后,在其覆盖范围内均可自由使用。相比传统有线网络,其使用非常灵活。

(3)经济节约。由于没有烦琐的线路布置和维护,其安装成本和维护成本大大减小。

(4)易于扩展。如需对现有网络进行扩展,WLAN 可以方便地合并多个子网络成为一个大的网络,不用受到线路和环境的限制。其扩展性相对传统网络较好。

4. WLAN 的应用范围

目前,WLAN 在各个领域的应用已经非常广泛了,在很多不宜布线或移动服务领域发挥着巨大的作用。

(1)展览和会议。在这些临时场合,本身没有固定的有线网络服务,使用灵活的 WLAN 能够使参与者方便地享受网络的服务。

(2)金融服务。将 WLAN 作为原先有线网络的备用网络,可以在有线网络出现故障时发挥作用。

(3)商业场所。在商业场所由于人员流动相当大,使用固定有线网络十分不便。而使用 WLAN 则可以十分便捷。

(4)移动办公。这种办公方式极大地方便了办公人员互相交流,不必受到网络接入点的约束。

(5)各种基于 WLAN 的信息服务。例如基于 WLAN 的室内定位系统。

(6)老式建筑。这样的建筑由于原先并没有专门的网络线路,因而进行布线工程量相当大,且后期维护也不易。采用 WLAN 则完全不用在意布线和维护问题。

(7)大楼之间。两大楼之间使用 WLAN 连接非常方便,较之专线连接造价更低。

5. WLAN 网络存在的安全性问题及其防护

与其他网络一样,WLAN 也存在安全性问题。其表现为扫描攻击、WEP 攻击、MAC 地址嗅探和电子欺骗。

要做到 WLAN 安全有效,需要做到以下几点:

(1)接入控制。验证用户,只有授权用户能访问指定的资源,同时拒绝未经授权的用户接入 WLAN。

(2)确保数据链路的保密性与完整性。防止未经授权的用户读取、复制或更改网络上的数据。

(3)防止拒绝服务攻击。确保没有用户占用某个 WLAN 接入点的所有可用带宽,从而保证其他用户的正常接入。

目前,WLAN 的安全性问题十分严峻。很多 WLAN 都处于无密码保护状态,WLAN 本身无须线路接入的特点使得针对 WLAN 的攻击变得更加容易,这要求我们必须增强防范意识。同时,针对 WLAN 的安全措施应进一步加强,以使侵入者无计可施。这样,基于 WLAN 的室内定位系统也能在安全性问题上获得更多保证。

### 1.1.3 基于 WLAN 的定位优势

WLAN 室内定位技术是完全在现有的网络设施基础上,利用来自各个无线接入点(Access Point, AP)的接收信号强度(Received Signal Strength, RSS)与物理位置间的关联特性进行定位,因此书中基于无线局域网的定位更确切地说是基于接收信号强度的定位。与其他基于感测信号的定位技术相比,采用接收信号强度的无线局域网室内定位技术具有更好的定位性能。

1. 经济性

基于接收信号强度的 WLAN 定位技术可以利用现有的无线局域网络,通过纯软件的方式就能够实现目标的定位。鉴于 WLAN 网络已经成为基础网络通信架构中的一个组成部分,而手提电脑、掌上游戏机、平板电脑及智能手机等许多移动终端,均已内置了支持无线局域网的 Wi - Fi 模块。这样就可以有效地避免因单一的定位功能而部署 WLAN 网络体系带来的构建成本增加,定位算法依据纯软件实现,有效地降低了定位过程的成本。

2. 可扩展性

基于接收信号强度的 WLAN 定位技术的使用范围更广,可以满足大多数室内位置服务的需求。与采用红外线、超声波、射频信号等感测信号的室内定位系统相比,基于无线局域网的定位技术是利用来自各个无线 AP 的 RSS 进行定位,而 RSS 信号通常可以覆盖整个大楼,甚至是一个楼群。因此,即使定位信号在非视距传播的环境下,定位误差距离也可以实现在数米之内,定位精度远高于基于蜂窝网的室内定位技术。

3. 实时性

基于接收信号强度的 WLAN 定位可以极大地缩短首次定位时间,将其控制在几秒以内,而 GPS 和 AGPS 的首次定位时间通常分别为 2 ~ 3 min 和 10 s 左右。WLAN 定位技术因具有成本低、定位误差距离小、实时性较好及其环境适应性强等方面的优势,成为实现室内定位应用的首选技术。

## 1.2 室内定位技术及其典型应用

### 1.2.1 红外线室内定位系统

Active Badge 室内定位系统作为第一个室内标记感测原型的系统,采用了扩散红外线技术,由 Olivetti 研究实验室的 Roy Want 等人开发,定位精度通常可以达到房间大小级别。系统使用红外线接口(Infrared, IR)位置感知技术,为每个用户配备一个 IR 标签模块,负责向外界以每 10 s 1 次的频率发出全局唯一标识符号,这些标识作为用户的位置信息,由预先布设在各个房间内的 IR 传感器接收、统一传送给 Active Badge 系统的中心服务器,用以完成用户的位置估计。其工作原理如图 1 - 1 所示。

扩散红外线的穿透性较差,直接导致信号传播的有效距离短,制约了基站覆盖的范围。此外,由于红外线的波长与荧光灯、直射的日光相近而容易发生混淆,使得基于 IR 的定位技术很难应用在有荧光灯或者日光照射的环境下。

### 1.2.2 超声波室内定位系统

Active Bat 是 AT&T Laboratories Cambridge 的研究人员在继 Active Badge 系统之后,提出的具有更好定位性能的室内定位系统。将超声波和无线电波两种信号结合起来,通过测量超声波的传输时延来确定信号传输距离,进而获得用户的未知位置信息。系统定位精度高,多数情况下可将定位误差距离控制在厘米级的范围。定位系统的组成包括用户或被定位目标配置 Active Bat 标签、信号接收器及中央控制器组成的网络。由定位标签 Active Bat 负责接收来自中央控制器发送的无线电信号后,会向分布在天花板上固定位置的信号接收器发出超声波脉冲以示响应。此外,到达接收器的还有中央控制器发出的同步重置信号。通过接收器测量出重置信号与 Active Bat 标签发来的超声脉冲的时间间隔,计算出用户或定位目标到各接收器之间的距离。当同时获得 Active Bat 标签与 3 个(或更多)不在同一直线上的接收机距离信息时,就可以经由中央控制器利用几何测量技术计算出被测目标所在的二维坐标系下的位置。

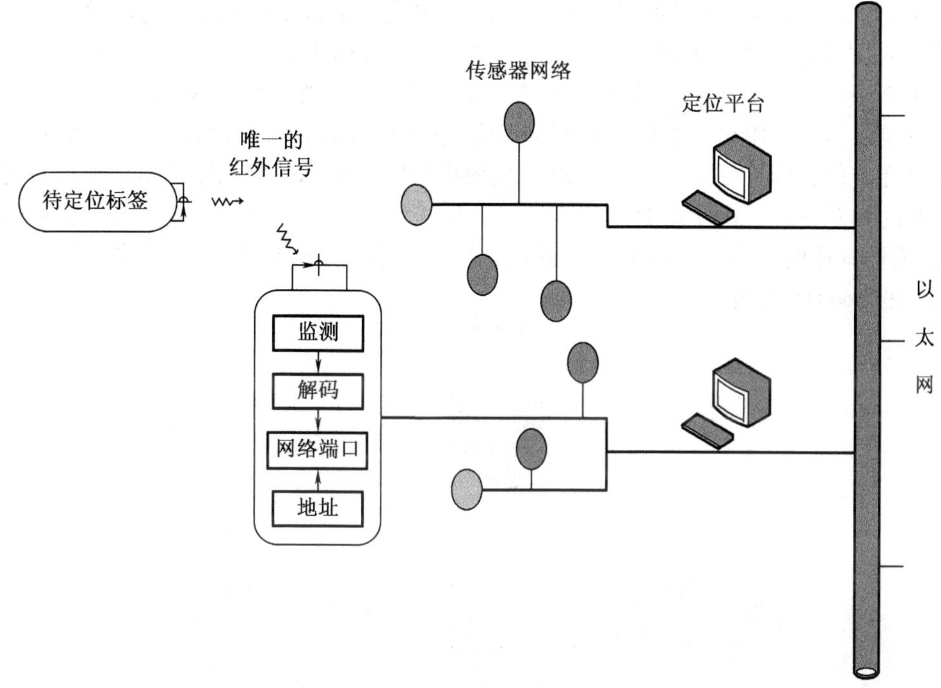


图 1-1 红外线的室内定位系统

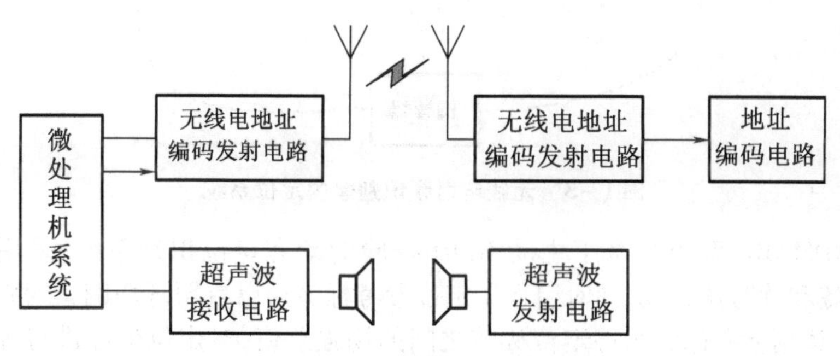


图 1-2 超声波室内定位系统

这种利用超声波的传输时间完成测距、位置估计的定位系统,需要预先在定位区域的天花板上布置大型具有很多接收器的硬件设施,且接收器的位置对定位结果的影响较大,使得系统的扩展性较差,不易于部署,硬件成本高。

### 1.2.3 无线电射频识别室内定位系统

射频识别是广泛应用在办公室、医院和仓库等室内环境下的一种定位技术。识别系统通常由 RFID 接收器和标签两部分组成。依据 RFID 标签的内部供电不同,存在有源 RFID 和无源 RFID 两类定位系统。最早应用无线电射频识别技术的 SpotON 是一种点对点的室内定位系统。通过测量信号强度的衰减,采用聚合算法计算信号的传播距离。系统采用网络分布式的基础结构,无须设置中央控制单元,通过在定位目标上安装一个 RFID 标签,根据估算各个标签之间距离给出定位目标之间的相对位置。由于聚合算法需通过循环迭代运算使得估计值逐步向真实值逼近,因而算法的运算量非常大,不能够满足实时定位的要求,所以至今也没有建成完整的 SpotON 系统。

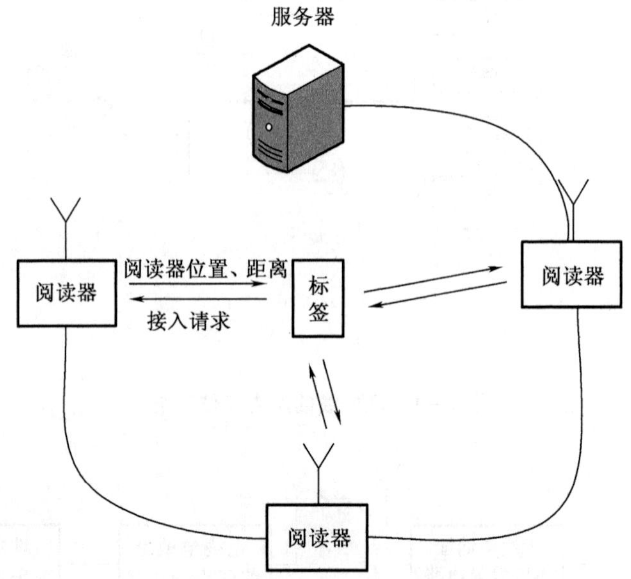


图 1-3 无线电射频识别室内定位系统

LANDMARC 系统是基于主动 RFID 校验的动态定位识别系统,采用有源的 RFID 标签和读写器组成,同时引入了定位参考标签用以克服环境因素对定位精度的影响。依据参考标签与待定位标签之间的场强差值,对定位坐标进行加权获得待定位标签的二维空间坐标。该系统也是建立在信号强度的分析之上,定位精度较高、系统稳定且受环境变化的影响较小。因此,LANDMARC 系统让基于射频识别技术的室内定位得到了巨大飞跃。

### 1.2.4 蓝牙室内定位系统

蓝牙无线技术是一种低成本、以近距离无线连接为基础的开放性全球规范,以简单、便捷的方法满足两个设备间进行无线短距离通信的需求。以其为核心的蓝牙模块已经被广泛地嵌入各种类型的终端设备中，如智能手机、PDA、打印机、传真机、键盘、游戏操纵杆等。系统的优点是设备体积小，便于集成在多种类型的终端设备中，易于推广与普及。由于蓝牙技术有限的传输范围，使其仅能在诸如单独的办公室、小型仓库或者咖啡厅等面积较小的区域完成定位，易受噪声或干扰信号的影响，复杂环境下系统的定位稳定性较差。

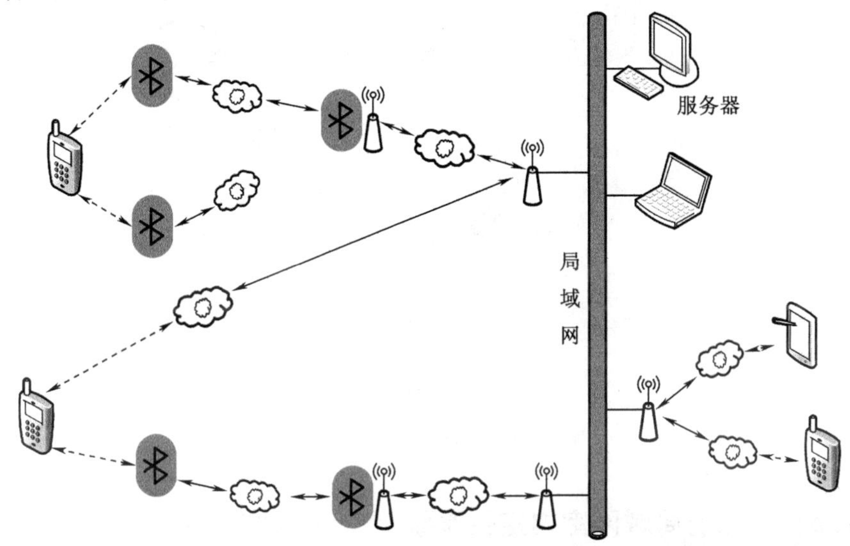


图1-4 蓝牙室内定位系统

Topaz 定位系统是由美国 Tadlys 公司开发的利用蓝牙技术可以对室内环境下具有蓝牙标签的终端进行定位的系统。在目标定位区域内部署若干蓝牙接入点，将蓝牙局域网配置成基础网络架构，对于任意进入该局域网的蓝牙标签都可以与蓝牙接入点通信，估算接入点与标签的距离，然后通过几何测量法估计标签的位置，对于 2 m 以内的定位误差，系统具有较高的置信概率。

### 1.2.5 超宽带室内定位系统

超宽带(Ultra-Wide band, UWB)室内定位系统利用极窄“脉冲”信号进行定位。单脉冲的产生和消失时间极短暂，持续时间在纳秒级，利于接收端提取有效信息、克服信号传输过程多径效应带来的干扰，提高系统定位精度。

Ubisense 公司提出的基于超宽带技术解决室内定位的方案，利用信号到达角度和到达时间差测量技术提供便捷的位置感知测试。由于 UWB 信号对建筑物、墙体等障碍物的穿透力强，这使得 UWB 定位系统性能受墙体和门窗等环境布局的影响较小，定位精度可以达到厘米级别。系统由传感器、跟踪标签及定位软件平台三部分组成。通过定位目标的跟踪标签发送 UWB 脉冲信号，由安装在固定位置上的传感器接收,传感器再通过网络将标签的定位信息传送至定位软件平台,最后由定位软件平台分析位置信息并给出位置估计结果。相比于其他室内定位技术,UWB 室内定位系统不易受多径效应、信号非视距(Non-line of Sight, NLOS)传播的影响,具有较强的抗干扰能力。UWB 系统虽然可以获得较高的室内定位精度,但由于系统的设备昂贵、硬件成本高,使其难以广泛应用在基于位置的服务领域。

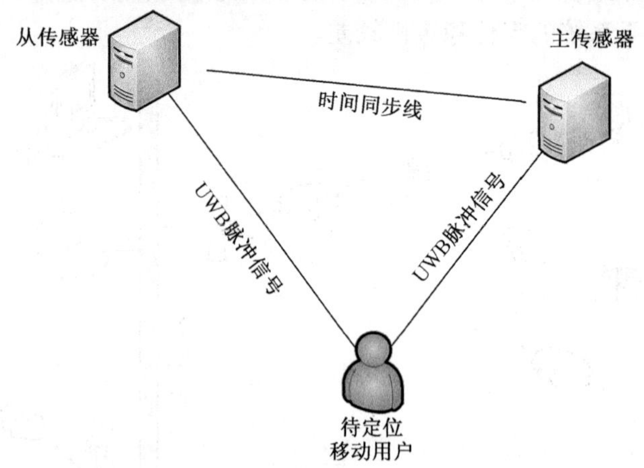


图 1-5　超宽带室内定位系统

### 1.2.6　无线局域网室内定位系统

无线局域网定位技术是利用现有的无线局域网 WLAN 架构、在移动终端内嵌无线网络适配器,通过获取与位置相关的信息,并通过解算算法即可实现目标的位置估计。目前,以 IEEE 802.11 标准协议组为基础的无线局域网中,最常用的标准是 IEEE 802.11 b/g 两个协议,工作频段是 2.4 ~ 2.483 5 GHz。

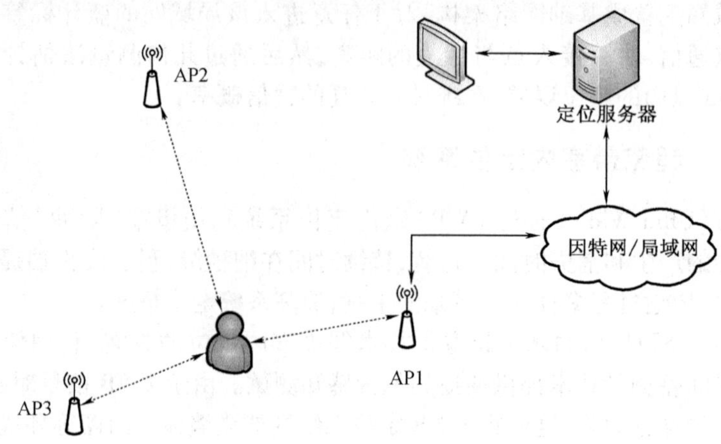


图 1-6　无线局域网室内定位系统

Ekahau 定位系统是目前已经商用的 WLAN 定位系统。系统架构包括定位引擎、场所测量、应用软件和 Wi-Fi 定位标签等主要部分组成。离线阶段通过对网络的信号覆盖范围、接收信号强度、信噪比等信息收集,实现接收信号强度与实际物理位置空间的映射,建立定位引擎。Wi-Fi 定位标签由用户携带或安装在目标物体上,可以周期地发出无线信号,AP 接收到信号以后,将其传送给定位引擎,依据该无线信号的强弱计算判断该标签所处的位置,然后通过 Ekahau Vision 可视化界面,显示具体的位置信息,即可实现对用户或目标的精确定位。Ekahau 解决方案已经广泛地应用于全球多家医院、制造业、物流业、采矿业、游乐场、政府机构及军队等领域。

基于 WLAN 的室内定位技术以其在系统的硬件成本、定位精度、复杂度及环境适应性等方面的优势,成为室内定位首选技术并被广泛应用。但是,室内环境的多变性导致无线电信号传播具有时变性和不稳定性,会给定位结果带来较大的偏差。

### 1.2.7 视觉室内定位系统

Easy Living 是微软研究小组开发的一款典型视觉定位系统,可以在复杂室内环境下追踪和识别定位目标,无须用户携带任何设备便可完成对用户的位置信息估计及实时行为的追踪。采用了 Digiclops 三目立体视觉系统,在室内环境中提供立体视觉的定位功能。它能够以单视角或多视角的方式捕获用户的运动数据,通过目标图像的颜色和深度信息完成对目标的识别与定位。

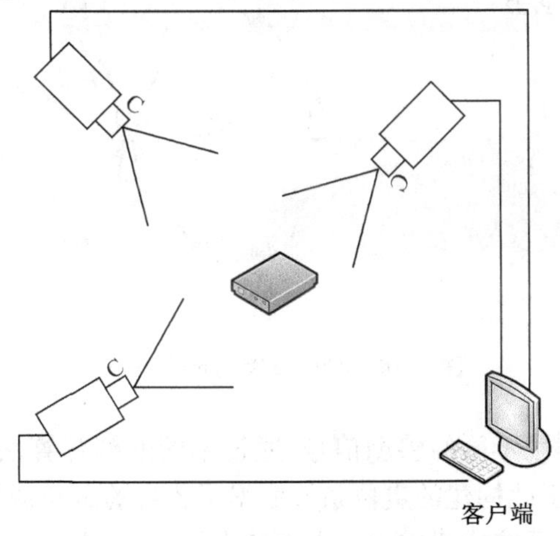


图 1-7 视觉室内定位系统

视觉定位的优点是不需要用户携带任何设备就可以感知用户的姿态信息。一个价格较低廉的照相机,就可以实现对较大范围目标区域的覆盖。从用户的角度来讲，Easy Living 系统便于完成目标的位置估计与追踪，但是系统的定位性能会受到复杂环境、目标用户动作的影响。获取的图像信息处理与相应的定位算法均在系统的服务器端完成。该过程不仅需要耗费大量的计算资源，对用户的隐私安全亦是一个挑战，这也限制了基于视觉的定位系统在许多实际环境中的应用与扩展。

### 1.2.8 ZigBee 室内定位系统

ZigBee 室内定位技术是基于 IEEE 802.15.4 无线标准研发建立的无线网络技术。它是一种短距离、低功耗、低传输速率、低成本的双向无线网络通信技术，采用分布式设置节点。网络中的节点按功能来分有协调器节点、参考节点和移动节点三种类型。其中，协调器节点的主要任务是组网和采集数据，也可用于参考节点使用。参考节点是一些静止的、已知自身位置信息的固定节点，它们的主要任务是发送包含定位相关的信息给移动节点辅助定位，兼具路由的功能。移动节点就是待定位节点，可在参考节点包围的区域内随意移动，通过 ZigBee 无线传感网络获取参考节点的信息（时间或信号强度值），并结合定位算法计算出节点的坐标。这些传感器节点仅需很少的能耗，以接力的方式通过无线电波将数据从一个传感器传到另一个传感器，具有较高的通信效率。

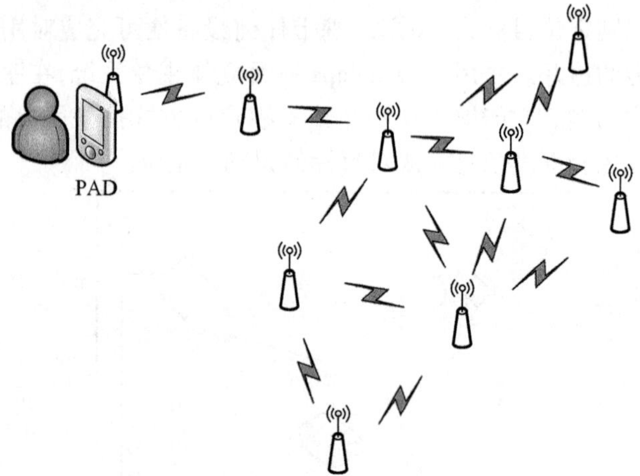


**图 1－8　ZigBee 室内定位系统**

上述定位技术利用不同的感测信号，通过不同的解算算法对待测的目标实现位置估计或追踪，基于此构建的定位系统取得了各自的定位成果，并且在各自所采用的技术、定位精度、系统构建成本等方面各有优势，如表 1－1 所示。

**表1-1 室内定位技术及系统比较**

| 定位技术（感测信号） | 基本原理 | 定位性能 | 优点 | 缺点 |
|---|---|---|---|---|
| 红外线 | 基于红外射线和光学传感器实现定位 | 最高可达到毫米级别的定位精度 | 定位精度高，红外线发射器便于携带，系统便于架构与安装 | 感测信号受视距传播限制，易受荧光灯或日光干扰 |
| 超声波 | 基于超声波信号的传输时延完成测距，几何测量法实现定位 | 可以达到厘米级的定位精度 | 系统架构简单，定位精度较高 | 系统构成硬件成本高，感测信号受多径信号和非视距传播影响较大 |
| 无线射频识别技术 | 通过射频信号传播过程的强度衰减计算信号传播的距离，采用几何测量法定位 | 定位误差均值可达2～3 m | 射频识别标签体积小、成本低，信号不受非视距传播影响 | 系统的构建、安装比较复杂 |
| 蓝牙 | 通过测量信号强度进行定位 | 房间级别的定位精度 | 设备体积小、便于集成，易于推广与普及 | 信号传输范围受限，作用距离短，系统稳定性易受环境影响 |
| 超宽带 | 通过极窄脉冲信号的到达时间差进行定位 | 定位精度可以达到厘米级 | 定位精度高，信号不受非视距传播、多径效应的影响，抗干扰性能强 | 设备昂贵，硬件成本高，不易于基础位置服务领域的广泛应用 |
| WLAN | 利用接收信号强度 RSS 值实现定位 | 平均定位误差在1～3 m之内 | 无须额外专用硬件设备，成本低，信号覆盖范围广，定位精度较高 | 复杂室内无线电传播环境下 RSS 信号的时变特性 |
| 视觉成像 | 通过处理视觉图像信息，感知用户位置信息 | 平均定位误差在数米之内 | 用于捕获图像信息的设备成本低，用户无须携带额外设备，可以在复杂室内环境下实现定位 | 系统性能在动态环境中不稳定，计算复杂度高 |

表 1-1(续)

| 定位技术(感测信号) | 基本原理 | 定位性能 | 优点 | 缺点 |
| --- | --- | --- | --- | --- |
| ZigBee 技术 | 通过硬件网络,获取参考节点的时间、信号强度值信息,结合定位算法实现定位 | 平均定位误差在数米之内 | 低功耗、低成本,较高的通信效率 | 信号作用距离短、传输速率低、低传输速率,不易于大范围推广 |

对比各种典型的室内定位系统,基于接收信号强度的 WLAN 室内定位系统无须布设额外的硬件设施,完全基于现有的 WLAN 基础设施和移动终端,通过纯软件的方式即能实现定位,系统的硬件成本低,易于维护与扩展。在复杂的室内环境下,可以更好地克服因环境条件的变化及信号的非视距传播给定位结果带来的误差,定位精度可以满足多数用户对于室内位置信息的需求。

## 1.3 WLAN 室内定位技术与系统

### 1.3.1 WLAN 室内定位技术

基于 WLAN 的室内定位就是以无线局域网为构架,利用接收到表征待测点位置信息的无线电信号,通过对该信号的特征信息进行分析,代入特定的解算算法来计算出被测物体所在的位置坐标。系统由三个功能模块组成,如图 1-9 所示。

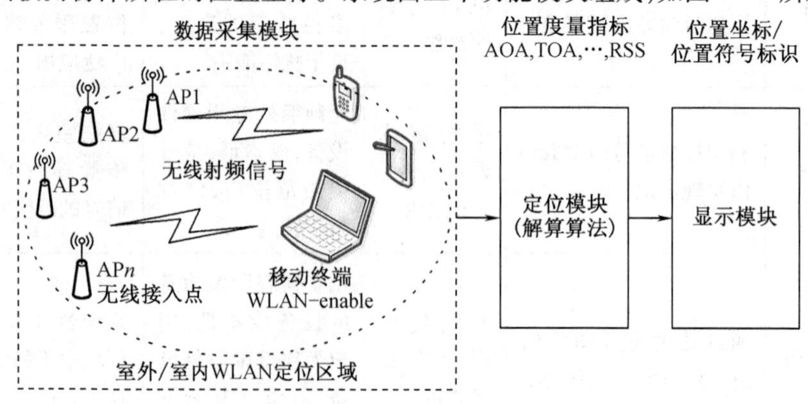


图 1-9 基于 WLAN 的定位系统功能模块

其中,数据采集模块用于完成感测信号的采集,通过用户或目标的携带完成到达无线信号的数据测量,这些数据经过处理后作为定位模块的输入信息,再通过相应的信号位置解算算法,实现对目标的位置坐标估计,最终经显示模块给出目标最终的位置信息。现有的 WLAN 室内定位技术与基于红外线、超宽带、视频、蓝牙等感测信号的室内定位技术相比,系统不仅无须事先部署专门的传感器用于感知携带专用信号收发器的物体,而且网内的用户通过广泛普及的智能手机、iPad、掌上电脑等便携的移动终端,就可以在 WLAN 的覆盖下实现随时随地接入质量更高的网络,获取用于定位的无线信号。定位阶段的不同位置解算算法使用不同的度量指标。无线信号传输的时间、到达的角度及无线信号的强度等,这些不同的度量方法将基于无线局域网的室内定位技术划分为几何法、近似法和场景分析法。

### 1.3.2 基于指纹匹配的 WLAN 定位系统

与传统的 AOA 及 TOA 等定位方法相比,基于 WLAN 的位置指纹定位技术利用接收信号强度与空间物理位置的映射关系完成目标的位置估计,整个系统的硬件是以现有的、广泛布设的无线局域网设施为基础,定位过程无须额外增加用于角度测量或时间同步的专门硬件,配置有无线网卡的移动终端通过纯软件的方式即可实现自身位置的估计,降低了定位系统构建的硬件成本。因此,基于位置指纹法的 WLAN 室内定位技术成为目前研究和应用最为广泛的一种室内定位技术。典型的基于位置指纹的 WLAN 室内定位系统有以下三种:

1. RADAR 系统

美国微软研究院在 2000 年首先提出了基于接收信号强度的 WLAN 室内定位 RADAR 系统,是以移动终端接收来自若干无线接入点的信号强度作为位置信息,再通过解算算法实现位置估计。系统中用户的位置估算可通过两种方法完成,分别是位置指纹定位法和信号传播模型法。位置指纹定位法依赖离线构建的指纹地图 Radio Map,采用 K 近邻匹配算法,利用在线采集的实时 RSS 样本信号估计用户位置坐标;信号传播模型法则采用信号传输衰减模型估计 AP 与移动终端之间的距离,再利用 AP 位置完成对用户位置的估计。在较空旷的走廊环境对系统的性能进行了测试,使用位置指纹法进行估算时系统的定位误差距离在 3 m 以内;使用信号传播模型法时定位误差距离则在 5 m 左右。定位精度差异产生的原因在于室内无线电传播环境的复杂性,使得信号传播模型法中的模型参数难以准确描述环境因素带来的信号传播衰减,导致信号预测的精度较低和较大的定位偏差,难以满足多数用户对精度的需求。此后,Prasithsangaree P 等人对此系统进行了改进,使用加权 K 近邻法完成位置解算,并首次将该系统应用于环境更为复杂的多墙、非视距办公环境中。然而,由于复杂室内传播环境对信号强度的影响,导致定位精度并不理想。

2. Nibble 系统

美国加利福尼亚大学 Castro P 等人于 2001 年首次提出基于接收信号概率统计模型的 WLAN 室内定位系统:Nibble 系统。与 RADAR 系统不同的是,该系统不是以接收信号强度为特征参数,而是采用信噪比(Signal Noise Ratio, SNR)构建位置指纹数据库。在建立 Radio Map 时,数据保存采用 SNR 分布的直方图形式,可以实现对接收信号统计特性变化的更好表述,有别于 RADAR 系统的指纹数据库中参考点处指纹信息采用了接收信号强度均值的方式。Nibble 系统的设计初衷是为了满足房间级别的定位精度需求,在系统的实验环境下,定位到正确的房间或者位置区域的准确度较高。

3. Horus 系统

美国马里兰大学的 Youssef M 等人于 2002 年提出了另一种基于接收信号强度的 WLAN 室内定位系统:Horus 系统。与 Nibble 系统类似,Horus 系统使用了信号的概率统计模型构建特征参数指纹数据库,并以拟合的高斯分布参数形式存储。通过对接收信号进行概率统计分析,系统可以充分利用 RSS 的统计信息而获得更好的定位性能。同时,基于信号特征的聚类分块思想被用于离线阶段的 RSS 数据样本分析,据此将具有相似信号特征的参考点划分为一簇,每簇对应一个定位子区域。在线定位阶段,依据移动终端接收的实时 RSS 信号特征,首先通过聚类分析对终端位置进行粗定位,判定其所属的子区域,然后在依据位置解算算法进行精确定位。与其他定位系统相比,聚类分块既有效地降低了系统的在线定位计算复杂度,又较好地实现了定位性能的改善。

近年来,随着许多新的解算算法和技术不断地应用于室内定位领域,为基于 WLAN 定位系统的性能改善与提高提供了多种有效的途径。2007 年,Kushki A 等人提出了采用核函数的方法用于实时接收的 RSS 样本与位置指纹地图的匹配映射,可以克服 RSS 信号的非线性对系统定位性能的影响,有利于提高定位的实时性。随后 Pan J J 等人提出了基于机器学习定位方法,将协同过滤与图的半监督学习相结合,实现对移动终端用户与无线接入点的位置估计。与传统的 WLAN 室内定位方法不同的是,算法同时利用已知位置信息的 RSS 样本(通常称为已标记数据)和随机位置处采集的 RSS 样本(亦称为未标记数据),通过图的拉普拉斯矩阵变换与流形学习理论,对离线阶段采集的样本数据进行训练以获得位置估计函数。在线定位阶段接收的未标记 RSS 数据经过预处理后,作为位置估计函数的输入,通过解算获得最终的定位结果。最近,Fang S H 等人又提出了采用线性主成分分析的定位方法,将位置指纹信息通过映射至不相关的子空间中,提取的定位特征用于定位可以减轻 RSS 信号的冗余和噪声干扰对定位结果带来的影响。除此之外,国内的一些科研机构与学者也对基于 WLAN 的室内定位技术进行了深入的研究与探索,亦积累了很多可借鉴的方法,用于改善人们对室内定位精度日益提高的需求,但是随着应用环境的快速变化,仍然存在许多未解的问题有待于研究者的深入研究。

### 1.3.3 WLAN 指纹定位技术存在的主要问题

WLAN 位置指纹定位技术是完全基于现有的无线局域网络架构，通过智能移动终端对无线电信号进行离线阶段数据采集和在线阶段位置解算实现定位，即使信号在非视距传播的条件下，也能获得较好的定位精度，因此成为本书研究高精度室内定位系统的出发点。然而，在日趋复杂的室内无线定位环境下，WLAN 指纹法在定位准确度、移动设备能耗及离线阶段位置指纹数据库的采集与后期更新工作量等方面仍存在巨大的挑战。

1. 无线信号的时变特性是影响 WLAN 定位可靠性的关键因素

基于接收信号强度的位置指纹定位技术，利用了接收信号强度与位置空间的映射关系，使得定位系统可以直接通过 RSS 信号分布模式估计位置信息。然而，由于无线信号传播环境的复杂多变而导致相同物理位置接收的 RSS 信号具有高度的不确定性，这就给离线阶段的指纹数据采集带来了很大的困难，并由此带来了 WLAN 位置指纹定位可靠性的问题。具体来说，造成 RSS 信号不确定性的原因主要有以下几个方面：

（1）无线信号在室内的非视距传播路径会导致同一基站发射的信号受到室内布局结构、墙体及门窗等物的阻挡，由此到达固定位置的信号是经反射、折射、衍射等多条路径的信号叠加而成。因此，室内环境中建筑结构、门窗开关及家具布局等的变化都会对无线信号的传播产生一定的影响。

（2）无线局域网工作的频率 2.4 GHz 是无须申请即可免费使用的 ISM 频段（Industrial Scientific Medical, ISM），该频段是完全开放的公共资源，诸如蓝牙、ZigBee 无线网络及微波炉、无绳电话、无线鼠标等设备都工作在此频段，导致 RSS 信号极易受到来自同频段其他信号的干扰。

（3）人体本身对 RSS 信号造成的衰减、人员密集和人体活动方向的动态变化都会带来信号的变化。因为人体的主要成分约 70% 是水，而水的共振频率在 2.4 GHz，人体对无线信号的吸收亦是无线电波传播的主要干扰。尤其是 WLAN 通常都布设在人口密集、人员活动频繁的室内区域，这样就会给接收信号带来更大的影响。

（4）构建 WLAN 网络的无线接入点与移动终端设备的多样化，造成各自性能的参差不齐。尤其是用于定位信号测量的移动终端，比如 PDA、笔记本电脑、智能移动电话等都有不同的天线设计，天线的方向性对无线信号的敏感程度不同，破坏了接收信号强度与位置空间的一一对应关系。

室内人员走动、布局结构的改变及温湿度的变化，都会导致在线阶段实时接收的 RSS 信号与离线阶段构建的指纹数据之间存在偏差。即使在同一位置，由于测量时间、人员的不同，RSS 值也会在某值范围内有较大的波动。接收信号的时变特性使得移动终端接收的 RSS 值具有较强的动态性和随机性，破坏了接收信号强度与位置空间的单一映射关系，导致 RSS 信号对物理位置的分辨能力下降，影响了系统的定位判别能力。围绕降低定位过程因 RSS 不确定性带来的误差，提高定位精度这个关键问题，简单的定位匹配算法已经难以满足需要，促使我们尽可能利用更多的实时接收信号，通过特征提取挖掘最具判别能力的定位信息，用以缓解环境变化带来的干扰。

2. 移动终端有限的续航能力是制约基于位置服务广泛应用的因素之一

依据位置指纹定位技术在线定位算法的执行者不同，定位系统可分为基于用户端架构和服务器端架构两种。用户端架构的系统中用户通过内置无线网卡的移动设备主动检测来自接入点的可接收信号，利用预存的位置指纹数据库即可完成自身位置的估计。而基于服务器端架构的系统，用户要向外传输终端设备采集的 RSS 信号给服务器，在定位服务器端完成位置的计算过程，并将最后的定位结果传回用户端。上述不同架构的定位系统适用于不同的定位场所，以满足不同的基于位置服务需求。实际应用场景中，用户端架构的系统无须向外传输数据，信号的接收与位置估计都在用户终端进行，有助于保护用户的隐私，获得了更为广泛的应用。

然而，用户端架构系统的整个定位过程都是由移动终端来完成，而智能手机等便携式终端又都是能量受限的，这就给基于用户架构的系统提出了定位计算有效性的问题。随着智能手机计算能力的逐步提升，如 iPhone 6s 的 A9 双核处理器频率高达 1.8 GHz，较之前的 iPhone 4 单核处理器在运算性能上有明显的提高，基本可以满足应用程序的实时性要求。但是，手机电池的大小和容量却没有过多的革新，续航能力在更多应用程序运行的情况下不容乐观。基于位置的服务程序在定位阶段消耗终端过多的电能，会导致用户的正常待机出现问题，即便系统能够提供较高精度的位置信息，对于用户来讲也是不实用的。

定位计算的有效性取决于算法的计算复杂度和实时信号采集量，这两个关键因素也决定了定位终端的能耗。一般而言，系统的有效性与可靠性一直是相互矛盾的两个性能指标，提高有效性的前提多是降低了可靠性，反之亦然。具体来讲，基于指纹的定位过程中可利用的特征信息越多，意味着定位的准确度就会越好，随之而来的是计算复杂度的提高，这里可靠性提高就是以计算复杂度的增加为代价的。因此，如何在保证定位精度的前提下，有效降低在线实时定位的计算复杂度，降低移动用户终端设备的能耗也是基于用户端架构的指纹定位系统亟待解决的关键技术。

3. 离线阶段位置指纹数据库采集的工作量与后期的更新，是影响 WLAN 定位精度与定位区域扩展的主要因素

位置指纹定位技术的基本原理是利用信号空间与物理空间的映射关系进行定

位的。按定位步骤可分为离线数据采集和在线位置解算两个阶段。离线阶段指纹库的构建需要采集参考点处位置的样本数据,为了获取更好的定位效果,通常对参考点的选取以布局合理为前提,尽量减小参考点分布间隔为宜。参考点采集工作量的大小取决于参考点的密度和每个参考点采集的样本个数。尽可能小的参考点分布间隔,意味着较稠密的参考点分布,有利于信号空间对物理位置空间刻画的精细度,确保定位的准确度。对于大范围的室内定位区域,不仅需要对数量众多的参考点进行数据采集,况且每个位置点需要采集多个样本数据,便于更好地描述信号空间的统计特性。

位置解算是对在线阶段用户终端接收的实时 RSS 信号与指纹数据的映射匹配。鉴于室内无线传播环境具有的复杂性和无线信号的时变特性,会导致用户在线采集的实时 RSS 数据与指纹库中相应的 RSS 样本有所偏离,造成映射匹配结果的误差。为了保证在线阶段实时指纹数据的有效性,需要定期对位置指纹数据库进行更新或重建,使其能够适应室内无线传播环境变化对信号传输的影响。然而,这又是一项非常费时费力的工作,影响系统的大规模部署应用。如何在保障指纹定位算法精度的前提下,有效地减少指纹数据采集、以较小的代价维护和更新指纹数据库是指纹定位系统大规模推广和应用关注的重点问题。

## 1.4　WLAN 室内定位技术的研究内容

802.11 是 IEEE 制定的一个无线局域网通用标准,用于解决办公室局域网和校园网中用户终端之间的无线接入。以此为基础的最常用标准是 IEEE 802.11b 和 IEEE 802.11g 协议,工作频段为 2.4 GHz,共有 14 个频宽为 22 MHz 的频道可以使用。基于此协议标准的无线局域网已广泛地布设在人们日常生活中的各种应用场景中,WLAN 以其诸多不可比拟的优势,为使用者带来了最大的方便性与经济性,具体表现在不受环境、地理因素的影响和限制,减少了因布线而带来的高成本需求,更重要的是便于日后网络的改动和覆盖区域的扩展。随着具有无线功能的笔记本电脑、智能手机、平板电脑等智能移动终端设备的广泛普及和使用,使得基于 WLAN 的室内定位技术在低成本、广覆盖、高精度等方面的应用优势更加明显。

基于 WLAN 的定位技术就是在无线局域网中,通过对接收到的无线电信号的特征信息进行分析,根据匹配算法给出被测物体所在位置的估计坐标。基于接收信号强度的 WLAN 定位技术是其主要的研究内容和应用方向,该定位技术与基于信号到达角度(Angle of Arrival, AOA)、基于信号到达时间(Time of Arrival, TOA)及其信号到达时间差(Time Difference of Arrival, TDOA)等传统的利用几何原理的 WLAN 定位技术相比,可以直接利用现有的 WLAN 基础设施,无须额外增加专门的用于同步和测量的硬件设备,采用纯软件的方式即可实现对移动终端的位置估计,便于将定位的应用范围拓展到所需的室内场所及其密集的城区,最大限度地节约了系统布设所需的硬件成本。

随着基于 RSS 信号的 WLAN 定位技术的广泛普及与应用,与 WLAN 有关的位置指纹定位技术的应用与服务研究受到了国内外许多研究机构和学者的关注与重视,并针对定位过程中存在着诸多影响定位性能的关键问题提出不同的解决方案。基于指纹匹配的定位技术关键是利用定位区域设定的若干参考点位置,通过在不同的参考点处预先采集一组 RSS 值构建出与真实的物理环境相对应的 RSS 信号位置指纹地图(Radio Map, RM),通过匹配算法实现移动终端接收到的实时 RSS 信号对指定的实际物理环境的映射,完成对用户位置的估计。其中影响定位精度的关键问题在于室内无线电信号传播环境多变性,会带来 RSS 信号的高度时变性,导致信号空间与物理位置空间的映射关系不是唯一对应的,严重影响了定位的精确度。

在复杂多变的室内应用环境下,为了更好地满足室内用户的基于位置服务需求,针对 WLAN 指纹定位技术中无线信号的时变性给定位结果的可靠性带来的挑战,以及由此导致的离线阶段位置指纹数据采集过程难度增加的问题;同时,为了将基于 WLAN 的定位技术广泛推广与应用,移动终端的节能也是急需解决的重点问题,而定位阶段系统能耗最终取决于位置解算算法的计算复杂度与解算效率。本书以室内环境下移动用户对基于位置的服务需求为应用背景;以充分利用实时采集的 RSS 信号,提高系统定位的可靠性为前提;以降低定位信号空间的信息冗余、减少定位计算的运算量、实现定位系统的有效性与可靠性平衡为目标。

如何克服环境因素对无线电信号的干扰,构建合理的无线电接收信号强度分布统计模型,使得指纹数据库能够精确描述信号空间与物理位置之间的非线性映射关系;如何实现指纹数据的动态更新,为指纹匹配算法提供动态、可靠的数据信息;如何从高维数据样本中提取最具判别能力的定位信息,减少在线定位计算量,用以满足移动终端的低能耗、高精度、实时的位置信息需求等是基于 LBS 急需解决的系列问题。本书针对当前 WLAN 位置指纹定位技术中存在的问题和不足,研究了影响定位性能的关键因素,在充分利用和融合便于采集的实时信息基础上,提出了基于半监督学习的特征提取、聚类分析及其数据库实时更新的算法。通过在实际的室内环境下进行定位过程实验与仿真分析,证实所提算法不仅可以有效提高定位精度,而且减轻了移动终端的计算负荷,更适于在能量受限的终端设备上应用,具有一定的理论价值和实际应用性。主要研究内容可概括为以下三个方面:

1. 无线信号的传播特征以及基于传播特征的室内定位系统研究

无线信号的传播特征非常复杂,特别是在室内环境下。本书介绍了基于传播模型的室内定位系统,同时也分析了在室内环境下,基于传播模型的方法的不足。这也是本主要研究指纹数据库定位方法的原因。对典型的室内定位系统进行了比较与分析，重点对定位原理、构建成本、定位精度和适用的场景几个方面进行了详细介绍，并在此基础上，对基于 WLAN 的位置指纹定位技术进行了深入研究。分别讨论了指纹采集与位置解算两个阶段的关键技术，总结指纹匹配算法、聚类分析、特征提取和指纹数据更新等环节的研究现状与存在问题，对部分算法进行了详细介绍与研究，为后续算法的改进提供理论基础。

2. 基本的指纹数据库室内定位系统及其算法的实现

介绍了一些基本的基于信号强度的 WLAN 室内定位系统，以及其算法的具体实现。主要有最近邻算法、HORUS 和基于神经网络的室内定位算法。在这些基本的定位算法之上，本书还介绍了一些基本的指纹数据库快速搜索算法，这包括基于最大信号强度的指纹数据库聚类算法和基于梯度下降法的指纹数据库搜索算法两种思路。

3. 参考点上信号强度分布特征

本书在研究了参考点上信号强度分布特征之后，从提取定位特征为出发点，将高维数据进行维数约减，在保证定位准确度的前提下，提高了定位算法的实时性。信号维数的约减与定位特征提取算法的研究。针对密集布设的无线接入点网络环境条件下，直接利用接收的 RSS 信号作为定位算法的输入，容易带来定位信息冗余与噪声干扰，直接影响定位性能，提出了基于半监督学习的判别嵌入特征提取定位算法。用以挖掘高维数据空间存在的低维流形结构，实现高维空间 RSS 信号的低维嵌入，在保持其判别能力的前提下提高信号的可信度，有效地提高了系统定位精度。

4. 室内定位系统的指纹数据库的聚类算法研究

在研究了参考点上信号强度分布规律之后，使用一种无监督神经网络将指纹数据库中的信号强度元素映射到一个二维平面，然后再进行聚类，提高了聚类精确度，从而在保证定位精度的情况下减小了定位算法的实时计算量。减少 RSS 信号位置解算搜索空间算法的研究。室内定位技术中，离线阶段构建的指纹数据库中参考点数目及 RSS 信号的维数，是影响指纹匹配算法搜索区域的主要参数。为此，可以采用聚类分块算法，将定位区域全部的参考点划分为若干子区域，在各个子区域建立特征提取学习模型。鉴于已有的聚类分块算法在实际应用中存在着分类精度不高、无法克服信号非线性和时变性的不足，提出了结合 $c$ 均值聚类的半监督仿射聚类传播算法。该算法通过已知的标签数据调整相似度矩阵，然后在新得到的矩阵上进行聚类分析，最后对聚类结果进行调整。相比其他算法而言，所提算法提高了分类精度，更好地平衡了定位精度与计算复杂度的关系。

5. 室内指纹数据动态实时更新的研究

围绕指纹数据库的静态特性给定位结果带来的较大误差，提出了基于移动用户运动轨迹模型的指纹更新算法。通过建立基于用户位置的隐马尔可夫模型，将实时接收的 RSS 信号作为观察序列,其后隐藏的相关位置信息可通过对 HMM 参数求解获得,进而实现对指纹数据的实时更新。所提算法有效地减少了指纹数据库的重建与更新而带来的劳动力消耗,有利于室内定位系统的大规模推广和应用。与采用静态指纹数据库的定位算法相比,更新后的指纹数据能够更好地克服环境变化导致的信号波动,提高系统的定位精度与稳健性。

# 第 2 章　基于 WLAN 的位置指纹定位技术

基于 WLAN 的位置指纹法定位技术是利用无线信号的信号强度空间与物理位置空间相互关联特性实现定位过程的，即基站发射的无线信号经不同程度的衰减到达相应的位置，直接反映在不同物理位置上接收信号强度的差异。定位系统由于其无需特定硬件的优势，在刚一出现便受到了广泛关注。目前已有很多的基于 WLAN 的室内定位算法，取得了一定的成功。这些方法主要分为基于模型和基于指纹数据库两大类。

基于模型的室内定位方法依靠信号强度衰减模型计算目标与 AP 之间的距离从而估计目标的位置。而基于指纹数据库的室内定位方法在目标环境中选取若干参考点进行采样，得到的指纹数据库作为目标环境的特征。当实时数据得到后，将实时数据与指纹数据库进行匹配映射，二者之间的映射关系就是指纹定位技术中的位置指纹数据库，可以通过定位前期在参考点位置处进行信号采集、预处理，经统计分析后与对应的参考点物理位置坐标共同构建而成的数据库。然后利用移动终端接收的实时 RSS 信号，通过相关的模式识别与映射匹配解算算法，找到指纹数据库中与其最接近的位置坐标作为定位结果输出，得到目标的估计位置。由于室内环境复杂，信号强度衰减模型很难精确得到，故基于模型的室内定位方法其精度一般不高，大多数方法都采用指纹数据库进行定位，以获得较高的定位精度以满足实际需要。

## 2.1　接收信号强度与位置空间的关系描述

基于接收信号强度的定位技术的关键是离线阶段建立的无线电信号强度与空间位置的映射关系。现有的无线局域网定位系统通过电波传播的数学模型和指纹法，对定位区域内的无线电信号强度与位置空间进行描述。

### 2.1.1　电波传播的数学模型

该方法依据一定的电波传播模型，根据接收信号强度计算距离，并通过终端设备与至少三个位置已知的 AP 间的距离，结合三边（或多边）测量的几何学原理实现定位。定位的精确性依赖于电波传播模型的准确性。

理论上来讲，在无遮挡的自由空间中，信号的传播衰减如下面公式：

$$P_r = \frac{P_t G_t G_r \lambda^2}{(4\pi d)^2} \tag{2-1}$$

式中 $P_r$、$P_t$——接收与发射信号功率；

$G_t$、$G_r$——发射与接收的天线增益；

$\lambda$——波长；

$d$——发射机和接收机之间的直视距离；

$\frac{\lambda}{4\pi d}$——路径损耗因子。

由此可见，无线电信号传播强度的衰减与传播的距离平方成反比。

室内环境下，接收信号强度的传播损耗同时受到大尺度衰落与小尺度衰落的影响。其中，大尺度衰落源自基站和移动终端的空间距离导致的路径损耗，及其信号的非视距传播引起的阴影衰落；而小尺度衰落则来自多径效应引起的多路传播信号间的相互作用。由于室内环境变化会导致无线信号传播的复杂性与多变性，使得用确定的数学模型来描述信号衰减程度难以实现，这也是导致基于此方法定位的精度难以满足用户位置服务需求的根本原因。通常，在基于 RSS 信号的室内定位环境下，采用对数距离路径损耗模型和墙壁衰减因子模型可以更好地描述无线信号传播的衰减程度。

(1)对数距离路径损耗模型

$$PL(d)=PL(d_0)+10\lg k-10\alpha\lg\left(\frac{d}{d_0}\right)-\zeta \qquad (2-2)$$

式中 $PL(d)$——到基站距离为 $d$ 的位置点处接收功率；

$d_0$——参考距离，为便于功率的计算和测量，其值通常取为 1 m；

$PL(d_0)$——与基站距离为 1 m 时，参考点可以接收到的功率；

$k$——与基站发射天线增益相关的常数；

$\alpha$——路径损耗因子，取决于建筑物类型和周围环境，表示信号传输损耗随距离增长的速度；

$\zeta$——均值为零，标准偏差为 $\sigma_\zeta$ 的高斯随机变量。

(2)墙壁衰减因子模型

$$PL(d)=PL(d_0)-10\alpha\lg\left(\frac{d}{d_0}\right)-\sum K_iF_i-\sum I_jW_j \qquad (2-3)$$

与式(2-2)不同的是，式(2-3)中的最后两项指出了无线信号穿透楼层与墙壁引起的衰减，其中 $K_i$、$F_i$ 分别表示楼层数目及其对应的衰减系数；$I_j$、$W_j$ 分别表示墙壁数目和对应该类型墙壁的衰减。

上述无线信号传播衰减的数学模型是对大量的样本数据进行统计分析获取的，可以实现对 RSS 信号与位置空间关系的近似描述。但由于室内无线信号传播环境的复杂性与多变性，使得已构建数学模型的扩展性和环境适应性较差，在新的定位环境下还需大量的数据重新调整建模参数，从实现定位的精度与有效性角度来说，难以满足多数室内用户的位置需求。

### 2.1.2　位置指纹法

为了克服数学传播模型在 RSS 信号强度与位置映射关系过程中存在的问题，基于位置指纹的方法得到了越来越多的研究与关注。指纹法通过场景分析和指纹匹配的方式完成定位，避免了将信号强度直接转化为距离的过程中，对精确的环境参数的要求，因而能更准确地描述无线信号强度和位置空间的映射关系。指纹法的核心思想是将不易测量的位置信息映射成容易监测的无线信号强度特征。

从理论上来讲，基站发射的信号到达接收端的强度会随着传播距离的增加而逐渐衰减。终端设备在 WLAN 覆盖区域内可同时接收到来自多个 AP 的无线信号，信号的强度值分布与传播距离之间满足一定的函数关系。指纹定位恰是利用移动终端的随时随地接收到的一组来自多个不同 AP 的 RSS 样本数据，而这组数据在不同的接收位置又各不相同，就像人的指纹一样，完全相同的几乎不存在。在现有的 WLAN 覆盖区域，通过配置有无线网卡的便携式终端设备主动扫描或监听来自各信道上 AP 发出的无线信号，该信号包含了无线接入点的名称、MAC 地址及信号的强度值信息。终端设备通过这三种信息，就可以很好地区分来自不同 AP 的信号样本。由于不同位置接收到的信号的特征信息具有唯一性，因此可以通过不同的匹配算法完成最终位置估计。相比于数学传播模型而言，指纹法能够全面地对室内环境进行描述，但其定位精度过多地依赖于离线阶段所构建指纹数据库的有效性与准确性。

## 2.2　指纹定位的基本原理

基于位置指纹的无线局域网定位技术的定位过程可分为离线阶段的数据采集和在线阶段的位置解算两个阶段。离线训练阶段，首先在定位目标区域选取若干参考点 *RP*，其位置的确定可通过对定位区域进行均匀的划分，然后选取每个区域中心点位置处的坐标作为参考点的位置参数，并对此处接收到的来自各个无线接入点的 RSS 信号进行采集。这些 RSS 数据与各自对应的参考点位置坐标构成的向量集合，构成了描述信号空间与位置空间映射关系的原始指纹数据库，即 Radio Map。最后，根据不同定位算法需求，对该指纹数据库 RSS 数据样本进行预处理，通过学习训练构建出 RSS 与物理位置的映射关系函数，用于在线阶段的定位计算。在线实时定位阶段，首先通过配置有无线网卡的移动终端采集实时的 RSS 数据，然后利用 Radio Map 中保存的二者映射关系，通过特征提取、数据挖掘和模式识别等方法，找到与实时 RSS 信号最相似的指纹数据，并将其对应的参考点位置作为用户的最终定位结果。

基于 WLAN 的位置指纹室内定位技术原理如图 2 - 1 所示，整个定位区域共设

置 $m$ 个参考点，记作$(RP_1,RP_2,\cdots,RP_m)$，各自对应的位置坐标为$(x_1,y_1)$，$(x_2,y_2)$，$\cdots$，$(x_m,y_m)$，离线阶段对每个参考点进行 RSS 样本数据采集，$RSS_{ij}(i=1,2,\cdots,m;j=1,2,\cdots,n)$表示在第 $i$ 个参考点处接收到来自第 $j$ 个 AP 的信号强度值。

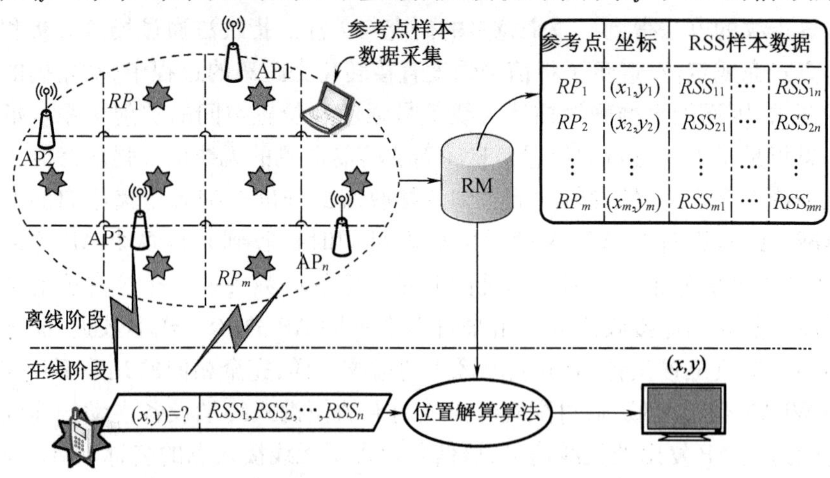


**图 2-1　基于 WLAN 的位置指纹室内定位技术原理图**

基于 WLAN 的指纹定位技术主要依赖于信号强度与物理位置相互关联特性，通过学习获得信号强度与物理位置之间的对应关系，或利用位置指纹的模式匹配完成位置估计。为此，信号与位置映射关系的精准程度直接影响着指纹定位技术的误差大小。然而，无线信号传播环境的复杂多变而导致的 RSS 信号时变特性，严重制约了室内定位系统性能的提高。因此，针对实际的室内定位环境，本章首先分析了 RSS 信号的传播特性，然后从系统设计的环节，通过信号采集、预处理，以及构建合理的信号与位置空间的描述关系，减小信号时变性对定位精度带来的影响。

### 2.2.1　指纹定位技术分类

无线局域网有两种工作模式为最主要的一种工作模式，基础架构模式，它是利用接入点 AP 来承担无线网络覆盖和通信的任务。接入点就像是无线蜂窝网里的基站，将多个无线的移动终端聚合到有线的网络上。另外一种比较特殊的工作模式为点对点模式，常用于野外和家庭环境下组成临时的对等无线网，不需要接入点设备就可以达到相互连接、资源共享的目的。

基础架构模式具有更好的无线网络覆盖和容量，网络通信也更加稳定可靠，因此应用最为广泛。在基础架构工作模式下，接入点以一定的频率连续向外发射无线电信号，标识自己的存在和发布有关无线网络的基本信息，如服务集标识码(SSID)、WEP 信息等。WLAN 客户端通过扫描获取与无线网络相关的信息，如来自不同 AP 的接收信号强度、信噪比等，然后按照一定的策略，选择最合适的接入点建立无线连接。本书研究的无线局域网定位技术正是基于 WLAN 客户端与 AP 之间的无线信号信息进行位置的估计。定位阶段的不同位置解算算法使用不同的度量指标。无线信号传输的时间、到达的角度及其无线信号的强度等，这些不同的度量方法将基于无线局域网的室内定位技术划分为几何法、近似法和场景分析法。

1. 几何法

几何法定位技术是指利用几何学原理解算待测目标的位置坐标，包括采用距离测量技术的三边测量法和采用方位测量技术的三角测量法。

(1)三边测量(Trilateration)

三边测量通过测量待测目标与多个参考点之间的距离来解算自身的位置坐标。对于二维平面而言，已知待测目标与三个参考点(不可共线)之间的距离，就可以通过方程解算出其位置坐标，如图 2-2 所示。同理，对于三维空间来讲，则需已知待测目标与四个参考点(不可共面)之间的距离。在 WLAN 中，可将 AP 视为参考点，待测目标与参考点之间的距离可以通过 TOA 方法和传播模型法获得。

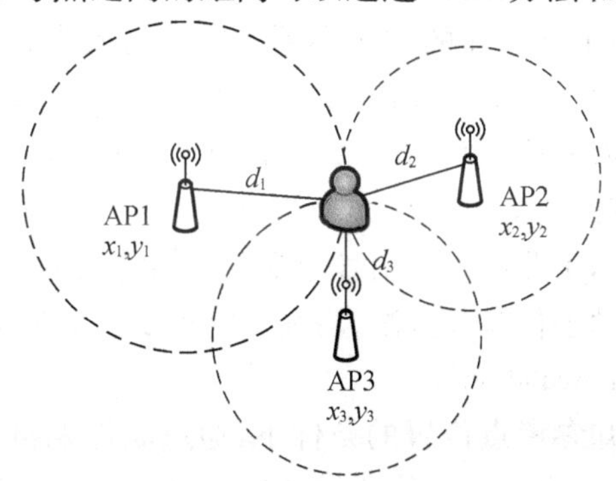


**图 2-2　三边测量法计算二维平面上用户位置**

基于 TOA 的方法是通过测量移动终端接收无线电信号的到达时间来估算距离的方法。由于无线电信号在空气中以光速传播，微小的时间测量误差就会导致较大的距离估计误差，因此 TOA 定位法要求收发信号双方时钟非常精准的同步。而针对于此的改进算法 TDOA，是通过测量信号到达的时间差来估计待测目标的位置，虽然降低了距离测量过程中对时间的同步要求，但也需要用户配备专门的硬件设备用于时间的测量，从而使定位成本增加。

传播模型法则是通过预先获得信号传播的数学模型，将待测目标接收的无线电信号强度大小转换为物理距离的方法。在无遮挡的自由空间中，无线信号传播强度的衰减与待测目标到接入点的距离平方成反比，即用户距离接入点越近，接收到的信号强度值越大，反之则越小。但在室内环境中，由于建筑结构的复杂性，门窗开关、房间内家具的摆放位置及其人员的走动都会使无线信号传播环境变化，这些因素导致以此为基础构建的信号传播模型具有复杂多变的特性。根据信号传播模型产生方式的不同,可将其划分为确定性传播模型和统计传播模型,二者的主要区别在于前者模型的构建反映的是无线电传播的基本原理,后者模型的构建则来自对实际信号数据的测量。

从模型构建的角度来讲,确定性传播模型是以电磁波传播的物理理论为基础,通过 Maxwell 方程在环境条件的限制下,构建精确的传播模型。构建的过程需要环境特征数据库,通常这个适应所有环境的数据库在实际中很难获得。因此,确定性传播模型目前主要用于 WLAN 定位过程中的位置指纹数据库构建的理论研究,用以减小对全部参考点进行数据采集而带来的过多工作量。

统计模型是将无线信号的传播模型简化为若干个参数组成的距离衰减模型,然后利用测量实际环境中的样本数据,给出各个参数的经验值或估计值。在统计传播模型中,所有环境因素对信号传播的影响均被隐含在模型之中,不能够单独被识别。国内外许多学者对此进行了广泛的研究,Wang Y 等人最早提出的基于回归方法建立信号传播模型,指出选择线性和二次方程回归获得的统计模型用于定位的性能较差,因而选择了基于此的三次多项式回归模型作为信号传播模型用于定位过程。卡内基梅隆大学的 Smailagic A 等人提出的采用多项式回归模型表达接收信号强度与信号传播距离之间的关系。另一种常用的信号传播模型是路径损耗模型,对无线信号在室内传播过程中因地板、墙壁、门窗等阻挡引起的信号强度衰减进行了详细分析。基于此提出的信号非视距传播情况下的传播模型参数的修正方案与路径损耗指数动态估算等方法,均在一定程度上提高了信号测距的准确度。

(2)三角测量(Triangulation)

三角测量是在已知参考点位置的条件下,通过获得来自每个参考点的发射信号到达待测目标的角度,实现目标位置估算的方法。在二维平面上,已知两个参考点的位置信息及其到达待测目标的信号角度,就可以通过方程解算出其位置坐标,这种方法又称为到达角度法 AOA,如图 2-3 所示。

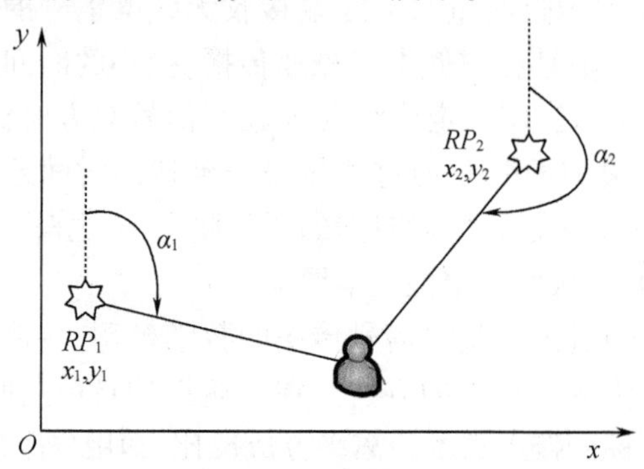


**图 2-3　三角测量法计算二维平面上用户位置**

AOA 的测量过程与基于时间的 TOA 类似,都需要配备专用的硬件测量设备,况且测量精度存在偏差,直接导致定位精度的下降。在复杂的室内环境下,无线信号的多径传播直接导致接收端接收到的信号是经多个路径传播的信号叠加。同一信号经过不同的路径传播后,在幅度、相位、到达时间及角度等方面存在差异,这将导致接收端获取的合成信号在幅度、相位上严重失真,所以 AOA 技术也不适于室内无线定位过程。

Sayrafian P K 等人提出基于空间功率谱的室内定位技术,利用相控天线阵列的测角技术与聚束功能,在测定来自某一方向上的信号强度大小的同时还能获得信号空间的能量谱,进而提供了充分的位置信息以提高定位的精确性。Niculescu D 等提出的 VOR 基站法用于室内定位,系统的 VOR 基站是一种基于地面传输的信号发射器,通过对两种并存的脉冲信号的重复广播实现定位过程。信号虽然传输范围较大,但需满足视距传播的信道条件。而室内环境下,由于墙壁、门窗及家具等设施引起的信号非视距传播会给角度的测量带来一定程度的误差。

2. 近似法

近似法定位的原理是通过感知方式,用已知的位置来估计待测目标的位置。具体说来,当待测目标满足“接近”给定的位置或与给定位置的距离在一定范围内时,用该给定的位置信息作为待测目标位置的估计值,如图 2-3 所示。在 WLAN 中,无线接入点 AP 是无线网络信号的发射“基站”,亦是无线网和有线网之间沟通的桥梁。由于无线 AP 的覆盖范围是一个向外扩散的圆形有限区域,因而任何一个 AP 发出的无线信号覆盖范围都是有限的(典型距离覆盖几十米至上百米),这就限制了只有处于某一 AP 覆盖区域内的用户才能够通过此接入点实现网络的连接。而近似法定位技术的实现就是通过已知该接入点的位置来确定待测目标位置的。

基于近似法的定位技术具体到 WLAN 环境下通常可描述为最强基站法。最强基站法是比较简单的定位方法,通过获取移动终端实现数据通信时所利用的无线接入点,将其物理位置近似为目标所在位置的坐标,即完成了对此移动终端的位置估计。近似法的最大优点是无须在定位终端安装专门的硬件和软件就可实现定位,定位过程简单、易于实现。定位的准确度很大程度上受限于所属无线接入点的覆盖性能及待测目标所处的室内环境条件。

3. 场景分析法

场景分析法是指通过某一特定环境观察到有关场景的特征来推断观察者或场景中某一物体的位置,可分为静态场景分析和差动场景分析。对于静态场景分析是将获得的观察特征作为位置信息的感测信号,用于在预定的数据库中进行查询匹配,最终完成观察特征与位置信息的一一映射。而差动场景分析则是通过追踪、对比连续场景间的差异实现对待测目标的位置估计。连续场景间的差异相当于目标的移动,如果预先存储场景中某些特征的位置信息,即可由此获取与此特征对应的目标位置信息。场景分析法的优点在于目标的位置可以通过场景中的某些特征推断而来,避免了几何法定位中为获取距离和角度这样的特征而带来的系统硬件成本的增加、难以携带等问题。缺点则在于用户需要预先获取与定位区域相关的整个环境的特征集,用于后期捕获实时位置特征的比较分析与位置估计,而此环境特征集的构建亦是费时、费力的工作。此外,因环境的变化而带来的特征变化会给定位结果带来误差,为此需要适时地重建数据库或对数据库的部分特征进行更新。

在 WLAN 环境中,无线信号的强度值、信噪比都是非常容易获取的电磁特征。典型的 RADAR 系统使用了一个位置/信号强度特征的样本数据集,该数据集不仅包含了定位区域内多个采样点的物理位置信息,而且标记了在采样点多个方向上接收到无线信号的强度信息,该强度值又称为 RSS 值。在定位阶段,任何使用 802.11 标准协议的移动终端设备位于该区域时,其详细的物理位置坐标均可以利用接收的 RSS 值,通过映射匹配算法计算获得。这里接收的 RSS 值就是前面我们所说观察到的场景特征,其值虽然与某处的位置相关,但在位置解算过程中无须转换为距离或角度特征,就可以获取目标的物理坐标。使用信噪比作为观察到的场景特征用于室内定位环境时,存在室内环境多变对无线信号传播带来的多种干扰,影响信噪比变化的稳定性。因此,目前利用无线局域网的定位技术中,大部分的研究都是基于选择无线信号的强度值作为场景特征,通常又称其为指纹定位法,信号强度值样本集又称为位置指纹数据库(Fingerprint Database)或者 RM。

### 2.2.2 指纹数据的预处理

为了更准确地描述 RSS 信号与位置空间的对应关系,通常情况下离线阶段参考点的布设要密集些,这也就意味着较多参考点可以更好地实现对环境的精细描述;而每个参考点上采集样本的时间越久,也就越有利于从时间平均的角度减弱个别异常采样值对定位精度带来的影响。为此,离线阶段的 Radio Map 构建不仅是一项费时、费力的工作,而且直接影响定位阶段位置估计的准确性。

随着无线局域网的广泛覆盖与无线接入点的不断增多,室内环境下往往具有大量可利用的 AP,这些无线接入点在各自的固定位置,以一定的频率连续向外发射与无线网络相关的 MAC 地址、SSID 等基本信息和无线电信号。配置有无线网卡的终端设备在定位区域内设定好的参考点位置,通过无线网卡扫描并获取可见范围内无线接入点的身份标识信息及 RSS 信号。由于室内环境的复杂多变而导致 RSS 具有时变特性,为了提高离线阶段指纹数据库的有效性,一方面,需要在每个参考点处以一定的采样频率采集多个样本数据,便于从时间平均上减弱无线信号的不确定性带来的影响;另一方面,在每个参考点进行数据采集时,要对不同的方向分别进行采集,以克服终端设备因天线的朝向不同带来的影响,实现对定位环境精细地描述。

通常可用$\{r_{i,j}^{o}(\tau),\tau=1,2,\cdots,T,T>1\}$表示离线阶段在参考点 $i$ 处,终端设备

朝向为 $o$ 时,接收来自第 $j$ 个无线接入点的信号强度序列。$o$ 代表终端设备采集的朝向,取值 $o \in O = \{1,2,3,4\}$ 分别对应东、南、西、北四个方向,序列的长度为 $T$。给定方向 $o$,对定位区域的全部参考点进行采样,来自全部 AP 的采样数据构成了该方向的完整指纹数据库,用 $\boldsymbol{\Phi}^o(\tau)$ 表示:

$$\boldsymbol{\Phi}^o(\tau) = \begin{pmatrix} r_{1,1}^o(\tau) & r_{1,2}^o(\tau) & \cdots & r_{1,n}^o(\tau) \\ r_{2,1}^o(\tau) & r_{2,2}^o(\tau) & \cdots & r_{2,n}^o(\tau) \\ \vdots & \vdots & & \vdots \\ r_{m,1}^o(\tau) & r_{m,2}^o(\tau) & \cdots & r_{m,n}^o(\tau) \end{pmatrix} \tag{2-4}$$

式中的 $n$ 表示定位区域内无线接入点的数目,$m$ 则表示定位区域划分的全部参考点个数。在数据采集过程中,对于某一参考点,可能存在 AP 覆盖范围有限或环境因素的变化而导致的来自某个无线接入点的信号缺失,此时指纹库的相应位置设置为所能接收到的最小 RSS 值: −100 dBm。$\boldsymbol{\Phi}^o(\tau)$ 是离线阶段采集的原始数据库,若将其用于在线阶段的实时定位,还需对其进行预处理,以便削弱 RSS 信号的时变特性对定位精度的影响。指纹数据预处理的相关方法通常有均值法、方差法和直方图法。

1. 均值法

均值法是指纹数据库预处理中最简单的方法。对于任意的 AP 而言,只需存储一个信号强度的平均值,即

$$r_{i,j}^o = \frac{1}{T}\sum_{\tau=1}^{T} r_{i,j}^o(\tau)$$

其中 $i = 1,2,\cdots,m; j = 1,2,\cdots,n; o \in O$。此时,$\boldsymbol{\Phi}^o(\tau)$ 可进一步表示成 $\boldsymbol{\Phi}^o$:

$$\boldsymbol{\Phi}^o = \begin{pmatrix} r_{1,1}^o & r_{1,2}^o & \cdots & r_{1,n}^o \\ r_{2,1}^o & r_{2,2}^o & \cdots & r_{2,n}^o \\ \vdots & \vdots & & \vdots \\ r_{m,1}^o & r_{m,2}^o & \cdots & r_{m,n}^o \end{pmatrix} \tag{2-5}$$

式中 $r_{i,j}^o$ 表示在参考点 $i$ 处,设备朝向 $o$,接收来自定位区域第 $j$ 个 AP 的 RSS 统计均值。$\boldsymbol{\Phi}^o$ 中的每个行向量

$$r_i^o = [r_{i,1}^o, r_{i,2}^o, \cdots, r_{i,n}^o]$$

则表示在每个参考点 $RP_i$ 处,终端设备朝向为 $o$ 时,接收到的来自定位区域内 $n$ 个 AP 的 RSS 均值向量。

2. 方差法

方差是各个数据样本与均值之差平方的平均值。对信号样本进行分析时,引入统计方差可以更好地掌握样本数据的离散程度,丰富指纹数据库的统计信息,便于为后续定位算法的参数选择提供依据。定义在每个参考点 $RP_i$ 处,$i = 1,2,\cdots,$

m,设备朝向为 $o$ 时,接收信号的方差可表示为

$$S_i^o = [S_{i,1}^o, S_{i,2}^o, \cdots, S_{i,n}^o]$$

其值可由下式求得

$$S_{i,j}^o = \frac{1}{T-1}\sum_{\tau=1}^{T}[r_{i,j}^o(\tau) - r_{i,j}^o]^2$$

式中 $S_{i,j}^o$ 表示在参考点 $i$ 处,朝向为 $o$,接收的来自定位区域第 $j$ 个 AP 的 RSS 的统计方差,$j=1,2,\cdots,n$。

原始的指纹数据经过预处理后,对于每个参考点 $RP_i$ 而言,存在由该参考点的物理位置坐标 $p_i=[x_i, y_i]$,接收信号强度的均值向量 $\boldsymbol{r}_i^o$、方差向量 $\boldsymbol{S}_i^o$ 构成的完整的指纹数据

$$\boldsymbol{F}_i^o = \{(p_i;(\boldsymbol{r}_i^o)^{\mathrm{T}},(\boldsymbol{S}_i^o)^{\mathrm{T}}), i=1,2,\cdots,m, \forall o \in O\}$$

将其存储在定位系统中心服务器或移动终端设备中,即可用于在线阶段的位置估计解算。

3. 直方图法

直方图法是对原始指纹数据库的预处理。采用直方图法可以用概率密度函数来描述参考点处采集的样本数据的统计信息。它将信号强度在最小值与最大值之间划分为若干区间,并统计每个区间里信号强度出现的次数。

对每个参考点 $i$,朝向为 $o$ 时,接收的第 $j$ 个 AP 信号的直方图可描述为

$$H_{i,j}^o(\tau) = \{(b,(h_{i,j}^o)^t) \mid t \in B_{i,j}^o\}$$

式中 $b$ 为直方图的区间宽度;$(h_{i,j}^o)^t$ 则为来自第 $j$ 个 AP 的第 $t$ 个 RSS 信号的直方图;

$$B_{i,j}^o = \{0,1,\cdots,[(r_{i,j}^o)^{\max} - (r_{i,j}^o)^{\min}]/b - 1\}$$

用于划分 RSS 信号所属的统计区间;$(r_{i,j}^o)^{\max}$、$(r_{i,j}^o)^{\min}$ 对应来自第 $j$ 个 AP 的 RSS 信号的最大值与最小值。

## 2.3 位置指纹定位的基本解算算法

指纹定位技术中,位置匹配解算算法直接影响着定位结果的准确程度。在线定位阶段,用户通过便携式终端设备在定位区域内获取实时的 RSS 信号(这些信号只有强度值而没有位置信息,通常称之为未标记数据样本),然后利用离线阶段构建的指纹映射关系,为实时采集的 RSS 信号解算出相应的位置信息是定位过程的关键。依据指纹数据库中 RSS 信号与位置映射关系表示的不同,将用于在线阶段的定位匹配算法分为基于确定性方法和概率性方法。

### 2.3.1 确定性的定位方法

确定性的定位方法是用确定性推理算法,通过接收到的 RSS 信号强度大小计

算出用户的位置,是一种相对简单的匹配算法。微软提出的 RADAR 定位系统中,采用的 K 近邻匹配算法就是确定性算法中的一种。该方法通过距离约束函数,在离线阶段构建的指纹数据库中找到与实时采集的 RSS 样本数据最相似的一个或 $k$ 个参考点样本,将其对应的位置坐标作为用户位置的估计结果。

最近邻法(Nearest Neighborhood, NN)是确定性算法中最具代表性的一种匹配算法,可以看作 K 近邻匹配算法在 $k=1$ 时的特殊情况,广泛应用于模式识别等研究领域。已知离线阶段构建的由 $m$ 个参考点组成的位置指纹数据 $\{F_i^o\}$, $i=1,2,\cdots,m$,将在线阶段用户采集的实时样本数据记为 $\boldsymbol{r}=[r_1,r_2,\cdots,r_n]$,元素 $r_j$ 表示来自第 $j$ 个可见 AP 的接收信号强度值,$j=1,2,\cdots,n$,$n$ 为定位区域内全部可见 AP 的个数。实时采集的样本数据与 Radio Map 各个指纹数据的相似程度通过计算距离来度量,计算公式如下:

$$\mathrm{Dis}(r,F_i^o) = r - r_i^{o\,q} = \left(\sum_{j=1}^{n} |r_j - r_{i,j}^o|^q\right)^{1/q} \tag{2-7}$$

式中 $q$ 取值为 1 或 2 时,对应距离度量选择曼哈顿距离或者欧几里得距离。选取上式中距离最小的位置指纹对应的位置坐标作为测量点位置估计结果。最近邻法通过指纹匹配,只选择与实测信号最相似的指纹数据作为位置估计结果,算法的精度过多依赖单一的指纹数据匹配,定位精度及稳定性较差。

在 NN 算法的基础上,K 近邻算法(K Nearest Neighborhood, KNN)将相似度距离函数 $\mathrm{Dis}(r,F_i^o)$ 按升序进行排列,选取具有最小距离的前 $k(k\geqslant 2)$ 个参考点位置指纹,通过求取它们的坐标均值获得待测点的位置估计坐标:

$$(\hat{x},\hat{y}) = \frac{1}{k}\sum_{i=1}^{k}(x_i,y_i) \tag{2-8}$$

式中 $(x_i,y_i)$ 是选中的第 $i$ 个最近距离对应的参考点位置坐标;$(\hat{x},\hat{y})$ 是测试点的位置估计坐标。

加权 K 近邻算法(Weighted K Nearest Neighborhood, WKNN),考虑了基于最近距离选取的 $k$ 个近邻参考点指纹与 RSS 信号的距离不同,将相似度距离作为权重系数,用于最终测试点位置坐标的估计:

$$(\hat{x},\hat{y}) = \sum_{i=1}^{k} w_i(x_i,y_i) \tag{2-9}$$

$w_i$ 是与相似度距离函数相关的权重系数,其值 $w_i = c/(\varepsilon + \mathrm{Dis}(r,F_i^o))$,满足 $\sum_{i=1}^{k} w_i = 1$;$c$ 是归一化加权系数,$c = 1/\sum_{i=1}^{k}\dfrac{1}{\varepsilon + \mathrm{Dis}(r,F_i^o)}$;$\varepsilon$ 是取值很小的正常数,以防止式中分母为零。对待测点的位置坐标估计,引入与信号距离成反比关系的权值系数,可以确保与实测的 RSS 信号距离越小的参考点坐标具有越高的权重,避免因距离不同而取均值运算带来的定位误差,有利于提高系统的定位性能。

以上基于近邻选择的 NN、KNN 及 WKNN 定位算法的位置解算原理相近，利用离线阶段构建好的位置指纹信息，将 RSS 数据特征作为度量相似程度的标准，按照最相似的原则选取一个或多个参考点，通过均值或加权运算获得未知位置的坐标近似估计。因而，在线阶段的定位估计性能过多依赖于 Radio Map 中参考点分布和数目等因素，对离线阶段指纹数据的有效性与准确性要求较高。

### 2.3.2 基于概率性的方法

不同于确定性方法采用的信号强度均值描述位置信号关系，基于概率性的定位方法充分利用了 RSS 信号的统计分布信息，建立与位置相关的信号分布概率模型，然后运用贝叶斯定理(Bayes Theorem)估计用户的位置坐标。在每个参考点处，利用实测的 RSS 信号计算用户位于该参考点处的条件概率，然后依据条件概率值选取相应的参考点，作为对用户位置具有最大后验概率的估计。朴素贝叶斯法是一种基于概率性的方法，是以统计学中的贝叶斯分类来进行定位计算的。贝叶斯分类是以相似度作为分类依据的，但在分类结果表述中，贝叶斯分类不是确切地给出样本所属的类别，而是给出样本隶属于某一类别的概率取值。

朴素贝叶斯定位的思想就是基于统计的方法，获得定位区域内每个参考点位置处的实测信号样本的后验概率。具体来说，已知定位区域内 $m$ 个参考点位置为 $(p_1, p_2, \cdots, p_m)$，利用离线阶段采用直方图法构建的指纹数据库拟合各个参考点的 RSS 概率分布函数，获取分布密度 $Pr(r|p_k)$；在线阶段利用接收的实时 RSS 信号 $r$ 对测量点的位置估计，就是要获得 $r$ 在定位区域每个位置的后验概率 $P(p_i|r)$。根据贝叶斯定理，后验概率可以通过贝叶斯公式计算得出：

$$P(p_i|r) = \frac{P(r|p_i) \cdot P(p_i)}{P(r)} \tag{2-10}$$

式中 $P(r|p_i)$ 表示在已知位置坐标的条件下，RSS 位置指纹的条件分布概率；$P(p_i)$ 是定位区域内位置 $p_i$ 的先验概率，通常情况下，用户以同一概率出现在定位区域内的所有可能的位置，因此服从均匀分布。$P(r)$ 的值通过指纹数据的统计信息获取，具体表示为

$$P(r) = \sum_{k \in m} P(r|p_k) \cdot P(p_k)$$

通过离线阶段获取指纹数据的均值和方差，可将参考点位置的信号分布拟合为具有 $\mu$ 均值、$\sigma$ 标准偏差的高斯概率分布。在满足定位区域内的任意位置处，来自无线接入点的 RSS 信号满足独立不相关的假设下，可将分子的先验概率 $P(r|p_i)$ 的计算简化为

$$P(r|p_i) = \prod_{j=1}^{n} (r_j|p_i) \tag{2-11}$$

最大似然概率法是基于朴素贝叶斯法的另外一种表达形式，直接将用户的位

置估计为具有最大后验概率的参考点位置：

$$(\hat{x},\hat{y}) = \max_{p_i} P(p_i \mid r) \tag{2-12}$$

已知 $P(p_i) = 1/m$，$m$ 为离线阶段布设参考点个数；在线定位阶段，用户在测试点接收 RSS 信号的概率 $P(r)$ 是常数。后验概率的求解需要借助于贝叶斯公式的计算，由此对式的最大后验概率求解可以转化为最大似然概率准则。最简单的方法是，将用户的位置直接估计为具有最大似然概率的参考点位置：

$$(\hat{x},\hat{y}) = \max_{p_i} P(r \mid p_i) \tag{2-13}$$

相比仅仅依据 RSS 信号的距离度量相似度而言，以似然概率为度量准则的最大似然概率法具有更准确的度量结果。通常情况下，基于最大似然概率法的位置指纹定位，也是利用相似度最高的 $k$ 个参考点坐标加权计算求出用户的位置：

$$(\hat{x},\hat{y}) = \sum_{i=1}^{k} (c \cdot P(p_i \mid r))(x_i, y_i) \tag{2-14}$$

确定性算法与概率性算法均属于匹配型定位算法，通过对离线阶段构建的指纹数据库中的 RSS 数据进行预处理，获取均值、方差及信号强度统计分布信息；在线阶段利用用户测量的实时 RSS 信号，经过匹配度量，找出与实时的 RSS 信号距离最近或相似性最高的 $k$ 个参考点，将其坐标加权平均即可求出测量点的位置坐标。

相比于基于概率的定位法而言，确定性定位算法度量匹配操作简单，但其在线定位阶段的计算量更大，实时的测量信号需要与指纹数据库中的全部样本进行比较，求出最终的位置估计结果。基于概率性的定位算法，利用信号的统计直方图，包含了数据更全面的信息，对 RSS 信号分布的描述更准确，具有更好的定位性能。但其在指纹数据的统计直方图或概率密度函数的构建上，由于参数不确定性较强而导致的某些参数的确定需要大量的样本数据，且算法成立前提假设 RSS 信号间独立不相关的条件在实际网络环境中并不完全成立，因而导致其计算的复杂度较高。位置指纹定位技术的实现过程中，指纹数据库中的参考点样本数据越多，越能获得更多的信号信息，但这样也会带来采样时间花费的增加。为此，在构建指纹数据时，选择多少个数据样本求均值、做统计直方图更合适，需要在定位精度与定位成本之间均衡。鉴于确定性算法的计算简单、具有一定抗环境干扰的稳定性，又易于终端设备独立运行，本书匹配算法选择确定性定位方法中的性能最优的加权 K 近邻算法。

### 2.3.3　影响室内无线定位的主要因素

在无线定位网络中，为了提高移动台的定位精度，除了研究高精度定位算法外，还需要研究造成测量误差的主要原因，寻找对策以最大限度地消除误差。由于所在非理想的信道环境，移动台和基站之间往往会存在非视距传播。在有些信道的传输路径中,还存在着多址干扰。以上各种因素都会影响各种信号特征值,从而最终影响定位准确度。采取适当措施降低或者消除这些因素,是提高定位精度的关键。而这项工作是在移动台定位技术研究中将占有重要的位置。定位误差的来源主要包括以下三种:

1. 多径传播

多径传播是指无线电波沿着两个或多个不同的路径到达另一个天线的传播现象。在利用 TDOA 和 TOA 定位技术来进行定位时,即使在移动台和基站之间电波可以视距传播(Line of Sight, LOS),多径传播也会对时间的测量产生影响。目前,针对如何能很好地克服多径传播方法已经有很多种,但相对来说还较浅。因而,此方面的研究在未来将会有很大的发展空间。

2. NLOS 传播问题

在理想的传播环境中,如果是 LOS 传播,则可以对目标进行准确定位。但是在实际传播环境中,在移动台和基站之间实现 LOS 传播通常是不可能的。我们现在考虑的只是如何能降低 NLOS 对传播路径的影响,从而提高目标定位精度,这是现在无线定位技术研究的关键。

目前,对于如何降低 NLOS 传播的影响通常包括以下几种方法:

(1)利用测距误差统计将 NLOS 测量值调节到接近 LOS 的测量值,因为 LOS 传播的测距标准差要比 NLOS 传播的低得多。

(2)根据 NLOS 传播条件下,实际距离总是小于距离测量值这一特点,在非线性最小二乘算法中增加约束项,对测量算法进行改进,从而提高定位精度。

(3)最后一种方法是降低非线性最小二乘算法中 NLOS 测量值的权重来降低 NLOS。

3. CDMA 多址接入干扰问题

在 CDMA 系统中,不同的扩频码共用同一个频带,这样的话往往会造成多址干扰。而在无线定位的过程中,所产生的多址干扰会对 TOA 和 TDOA 的数据测量值产生严重影响。通常情况下,采用功率控制可以适当地克服远近效应,但在实际情况中由于在无线定位过程中需要多个基站同时监测移动台发射的信号,功率控制只会作用于基站。因而对非服务基站而言,移动台的信号仍会受到严重的多址干扰。

### 2.3.4 定位准确率的评价指标

使用带有误差的测量数据估计目标位置,估计的目标位置就会在真实位置的基础上出现偏离,而所偏离的差距就称为定位误差。受测量设备及室内传播环境的影响,测量的定位参数往往会存在误差。常用的指标有均方误差(Mean Square Error, MSE)、均方根误差(Root Mean Square Error, RMSE)、累积分布函数

(Cumulative Distribution Function, CDF)、平均定位误差等。下面对这几种指标评价分别进行分析。

1. 均方误差 MSE

MSE 是比较常用的衡量定位准确率的一种指标。在二维定位估计中,定义均方误差为

$$\text{MSE} = E[(x-x')^2+(y-y')^2]$$

式中　$(x,y)$——移动台的实际位置;

$(x',y')$——移动台的估计位置。

此外,均方根误差 RMSE 也常用于评价定位准确率,定义均方根误差为

$$\text{RMSE} = \sqrt{E[(x-x')^2+(y-y')^2]}$$

2. 累积分布函数 CDF

CDF 是指定位误差小于某个值时的概率,一般用累积分布函数与定位误差的曲线来形象表示,它是一种标量表示法。定义累积分布函数为

$$\text{CDF} = P(x \leqslant x_0)$$

3. 平均定位误差

平均定位误差是一种衡量定位精度的测量方法,指 $N$ 次定位误差的算术平均值。其主要优点就是简单,缺点是没有累积分布函数具体,且一次很大的定位误差就可能导致平均定位误差的上升。定义平均定位误差为

$$\text{平均定位误差} = E\left|\sqrt{(x-x')^2+(y-y')^2}\right|$$

## 2.4　位置指纹定位实验环境的建立

在基于 WLAN 的位置指纹定位技术中,定位的性能和定位系统的部署常与接收的 AP 的信号强度,用于定位的 AP 个数及采样样本的情况等多种因素相关。为了更好地研究和提高定位算法的性能,很有必要系统地分析与研究定位中的一些关键因素的特性及它们与定位准确度的相关关系。虽然在网络通信领域已经有广泛的关于无线射频信号传播和室内接收信号特性的相关研究,比如,信号随距离变化的特性和规律,但是这些知识是面向其他应用的,主要是为了预测网络通信能力,设计和部署无线网络的需要,而针对定位需求的研究还比较有限。

针对定位算法的仿真构建实验平台,对实际环境中的大量无线信号的采集与统计,从定位的角度详细分析了无线信号在室内传播时信号强度与距离间的依赖关系,信号强度的时间变化特性,人对信号传播的干扰,以及信号强度的概率分布规律。利用描述定位误差的数学模型,用以度量室内环境、AP 个数与组合,以及样本特性等关键因素与定位准确度的关系。根据该模型可以方便地考察各关键因素对定位精度的影响情况,为后续定位系统的实施、定位算法的改进从实践和理论方

面提供依据。

### 2.4.1 实验平台

在研究无线信号的传播特性之前,一个首要的任务是采集和测量用户端的接收信号强度。本节将介绍获取无线局域网中无线信号相关信息的方法,以及后续实验中用到的无线网环境。无线局域网的客户端依靠与接入点的交互进行通信。在某一时间里,如果没有手工指定信号源,无线网卡首先自动发现附近信号最强的无线路由器或接入点,然后向其发送建立连接的请求。一旦连接建立,除非当前 AP 的信号强度很弱,否则不需要执行切换。

与此不同的是,定位系统需要连续地从客户端获取来自所有可感测到的接入点的信号强度。因此,本书采用 IEEE 802.11 协议支持的主动扫描工作方式来实现。图 2-4 描述了主动扫描的整个过程。采集信号时,由应用程序强制无线网卡扫描所有可能的 802.11 信道。在每一个信道上,对应一个特定的频率,网卡发出一个 Probe Request 帧并等待工作在该信道上的那些接入点返回的 Probe Response 帧。当网卡收到 Probe Response 帧后,它将从中读取信号强度等信息,报告给上层的应用程序。无线网卡在每个信道上用的时间都有一定的限制。这样,当整个主动扫描过程结束后,定位系统就能够获得一个可观测到的所有接入点及其相关信号信息的列表。

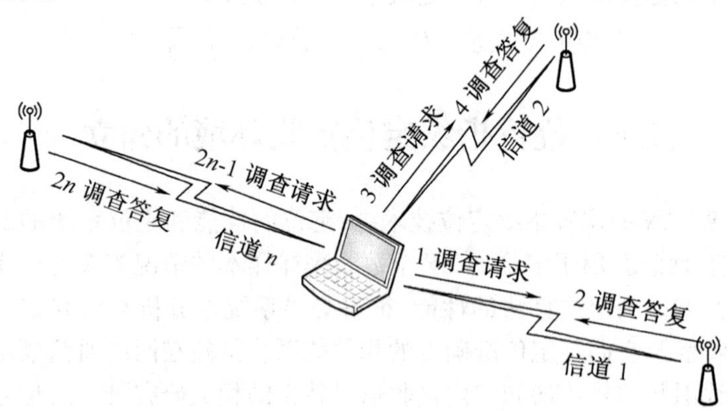


图 2-4 802.11 协议中的主动扫描过程

### 2.4.2 典型的室内定位实验环境

本书实验中用到的 WLAN 环境是哈尔滨工业大学科学园校区 2A 栋实验楼,整个办公楼共有 15 层,多数楼层实现了基于 802.11 协议标准的无线网络覆盖。通信技术研究所位于其中的 10 到 12 层,每层楼的结构与布局基本相近,都包括办公区域、会议室、一些学生实验室和教师办公室。室内环境是典型的 WLAN 覆盖下的办公场景，本书的实验选择在 12 层楼的部分房间与走廊进行，如图 2-5 所示。

定位区域属于典型的多墙室内环境，其中走廊环境相对空旷，有利于无线信号的视距传播；而房间内的环境相对封闭，导致无线信号的传播受墙体、门窗及室内办公器材的遮挡严重，因而具有较大的衰减和明显的时变特性。具体来说，实验区域的建筑面积约 1 650 $m^2$；室内空间由混凝土墙体、铝合金窗户及金属门进行隔离；定位区域内可见 AP 的数目为 27 个，统一型号为 Linksys WAP54G，全部均匀地布设在本层楼内的走廊与各个房间门口，为了更好地实现无线信号的全覆盖，距离地面的高度统一为 2 m。

现有的 WLAN 架构主要是用于满足室内用户通过便携式移动终端，随时随地接入互联网的无线通信需求。而基于 WLAN 的位置指纹定位技术也是依附于现有的无线局域网硬件架构而存在的，所以无线接入点的布设还是以室内办公区域为主。为了更好地满足用户对无线数据传输高速率、低时延及其稳定性的需求，在室内人员密度较大、无线接入点价格相对较低的便利条件下，室内 AP 的高密度布设可以更好地满足日益增长的网络需求。此外，在实际的数据采集过程中，用户终端的网卡还能检测到其他楼层的接入点信息，为了定位系统的性能可靠、易于处理及稳定，在构建指纹数据库及其测试系统的定位性能时，仅对本楼层的 27 个无线接入点的信号进行采集与处理。

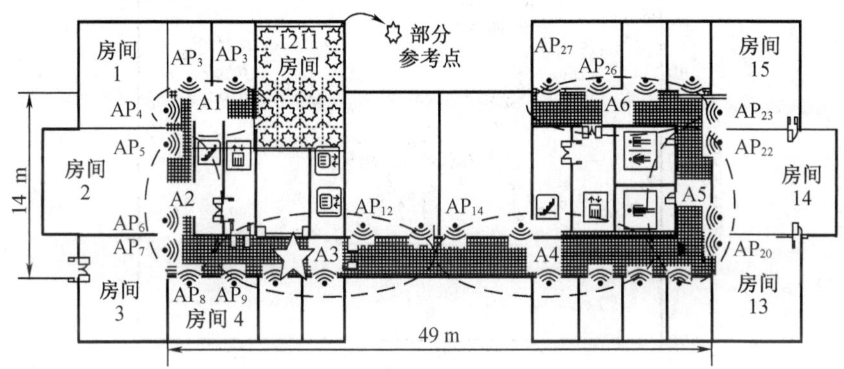


图 2-5　室内实验环境布局图

### 2.4.3　接收信号强度的特性

相对于室外而言，室内空间较小，布局复杂，墙壁、门窗、家具电器甚至走动的人员都会对信号的传播产生影响，引起诸如反射、折射、衍射和散射现象，进而导致无线信号的多径传播效应，因此，无线信号在室内的传播较难预测。多径衰减使得在某一位置处接收到的信号会围绕一个平均值上下波动。接收信号通常用大规模衰减效应和小规模衰减效应的结合来建模。其中,大规模衰减部分描述了信号在传播途中由于被墙壁、地板等材料吸收而产生的衰减,它预测了接收信号强度的平均值,一般具有对数正态分布。而小规模衰减则解释了由于多径衰落效应产生的信号的戏剧性起伏。当存在非视距传播因素时,小规模衰减通常用 Rayleigh 分布建模。当存在视距传播因素时,小规模衰减用 Rician 分布建模。但是,这些模型主要是用于网络接收设备的设计和了解信号的覆盖范围,不是出于研究定位技术的目的。为了更好地分析定位采集信号与位置之间的映射关系,本节通过在实际 WLAN 中采集到的信号强度数据,从定位的角度分析接收信号强度在室内的传播特性。

1. 接收信号强度与位置的关系

本实验工作的一个前提是,接收信号强度能够反映用户的位置信息。为验证这一点,本节首先通过实验数据说明了接收信号强度与用户所处位置之间的关联关系。采样从中间走廊的最东侧位置处开始,沿直线向西的方向,每间隔 1 m 采集 100 个信号样本。图 2-6 中显示的信号强度为平均值,它们分别来自走廊最东侧 $AP_7$ 和最西侧的 $AP_{20}$ 两个接入点。可以看出,当用户越靠近接入点时,无线网卡感测的接收信号强度越强。但由于周围环境等的干扰,相邻采样点处的接收信号强度也会有变化。

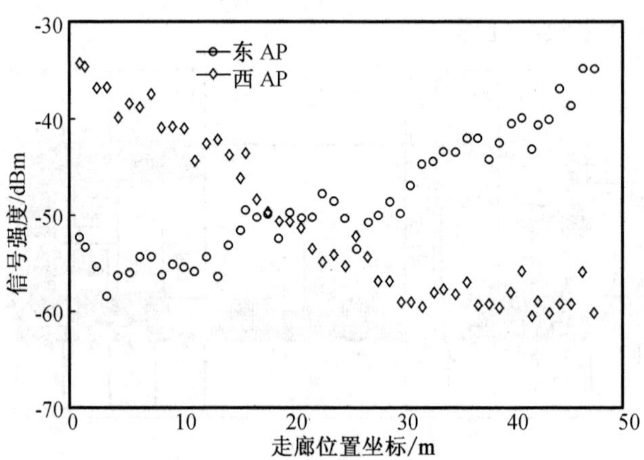


**图 2-6 沿走廊行走时收到的来自接入点的信号强度**

2. 人对接收信号强度的影响

采集信号强度样本的工作,一般是由相关人员来进行。室内环境又是人员活动密集的地方。而定位面向的主要对象也是人,即是针对用户携带的移动设备收到的信号强度进行定位。据统计,人体 70% 的部分是水,水的共振频率正是无线局域网使用的通信频率 2.4 GHz,因此,人也是影响室内信号传播一个十分重要的因素。与室内的墙壁、门窗、家具等干扰因素不同的是,人是动态变化的。例如,在工作时间，室内人员密集；周末或节假日休息时，室内人员稀少。为了研究人对接收信号强度的影响，本书在不同环境下做了实验。图 2－7 显示的是工作时间在一个实验室房间里采集的信号强度的正规直方图。采样点距离接入点非视距5 m 左右，时常有人在房间里走动。

从图 2－7 中可以看出，虽然离接入点很近，但由于人员等因素产生的干扰，信号的波动范围比较大，达到近 40 dBm。相对比地，本书早晨上班之前在另外一个办公室里采集了信号强度，结果如图 2－8 所示。该图中的信号强度来自非视距 10 m 左右的接入点，中间有墙壁阻隔，但大楼内几乎无人走动。从图 2－8 中可以看出，一个很明显的特点是，信号强度的变化范围大大减小，且信号强度值比较集中，波动较小。因此，在设计定位系统时，采集的位置指纹样本也要根据定位应用的要求选择合适的时间和环境进行。

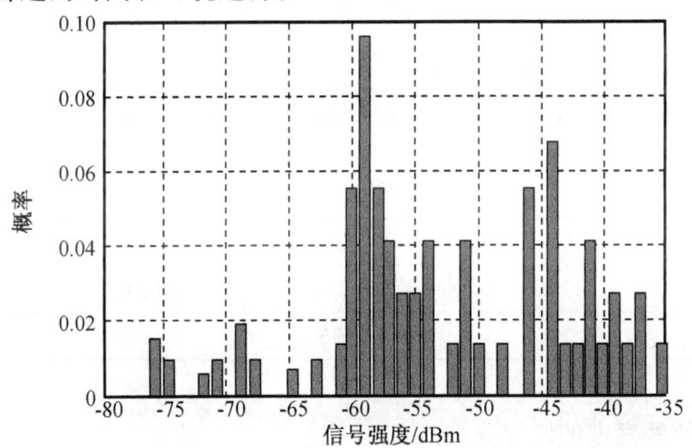


**图 2－7　工作时间定位环境中接收信强度的正规化直方图**

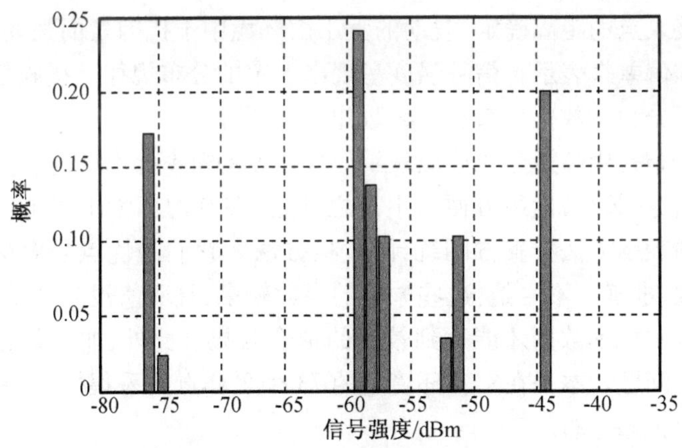


**图 2－8　休息时间定位环境中接收信号强度的正规化直方图**

在采样点处采集信号强度时，用户所处的方位也会对信号强度产生影响。当用户所处的位置正好位于无线网卡和接入点之间时，身体的遮挡就会引起信号的衰减。本实验在图 2－5 所示五角星的位置处从东、西、南、北四个方向，分别采集了 3 min，每个方向 400 个的信号强度数据进行统计和分析，表 2－1 和表 2－2 中的数据说明了这一点。表中带“ * ”号的方向表示人遮挡了 AP 与移动设备间的信号的方向。可以看出，该方向上信号的平均强度比其他方向上的都小，不同方向上信号强度的差别最大有 10 dBm。这会给定位结果带来较大的误差，所以在采集样本时，还应该注意区分方向。

**表 2－1　来自 $AP_7$ 的接收信强度**

| 统计量 | 东 * | 南 | 西 | 北 |
|---|---|---|---|---|
| 平均值 | －57.26 | －50.77 | －47.42 | －45.67 |
| 标准偏差 | 9.45 | 11.33 | 16.12 | 10.44 |

**表 2－2　来自 $AP_{20}$ 的接收信强度**

| 统计量 | 东 * | 南 | 西 | 北 |
|---|---|---|---|---|
| 平均值 | －77.60 | －73.21 | －70.42 | －69.73 |
| 标准偏差 | 2.44 | 5.36 | 5.01 | 4.15 |

3. 接收信号强度的概率分布

由于多种干扰因素的影响，某一位置处的接收信号强度将围绕其平均信号强度值在一定范围内波动。根据无线信号的传播衰减规律可知，其平均信号强度由该位置点到接入点的距离确定，波动的大小由环境中干扰因素的强弱来决定，可以用信号的标准偏差来表示。信号强度呈现出一定的分布规律。接收信号强度的概率分布一般可分为参数化分布和非参数化分布两种。

参数化分布是用高斯分布近似表示信号强度的概率分布。这种方法的优点是表达方式简洁，参数少，使用方便。不足之处是，在有的环境下可能不相符合。非参数化分布的表示方法有直方图统计法、核方法。它们的优点是对信号强度分布的拟合更细致、准确。不足是，这些方法的参数较多，且取值没有简单有效的方法，常常需要大量的样本数据才能达到较好的拟合效果。此外，非参数化方法还容易产生过拟合的问题。本书在实验环境里的 73 个采样点处采集样本，其正规化直方图都近似符合正态分布。

4. 来自不同接入点的信号强度间的相关性

基于位置指纹的定位方法需要使用来自多个接入点的信号强度，那么用户在某一位置处收到的来自多个 AP 的信号强度间是否存在干扰，它们是否独立不相关呢？针对这一问题，本书利用计算接收信号强度之间相关系数的方法加以研究。相关系数是说明两个变量之间相关关系密切程度的统计分析指标。

相关系数用 $r$ 表示，没有单位，在$[-1,+1]$范围内变动，其绝对值愈接近 1，两个变量间的直线相关愈密切；愈接近 0，相关愈不密切。相关系数若为正，说明一变量随另一变量增减而增减，方向相同；若为负，表示一变量增加，另一变量减少，即方向相反，但它不能表达直线以外（如各种曲线）的关系。假设两个变量为 $X$、$Y$，则相关系数的计算公式如下：

$$r_{X,Y}=\frac{\mathrm{Cov}(X,Y)}{\sigma_X\cdot\sigma_Y}=\frac{\frac{1}{n}\sum_{i=1}^{n}(x_i-\mu_X)(y_i-\mu_Y)}{\sigma_X\cdot\sigma_Y}$$

式中　$\mathrm{Cov}(X,Y)$——$X$、$Y$ 的协方差；

$\mu$、$\sigma$——相应变量的平均值和标准偏差。

在本书的实验环境中，针对 A3 区的中心位置，采集了 3 min 左右共 400 个样本，这些样本中含有来自多个接入点的信息，为简单起见，这里只列出了来自 $AP_7$、$AP_{12}$、$AP_{20}$和 $AP_{22}$的四组信号强度信息，如图 2-9 所示。采样点距离 $AP_{12}$和 $AP_7$大约为 1 m 和 15 m。$AP_{22}$与测量点为 NLOS，中间有多层墙体的阻隔，而 $AP_{20}$与测试点为 LOS，但相距大约有 35 m 的距离。来自 $AP_7$、$AP_{12}$、$AP_{20}$和 $AP_{22}$的信号强度的平均值分别为 -49.78，-38.59，-53.48，-66.58（dBm），标准偏差分别为 3.84，5.41，4.92，3.43。由此可以得出每对接入点的相关系数分别为 $r(7,12)=-0.151$，$r(7,20)=0.044$，$r(7,22)=-0.096$，$r(12,20)=0.026$，$r(12,22)=0.013$，$r(20,22)=0.027$，不同接入点的信号强度是无关的。并且同一信道的来自不同接入点的信号是独立不相关、互不干扰的，这是因为 802.11 协议采用的是冲突避免的工作机制。

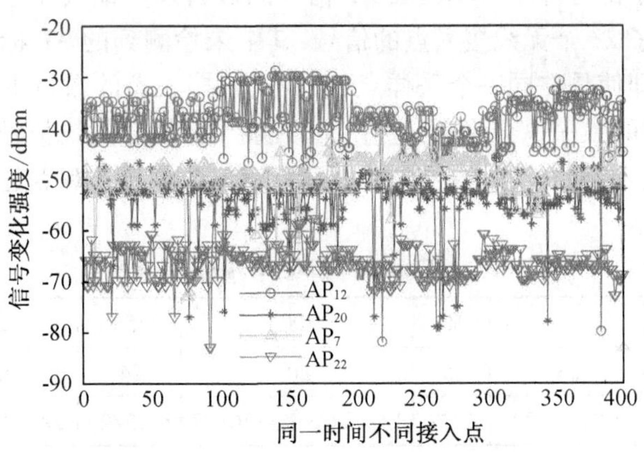


**图 2-9　来自不同接入点的信号强度样本**

5. 可感测的接入点的变化

在室内无线局域网环境中,除了信号强度会因各种干扰的影响、障碍物的遮挡发生变化以外,无线网卡可以感测到的接入点也同样在变化。为了更好地对定位区域的不同位置接收信号强度变化进行分析,除了计算测试点接收的信号平均强度之外,还统计了每个测试点可以接收到的接入点的个数,结果如图 2 - 10 所示。其中的接入点不仅包括实验平台内的接入点,还包括分布在相邻楼层甚至相邻楼里的接入点。可以看出,随着用户位置的改变,接入点的数量也在不断变化。即使在相距很近的两个采样点上,观察到的接入点也会有较大的不同。

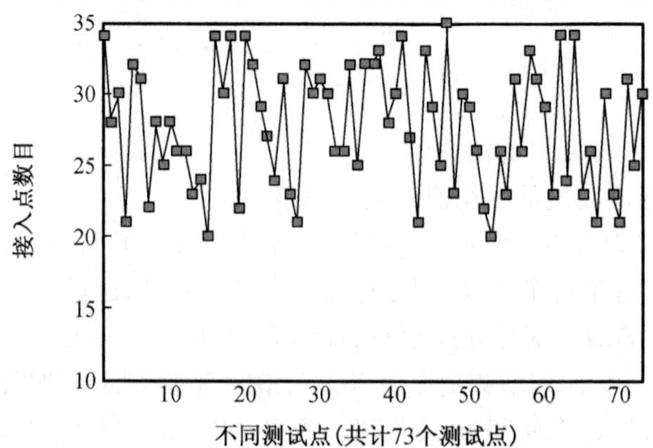


**图 2 - 10　在同样点处感测到的接入点的数量**

此外,当用户停留在某一位置点不移动时,所感测到的接入点随时间是否发生变化?在相同的定位环境下,依据在 A3 区中心点采集的信号强度样本,每次扫描探测到的接入点的个数及其序号如表 2 - 3 所示。在固定测试点处采集了 3 min 的信号样本,给出了部分样本时刻接收 AP 信号的数目及其缺失序号,如第一次测量的信号,共接收了 23 个无线接入点的信号,其中未检测到的 AP 标号为 1、2、26 和 27。由表可见,即使是在同一个采样点,感测到的接入点的数目也会发生变化,且不同接入点出现的顺序也会改变,这进一步说明了环境对无线信号的影响。因此,在定位阶段对接入点的信号进行搜索匹配时,应该以集合的观点进行处理。

**表 2 - 3　固定测试点接收 AP 数目及其序号**

| 测试序号 | 1 | 50 | 100 | 150 | 200 | 250 |
|---|---|---|---|---|---|---|
| AP 数目 | 23 | 25 | 20 | 24 | 22 | 25 |
| 未检测 AP 的序号 | 1/2/26/27 | 1/27 | 1/2/3/23/25/26/27 | 1/25/26 | 2/3/23/25/26 | 1/27 |

位置指纹能否反映无线信号的真实情况,极大地影响着后续定位阶段对用户

位置估计的正确性。目前,对接收信号强度信息的保存主要有两种方式:接收信号强度的平均值表示和接收信号强度的概率分布表示。平均值的表示方法操作简单,处理方便。平均值一定程度上也减小了接收信号强度因噪声产生的动态变化。概率分布的表示方式比平均值表示包含的信息更全面,对无线信号的刻画更加准确。但不足的是,这种表示方法涉及的参数较多,特别是在使用非参数化的概率分布时。而且有的参数的确定仍然是一个开放性的问题,需要大量的样本数据。

不管采用哪种表示方法,位置指纹的建立都需要一定数量的样本。样本数越多,获得的信息越多,越能够反映无线信号的实际情况,但要花费较多的采样时间。那么平均值的计算需要多少个接收信号强度的样本是合适的? 这需要在定位准确性和采样成本之间找到一个平衡。

### 2.4.4 数据采集与 Radio Map 的建立

为了确保定位系统的可靠性与稳定性,实验数据的采集软件统一使用目前流行的无线搜寻免费工具软件 NetStumbler,用于检测无线 AP 的 RSS 信号强度、IP 地址、MAC 地址、SSID 等信息,实现对 RSS 信号样本的采样速率是 2 个/秒。用于离线阶段数据采集与 Radio Map 构建的硬件设备,采用配置无线网卡的华硕笔记本电脑 ASUS A8F 完成,处理器为 Intel 酷睿双核 T2300 1 660 MHz,内存 512 MB,基于 Windows XP SP2 操作系统,无线网络适配器的型号为 Intel PRO/Wireless 3945ABG,支持基于 802.11b 无线局域网协议。

本书实验的数据采集与实时位置测试主要是在公共走廊和部分房间完成的,在整个定位区域内建立二维平面直角坐标系并标记 247 个参考点,其中 24 个在 1 211 房间内,223 个均匀分布在走廊区域,参考点的间隔在 1 m 左右。依据空间的物理结构划分的 6 个定位子区域 A1、A2、A3、A4、A5 和 A6 的参考点个数分别为 40,59,63,32,30 和 23。对每个参考点分别从东、南、西、北四个方向进行信号采集,每个方向采集 100 个数据样本,四个方向的 RSS 数据样本能够较全面地对环境进行描述,这些数据连同参考点的位置坐标构成了已标记数据,用于构建位置指纹数据库。定位算法的半监督学习所需的未标记数据,通过多个用户的运动轨迹在线随机采集获得,区别于离线阶段参考点处采集的有位置标记的 RSS 信号而言,这些样本数据只有实时的 RSS 信号强度值而没有位置信息,故称其为未标记样本。测试点均匀地分布在整个实验区域内,共选取 205 个测试点,每个测试点采集 100 个 RSS 测试样本,共计 20 500 个测试样本。为了更真实地反映定位环境,测试点选取的位置尽量不与参考点完全重合,测试点的测试样本数据与离线阶段数据样本的采集时间各自独立。

## 2.5 本章小结

本章以基于 WLAN 的位置指纹室内定位技术为中心，对定位技术的基本原理、RSS 信号与空间位置的特征映射、基本的位置指纹定位算法进行了详细分析，为指纹定位技术的进一步研究提供相应的理论基础与实验数据。首先，鉴于指纹定位法的构建成本低、使用方便、定位区域范围广阔及易于扩展性等优势，将基于无线局域网的位置指纹室内定位技术作为本书的主要研究内容；其次，围绕该方法存在的影响定位精度的主要问题，即 RSS 信号的特征提取、位置指纹数据库中参考点数据样本的采集与后期实时更新所需的大量工作量及终端能耗的降低；再次，依据指纹数据库信号与位置映射关系的两种不同的表示方法，对在线阶段的定位算法划分为两大类，并给出了其中的两种最具代表性算法——确定性和概率性定位算法，指出基于确定性的最近邻、K 近邻及其加权 K 近邻算法具有简单、稳定、易于终端设备独立运行而作为本书改进和进行实验比较的主要定位算法；最后，描述了定位实验环境为室内多墙，介绍了数据采集所需的硬件设备及软件配置，并给出了离线阶段数据采集的参考点布设及指纹库构建的详细实验设置方案。

# 第3章　基于距离约束的半监督聚类指纹定位算法

基于无线局域网的室内定位技术充分利用现有的硬件网络设施，无须给移动终端增加额外的硬件设备，就可以从 MAC 层获取用于定位的 RSS 信号，进而实现移动终端的位置估计。为了保护用户在公共网络环境中的隐私和安全，WLAN 构建的定位系统通常是采用基于客户端架构的，这也对移动终端的定位能耗及电池续航时间提出了更高的要求。已有的 SDE 定位算法通过对高维 RSS 信号的低维嵌入，降低了算法中用于描述位置信息的信号维数，有效减少了在线阶段测量信号与指纹库的匹配计算。通常来讲，离线阶段所构建的位置指纹库信息量较大，尤其是在大型的超市、机场、医院或学校等范围较大的公共区域，而实际定位过程中，仅有小部分信息对于位置估计是有用的。如何依据接收的定位信息，降低定位算法在位置指纹数据库中“搜索”与“识别”区域范围，减小算法的计算量，成为室内定位技术研究的又一热点问题。

## 3.1　半监督学习

Youssef 等人较早提出了采用聚类技术将位置指纹数据库分成不同的类，以减少定位匹配的计算成本。这里所说的聚类，就是将数据样本分成类或簇的过程，使得同一类别中的数据样本之间具有较高的相似度，而非同类的数据样本之间要高度相异。对于典型的匹配定位算法，以最近邻居点为代表的确定性算法和基于贝叶斯网络的 Kernel 为代表的概率性算法而言，在线定位阶段，首先，需要计算实时测试样本与全部的位置指纹数据的相似度；其次，搜索与测试样本最近邻的或者最相似的 $k_c$ 个位置信息；最后，通过计算平均值作为用户的位置坐标。由此可见，在线阶段定位计算的复杂度与指纹数据库空间的大小成正比，而聚类分析的直接结果是将原始的指纹空间按照一定的聚类准则划分成若干个子空间，构成每个子空间的指纹数据具有较高的相似度。用户依据在线阶段接收的实时 RSS 信号进行分类，然后“搜索”所属定位子区域的指纹库进行位置匹配，可以有效降低定位过程所需计算量。

理论上来讲，在利用无线局域网中接收信号强度进行定位的技术中，每个接入点都有一定的覆盖范围，且在视距传播下，距离接入点越近的位置，接收信号强度越强。然而实际的无线网络环境中，无线电波信号传播具有的时变特性将导致在线阶段的测量值与指纹数据库中的关系描述存在偏差,该偏差是影响定位精度的主要因素,对位置指纹信息的聚类亦是一个充满挑战的问题。针对目前已有的聚类分析算法存在的分类精度不高,无法克服高维定位信号的非线性和时变性问题,本书提出了结合仿射传播聚类与半监督学习的算法,将半监督用于基于距离测度函数的学习,引入已知的标签数据来调整算法中的相似度矩阵,通过在新得到的矩阵上进行聚类,达到提高聚类性能的目的。

半监督学习是在有标记样本的基础上利用未标记样本所提供的信息来进一步提升学习性能,充分利用了大量未标记样本和少量有标记样本来训练。按研究内容的不同,主要分为半监督分类、半监督谱聚类、半监督降维、半监督度量学习和半监督回归等。

### 3.1.1 半监督学习

半监督学习一般是建立在两个假设的基础上,即聚类假设(Cluster Assumption)和流形假设(Manifold Assumption)。

聚类假设是指聚在相同类中的样本有较大的可能拥有同样的标记。根据聚类假设,决策边界应该尽可能出现在数据较为稀疏的区域,如此可以避免把聚类中稠密的数据点分到决策边界两侧。在这一假设的条件下,大量未标记样本的作用是用来帮助探明样本空间中样本分布的稠密和稀疏区域,从而引导学习算法对利用有标记样本学习到的决策边界进行调整,使其尽量分布在样本稀疏的区域。

流形假设则指的是处于一个很小的局部邻域内的样本具有相似的性质,因此其标签也应该相似。这一假设反映了决策函数的局部平滑性。与聚类假设着眼于数据的全局特性不同,流形假设主要考虑数据的局部特性。基于该假设,大量未标记样本的作用就是让样本空间变得更加稠密,从而有助于更加准确地刻画局部范围的特性,使得决策函数能够更好地进行数据拟合。

一般情况下,流形假设和聚类假设思想是一致的。由于大量未标记样本的存在,聚类通常比较稠密,满足流形假设的数据则能够在数据稠密的聚类中得出相似的输出。但是,由于流形假设要求的是相似样本具有相似的输出,而不是完全相同的标签,因而其比聚类假设更为一般,这也使得流形假设在聚类假设难以满足的半监督回归和半监督降维中依然有效。

### 3.1.2 半监督分类

半监督分类问题可以按照如下方式定义:给定一个未知服从何种分布的数据集,其中 $L=\{(x_1,y_1),(x_2,y_2),\cdots,(x_l,y_l)\}$ 为已标记样本数据集,而 $U=\{x'_1, x'_2,\cdots,x'_n\}$ 是未标记样本数据集。期望学习到的结果是得到函数 $f:X\to Y$,从而可以准确地对给定的 $X$ 预测其标记 $Y$。其中 $x_i\in X$ 是 $D$ 维向量,$y_i\in Y$ 是 $x_i$ 的标记;$l$ 是已标记样本的个数；$U$ 是未标记样本的个数。

按照学习方式的不同，半监督分类大体上可以分为如下三类：第一类是生成模型分类器，作为最早的半监督分类算法，它一般是基于聚类假设的，主要将未标记样本属于各个类别的概率作为一组缺失的数据，估计输入空间和样本空间的联合概率分布 $p(x,y|\theta)=p(y|\theta)\cdot p(x|y,\theta)$，然后构建一个包含已标记样本和未标记样本的联合概率模型，最后采用期望最大化(Expectation Maximum, EM)算法来进行模型参数估计和标记估计。第二类是由 Blum 和 Mitchell 于 1998 提出的协同训练算法，该算法首先需要假设有两个冗余的特征视图，然后训练出两个或者多个分类器。学习的时候，再分别用这些分类器对若干个置信度高的未标记样本进行预测，并把它们传递给其他分类器，最后通过多次迭代来改善性能，得到最终的模型和分类效果。第三类是基于图正则化框架的半监督分类算法，该算法首先需要选定某种测度构造一个或者多个图，图中的每个节点代表着已标记或未标记的样本，而图中边的权重值则为样本间的相似度，然后决定目标函数并结合其在图上定义的光滑性作为正则化项求取最优预测。该模型既能很好地拟合已标记样本，又能使未标记样本在相似区域的 $f$ 输出变得缓慢。

### 3.1.3　半监督谱聚类

半监督谱聚类也是基于图的半监督学习分支之一。谱聚类把所有的样本点看作图中的节点，节点之间边的权重代表其相似性程度。谱聚类的目标是找到一个对图的最好划分，使得同类样本相似程度很高，不同类样本相似程度很低。谱聚类是一种能根据节点间权值对图进行划分的方法，本质上是一种基于矩阵特征向量提取新数据特征的方法。

相对于 $k$ - means 算法，谱聚类算法在处理环状分布的数据上有优势，然而其被机器学习研究者爱好的主要原因是因其解的理论完备性。半监督谱聚类则是通过约束信息来改进对应图中的相似性度量从而提高聚类结果的质量。因而，在研究图的构造过程中，引入约束信息，改进距离度量，再以此进行半监督谱聚类是一个值得研究的方向。针对单个聚类算法的不足，各种集成半监督聚类算法被提出，此外，与主动学习相结合的主动半监督聚类算法也被提出。

传统的聚类算法没有充分利用到数据集的标记信息，而只是探索数据集中固有的结构信息。与之不同的是，1985 年由 Pedrycz W 提出来的半监督聚类思想，则充分利用了已有的少量标记数据进而对大量未标记数据进行指导，从而极大地提高了聚类算法的性能。与半监督分类不同的是，半监督聚类利用的监督信息是成对约束信息，即边信息。半监督聚类问题常常描述如下：给定样本集及由正约束(must - link)和负约束(cannot - link)构成的正约束集和负约束集，其目的是通过利用已有的正、负约束来指导聚类过程，使得 must - link 集中的样本划分到同一个聚类簇中,而把 cannot - link 集中的样本聚在不同的类簇中,如此聚类过程便减少了盲目性,也得到了更多的启发,从而最终得到了更好的聚类效果。最终,正约束集合中的样本必须聚在同一个类中,而负约束集合中的样本聚在不同类别中。与一般的聚类算法类似,半监督聚类的目标也是根据样本之间的相似度大小对数据集进行合理的划分,使得同一个聚类簇内样本的相似度高,而不同簇间样本的相似度较低。

如何定义样本间的相似性是半监督聚类算法的关键。根据先验知识的不同,半监督聚类算法通常分为两类:

(1)基于改进距离度量的半监督聚类;

(2)基于约束满足的半监督聚类。

基于改进距离度量的半监督聚类通过边约束信息来学习一种新的距离度量以满足边信息约束条件,具体实现如:通过成对约束信息来调整距离矩阵;利用最短路径算法对约束信息调整的距离矩阵再进行调整,目的是使距离矩阵能够更充分地反映已知的约束对信息;最后进行基于改进的距离矩阵进行谱聚类。或用边约束信息来调整样本之间的相似度矩阵,再进行近邻传播聚类。通过在相似度矩阵上进行边约束信息传播,基于边约束信息改进后的矩阵进行谱聚类。利用牛顿迭代法来求解基于正约束和负约束的半正定规划问题,再在求解的相似性度量矩阵上进行聚类。在高维数据上计算复杂度高及学习到的度量不够好的问题,利用随机子空间方法在多个子空间上分别求解半正定规划问题,最后集成聚类并取得了良好的效果。

### 3.1.4 半监督降维

基于类别标签信息的半监督降维是通过利用已有类别标签信息和无类别标签信息进行降维的一种方法。近年来,通过对现有的监督或者无监督降维算法进行改进,研究者们提出了大量基于类标签信息的半监督降维方法。例如,基于概率 PCA 模型,通过利用类标签信息,提出了监督和半监督式的概率 PCA 模型;针对 LDA 算法在小样本集上奇异的问题,通过对 LDA 算法添加流形正则化项,提出了半监督判别分析方法 SDA;利用无标记样本来刻画样本间的全局结构,结合少量有标记样本,将局部 Fisher 判别分析与 PCA 算法结合,提出了半监督的局部降维 Fisher 判别分析算法;针对 SDA 对噪声敏感的问题,提出基于鲁棒路径的半监督判别分析方法;通过将流形距离取代欧氏距离,提出基于流形距离的半监督判别分析算法。

### 3.1.5 图的构建策略

理论和实践证明在基于图的半监督学习中,构造一个好的图比选择一种好的目标函数更重要。实验证明,同一个基于图的聚类算法,在不同的图结构下,可以得到不同的聚类结果。近几年,很多研究者已经关注到图构造的重用性,提出了多种图构造策略,并把这些策略应用到各种基于图的半监督学习算法中去。实际上,除了基于图的半监督学习外,谱聚类和基于图的嵌入降维等都依赖于一个良好结构的图。图构造是当前机器学习领域的一个公开难题,对其构造策略简介如下。

1. 近邻图

虽然有多种图的构造方法,但是应用最广泛的还是近邻图:$k$ 近邻图和 $\varepsilon$ 近邻图。$k$ 近邻图也就是图中每个顶点只与自身在某种相似性度量(如欧几里得距离)下的 $k$ 个近邻相连接。在构建 $k$ 近邻图时,对于样本 $x_i$ 和 $x_j$,若 $x_j$ 为 $x_i$ 的 $k$ 近邻,则用边将 $x_i$ 与 $x_j$ 连接起来,这就导致每个顶点关联的边数可能大于 $k$。$k$ 近邻图能够自动适应样本在特征空间中的密度,在样本密集的区域,$k$ 近邻图的半径就比较小;在样本稀疏的区域,$k$ 近邻图的半径就比较大。通常,较小的 $k$ 更好。

对于 $\varepsilon$ 近邻图,当 $\|x_i - x_j\| \leqslant \varepsilon$ 时,则连接 $x_i$ 和 $x_j$ 来构建图,因此需要选择合适的半径 $\varepsilon$。另外,此类图通常需要设置对应边权重。鲁棒图策略是首先通过选择合适的高斯热核相似度;其次引入随机高斯噪声或者通过构造多个近似最小生成树来组合构造鲁棒图;最后进行维数约减和聚类。然而该方法的成败依赖于预先选择一个较好的高斯热核宽度。

2. 利用局部调整构图

利用局部的方法构造图,主要是基于 LLE 算法。在半监督维数约减方法,韦佳等人利用 LLE 的重构误差系数定义邻域结构保持的图,获得了很好的学习效果;而 Wang 等人利用类似 LLE 的最小化重构误差策略,来求得样本对之间的权重,以此权重构造图,并将之应用到半监督分类中去并获得了良好的学习效果;Jebara 等人认为图的构造是基于图的半监督学习的关键,并利用 $b$ - match 方法构造图,在该图中每个节点能且仅能连接其 $b$ 个近邻。

3. 稀疏表示构图

近年来,稀疏表示的特征降维与分类算法在各领域得到迅速发展。乔立山等人基于稀疏表示理论,利用稀疏表示系数作为样本间相似度定义构建图,提出稀疏保持投影对人脸进行分类并取得了良好效果;侯书东等人通过提取特征间的稀疏重构性,提出一种稀疏保持的典型相关分析并在多特征手写体字符集与人脸数据上取得了良好的效果;Fan 在流形正则化的半监督分类框架下,以数据的稀疏正则化构建新的图,提出了稀疏正则化的最小二乘分类算法;颜水成等人利用稀疏表示系数定义图并将其应用到半监督分类和多标记分类中。

4. 多图融合构图

通过把样本中的信息转化为图,然后再进行基于图的半监督学习,虽然简化了问题,但是也带来了信息的损失。因为从一个样本数据集可以基于不同的参数(如近邻大小和相似性度量函数等)构造出多个图,而单个图却难以充分重构出原始的样本集信息。从视频信息的低级别特征信息中抽出不同的模块,并在这些模块上定义不同的相似性度量函数,然后将每一个模块及其相似性度量函数组合起来构造一个图,最后定义一个优化函数来把这些图加权为一个图,从而使得半监督分类器的损失最小,并将它应用到视频分类中;通过子空间的方法构造多个子图,在这些子图中分别训练分类器,最后用投票的方式进行集成分类,在半监督分类上取得了良好的效果;利用局部敏感的哈希函数构造哈希图,由于半监督学习在构造近邻图的时候,需要花费大量时间,速度比较慢,该方法通过局部敏感的哈希函数进行近邻搜索,可以有效降低半监督学习方法所需的构图时间,且在图像分割上的实验表明该方法的有效性;王娇等人提出一种基于多视图的半监督学习方法,使用多个图结构表示多视图数据,并在多个图上进行协同学习,同时优化多个图上的学习器。实验表明,该算法较单个图上的半监督学习算法有更高的分类精度;此外,还提出一种随机子空间中的多视图半监督学习算法,将每个视图上的学习器预测置信度最高的未标记数据用于训练其他视图上的学习器,取得了较好的预测性能。

5. 其他构图方法

在图的构造过程中,当遇到噪声数据时,构造的图往往难以准确地刻画样本之间的关系,进而影响了基于图的半监督学习效果。面对噪声,首先对数据集去噪,其次进行基于图的半监督学习,最终学习效果得到有效提升。针对近邻图对参数敏感的问题,詹德川等人融合集成学习的思想,实现了集成的 ISOMAP,该算法通过选择不同的近邻大小,最后加权平均嵌入的低维坐标得到最终的低维嵌入表示。针对路径相似性度量对噪声和离群点依然敏感的问题,利用鲁棒统计原理,提出了基于鲁棒路径的相似性度量,并以此度量构造出对噪声和离群点鲁棒的图,在半监督判别分析和谱聚类上面均取得了较好的效果。此外,也有人充分利用所解决问题的背景知识来构造图,如利用视频监控录像的领域知识定义了 3 个图,主要包含了时间边、颜色边和人脸图像边,这些图首先很好地反映了问题结构的背景知识,同时也充分展示了无标记样本的辅助作用,获得了很好的学习效果;利用论文的标题相似度、摘要相似度、作者相似度、正文相似度和参考文献相似度来构造 5 个图,把它们融合为一个图后再进行聚类。

## 3.2 聚类分析的基本理论与算法

聚类是一个在模式识别、数据挖掘及机器学习等诸多领域涉及的统计分析技术。聚类算法是一种有效的数据分析方法,是在没有任何数据的先验信息条件下,将数据划分到不同的类或者簇的过程,以满足同一个簇中的对象有最大相似性,不同簇间的对象则为相异性,这类算法又称为无监督学习方法。无须事先给出分类标准,聚类分析就能够从样本数据出发,自动进行分类,因而聚类分析所使用方法不同,常常会得到不同的结果。不同研究者对于同一组数据进行聚类分析,所得到的聚类数也未必一致。

对于位置指纹室内定位系统,已有一些针对指纹数据库的聚类算法研究。其中,最直观的方法就是利用地图直接对实际的定位区域进行划分,这种方法相对而言比较简单,聚类精度过多地依赖于实际定位区域的物理结构,在子区域边缘地带精度较低。联合聚类算法是较早提出的应用于室内定位技术的聚类方法。算法定义一组参考点位置为一类(Cluster),这组参考点共享一组共同的接入点集合,该集合称为类密钥(Cluster Key),通过接收 RSS 信号对应的最强接入点集合与类密钥的匹配,判定未知位置所属子区域。该方法用于分类判别比较简单,但是精度较低。究其原因是无线信道的传播特性使得 RSS 信号具有高度的不确定性,某些测试样本可能会存在接收不到某一接入点信息的情况,而该缺失的接入点信号很可能会导致在线阶段用户位置所属子区域判定出现错误,这将导致极大的定位误差。基于 $k$ 均值(亦可称为 $c$ 均值)的位置指纹聚类方法,是基于划分聚类中最常用的技术,通过 $c$ - means 算法实现参考点的聚类和定位子区域的自动划分,可以减少在线阶段位置匹配的计算量。

### 3.2.1 $c$ 均值聚类算法

$c$ - means 聚类算法是经典的基于距离测度的聚类分析,算法依据各个样本数据到各聚类中心距离最小的原则,经过迭代计算标记出每个数据所属的类别信息。其由于算法简单而应用于许多科学和工业的数据处理领域。算法解决的是将含有 $N$ 个数据点的集合 $\boldsymbol{X}=\{\boldsymbol{x}_1,\boldsymbol{x}_2,\cdots,\boldsymbol{x}_N\}$ 划分成 $C$ 个类别的问题。算法的基本步骤可简述如下:

1. 随机选取数据集中 $C$ 个数据点作为初始的聚类中心,标记为 $\boldsymbol{c}_i, i=1,2,\cdots,C$,且 $\boldsymbol{c}_i \in \boldsymbol{X}$。

2. 计算全部数据点与每个初始类中心的距离,依据距离最小的原则,将每个数据分配至所属的类别,构成了 $C$ 个聚类的集合 $\boldsymbol{J}_i$:

$$\boldsymbol{J}_i = \{\boldsymbol{x}_j \mid i = \underset{i}{\operatorname{argmin}}\ \boldsymbol{x}_j - \boldsymbol{c}_i\} \tag{3-1}$$

式中的‖·‖表示数据点间的欧式距离。

3 对获取的聚类集合 $\boldsymbol{J}_i$,分别计算新的聚类中心 $\boldsymbol{c}_i^{\text{new}}$:

$$\boldsymbol{c}_i^{\text{new}} = \frac{1}{N_i}\sum_{\boldsymbol{x}_j \in \boldsymbol{J}_i} \boldsymbol{x}_j \tag{3-2}$$

式中 $N_i$ 表示聚类集合 $\boldsymbol{J}_i$ 包含的数据点个数。

4. 算法的收敛性判决

判断新的聚类中心是否发生变化，若有变化则依(3-2)执行下一次迭代；若新的聚类中心不再发生变化，聚类误差平方和准则函数收敛，则迭代终止，算法结束。

$c$ 均值聚类算法的主要特性是需要人为地设置初始聚类个数 $C$，而 $C$ 值的选定需要通过多次试验获取经验值。同时，$C$ 个初始聚类中心是以随机方式选择的，然后经过迭代计算，将每个样本数据分配至所属的类别中，直至满足预先设定的迭代停止条件，算法结束。算法通过计算每个样本点数据与聚类中心的欧式距离，然后依据最近距离原则划定其所属的类别，聚类结果过多地依赖于对聚类个数的设置和初始聚类中心的选择，且容易陷入局部极值。此外，$c$ 均值聚类算法在迭代过程中需反复计算新的聚类中心，在迭代停止时容易产生空类。用于定位的 RSS 信号的高维、时变特性，也会降低聚类分块的稳定性和精确性，因此，基于 $c$ 均值聚类技术通常难以获得较理想的聚类效果而需做进一步的改进。

### 3.2.2 模糊 $c$ 均值聚类算法

$c$ 均值聚类算法在本质上是一种硬划分技术，它将待分类的数据点严格地划分为某一类，数据点对于某类别而言具有“非此即彼”的特性。然而，在实际的数据分析与处理中，由于测量误差及噪声的影响，导致数据的不确定性和易变性，使得某些数据点的类属性存在有中介性，即具有“亦此亦彼”的特点。此时如果采用硬划分技术，将它们绝对地划分到某一类别，不考虑它们所具有的其余类别属性是不合适的。相对而言，模糊聚类方法通过给出数据点属于各个类别的不确定程度，反映出数据点所属类别存在的中介性，更适合于处理这一类数据的分类问题。

模糊聚类是一种基于函数最优方法的聚类算法。1973 年，Bezdek 最先提出了模糊均值聚类算法(Fuzzy $c$ - Means, FCM)，作为早期 $c$ 均值聚类方法的一种改进聚类算法，用隶属度确定每个数据点属于某个聚类的程度。FCM 把 $N$ 个数据点的集合 $\boldsymbol{X}$ 分成 $c$ 个模糊组，并求每组的聚类中心，使得非相似性指标的价值函数达到最小。与 $c$ 均值算法的主要区别在于 FCM 采用模糊划分，用 0 ~ 1 之间的隶属度值 $u_{ij}$ 来确定数据点 $\boldsymbol{x}_j$ 属于第 $i$ 个类别的程度。每个数据点与其所属类别的隶属度构成了隶属矩阵 $\boldsymbol{U}$，对其进行归一化后，数据集的隶属度应满足：

$$\sum_{i=1}^{C} u_{ij} = 1, \forall j = 1,2,\cdots,N \tag{3-3}$$

此时，模糊 $c$ 均值聚类的目标函数为

$$J(\boldsymbol{U},\boldsymbol{c}_1,\boldsymbol{c}_2,\cdots,\boldsymbol{c}_C) = \sum_{i=1}^{C}\sum_{j=1}^{N} u_{ij}^{m} d_{ij}^{2} \tag{3-4}$$

式中 $0 \leqslant u_{ij} \leqslant 1$，$\boldsymbol{c}_i$ 为模糊组 $i$ 的聚类中心，$d_{ij} = \|\boldsymbol{c}_i - \boldsymbol{x}_j\|$表示第 $i$ 个聚类中心与第 $j$ 个数据点间的欧式距离，$m \in [1, \infty)$，是一个加权指数。

构造新的目标函数，可求得使式达到最小值的必要条件：

$$\bar{J}(\boldsymbol{U}, c_1, c_2, \cdots, c_C, \lambda_1, \lambda_2, \cdots, \lambda_N) = J(\boldsymbol{U}, c_1, c_2, \cdots, c_C) + \sum_{j=1}^{N} \lambda_j \left( \sum_{i=1}^{C} u_{ij} - 1 \right)$$
$$= \sum_{i=1}^{C} \sum_{j=1}^{N} u_{ij}^m d_{ij}^2 + \sum_{j=1}^{N} \lambda_j \left( \sum_{i=1}^{C} u_{ij} - 1 \right) \quad (3-5)$$

式中 $\lambda_j$，$j = 1, 2, \cdots, N$，是式的 $N$ 个约束式的拉格朗日乘子。对所有输入参量求导，使式达到最小的必要条件为

$$\boldsymbol{c}_i = \frac{\sum_{j=1}^{N} u_{ij}^m \boldsymbol{x}_j}{\sum_{j=1}^{N} u_{ij}^m} \quad (3-6)$$

$$u_{ij} = \frac{1}{\sum_{c=1}^{C} \left( \frac{d_{ij}}{d_{cj}} \right)^{2/(m-1)}} \quad (3-7)$$

FCM 聚类算法是一个简单的迭代过程。将含有 $N$ 个数据点的集合 $X$ 划分成 $C$ 个类别的聚类过程中，确定聚类中心 $c_i$ 和隶属矩阵 $\boldsymbol{U}$ 的基本步骤如下：

1. 隶属矩阵 $\boldsymbol{U}$ 的初始化：随机取值 $u_{ij} \in [0, 1]$，且满足式中的约束条件。

2. 利用式(3-6)计算 $C$ 个聚类中心 $c_i$，$i = 1, 2, \cdots, C$。

3. 依据式计算目标函数。如果其值小于给定确定的阈值，或其值相对于上一次结果的改变量小于给定阈值，算法停止。

4. 利用式计算新的隶属矩阵。返回步骤 2。

模糊 $c$ 均值聚类算法的性能依赖于初始聚类中心。由于不能确保 FCM 收敛于一个最优解，因此可以每次选择不同的初始聚类中心，多次运行该算法而获得最终的聚类结果。FCM 算法需要两个参数：一个是聚类数目 $C$；另一个是加权指数 $m$。对于 $m$，它是一个控制算法柔性的参数，取值达最小时，算法的性能接近 $c$ 均值聚类；取值过大，又会导致聚类的结果较差。FCM 算法的输出是 $C$ 个聚类中心点向量 $\boldsymbol{c}_i$ 与 $C \times N$ 阶的模糊划分矩阵 $\boldsymbol{U}$，这个矩阵表示的是每个样本点属于每个类的隶属度。根据这个划分矩阵，按照最大隶属原则就能够确定每个样本点在聚类中所属的类别。聚类中心表示的是每个类的平均特征，是类的代表点。

### 3.2.3　仿射传播聚类算法

仿射传播聚类（Affinity Propagation Clustering，APC）是由 Frey 等人在 2007 年 *Science* 中发表的一篇文章提出来的。与 $c$ 均值聚类方法相比，APC 将数据集的所

有样本点都视为候选的聚类首领，通过在每个数据点间进行信息传播找到最优的类代表点集合，避免了聚类结果受限于初始类代表点选择的问题，获得较好的聚类结果。

算法引入了两个重要的信息量参数，分别定义为吸引度 $r(i,j)$ 和归属度 $a(i,j)$，通过在样本点之间的不断迭代过程中相互传递着上述两类参数，直至产生特定的类中心，并产生相应的类成员。吸引度信息，以 $r(i,j)$ 表示，反映了数据点 $x_j$ 适合作为数据点 $x_i$ 的类代表点的程度，从 $x_i$ 指向 $x_j$；归属度信息，以 $a(i,j)$ 表示，反映了数据点 $x_i$ 选择数据点 $x_j$ 作为其类代表点的合适程度，从 $x_j$ 指向 $x_i$。算法的核心是通过上述参数的迭代更新实现数据点间信息的传递，以产生高质量的类首领，同时为每个类成员分配一个类首领。数据间信息传递公式：

$$r^{(t)}(i,j) \leftarrow \lambda r^{(t-1)}(i,j) + (1-\lambda)\{s(i,j) - \max_{j' s.t. j' \neq j}[a^{(t-1)}(i,j') + s(i,j')]\} \tag{3-8}$$

$$a^{(t)}(i,j) \leftarrow \lambda a^{(t-1)}(i,j) + (1-\lambda)\min\{0, r^{(t-1)}(j,j) + \sum_{i' s.t. i' \notin (i,j)} \max[0, r^{(t)}(i',j)]\} \tag{3-9}$$

$$a^{(t)}(j,j) \leftarrow \lambda a^{(t-1)}(j,j) + (1-\lambda) \sum_{i' s.t. i' \neq j} \max[0, r^{(t)}(i',j)] \tag{3-10}$$

算法的输入为数据点间的相似度 $s(i,j)$，表示数据样本点 $x_i$ 与 $x_j$ 的相似程度，其值定义为 $s(i,j) = -\|x_i - x_j\|^2 (i \neq j)$，在聚类算法中用于表征数据点 $x_j$ 成为数据点 $x_i$ 类首领的适合程度，全部数据点间的相似度值构成相似度矩阵 $\boldsymbol{S}$。算法的目标函数是最小化均方差，亦即最大化相似度函数。$s(i,i)$ 表示数据样本点 $x_i$ 的自相似度，又称为偏向参数值，记为 $p$，其值越大，对应的数据点 $x_i$ 被选中作为类代表点的可能性也就越大。实际聚类过程中，为了确保每个数据点成为类首领的优先权相同，算法设定初始 $p$ 值相同。算法的基本步骤如下：

1. 输入数据：数据点的相似度矩阵 $\boldsymbol{S} = [s(i,j)]_{N \times N}$，设定偏向参数 $p$ 值；

初始化吸引度和归属度：$r^{(0)}(i,j) = a^{(0)}(i,j) = 0$。

2. 迭代计算：

(1)依据式对吸引度和归属度进行更新。

(2)对任意的数据点 $x_i$，计算其与全部数据点吸引度与归属度之和，找到每个数据点所属的类代表点。

(3)判定是否满足迭代过程停止条件：达到设定的迭代次数、信息改变量低于某一预定的阈值或类中心在连续的几步迭代过程中保持稳定，满足其中任意一个条件即可。

3. 类中心的识别及其聚类的生成：数据点 $x_i$ 选取具有最大 $a(i,j) + r(i,j)$ 值

的数据点 $x_j$ 为类中心，输出最终的聚类结果。

对任意数据点 $x_i$，计算其与全部数据点吸引度与归属度之和，选择 $x_i$ 的类代表点 $x_j$ 应满足：$\arg\max_{j}[a(i,j)+r(i,j)]$，$a(i,j)+r(i,j)$ 表示数据点 $x_j$ 成为数据点 $x_i$ 类代表点的概率，其值越大，说明数据点 $x_j$ 成为数据点 $x_i$ 的类代表点可能性越大。$\lambda$ 为阻尼因子，取值 $0\leqslant\lambda<1$，可以避免迭代过程中出现数值震荡，改进算法的收敛性。

虽然仿射传播聚类算法无须预先设定类别个数，但是算法最终生成的聚类个数要依赖于偏向参数 $p$ 的取值。已有的仿射传播聚类算法的应用研究结果显示，$p$ 的取值与聚类生成的类别个数成反比关系，即其值越大，产生的类别个数越少。因而，在实际的应用中，可以通过调整 $p$ 的取值而获取最佳的聚类个数。数据点间的相似度矩阵作为输入的另一重要参数，直接影响到基于相似度矩阵的聚类算法的性能。

## 3.3　结合 $c$ – means 聚类的 SAPC 分块算法

传统的聚类算法已经成功地解决了低维数据的聚类问题，但是对于高维数据而言，由于缺少对数据本身先验信息的分析，这种传统的聚类算法有时得不到理想的聚类结果。针对实际应用过程中，有时会获得少部分数据的先验知识，如何利用这些仅有的少量先验信息，对大量没有先验知识的数据进行聚类分析已逐渐成为聚类分析研究的热门问题。半监督聚类则是针对这类问题提出的，所谓的半监督聚类是指利用少量具有先验知识的数据来辅助无监督聚类，实现聚类性能提高的目的。基于距离函数约束的半监督仿射聚类（Semi-supervised Affinity Propagation Clustering，SAPC）指纹定位算法流程如图 3 – 1 所示。

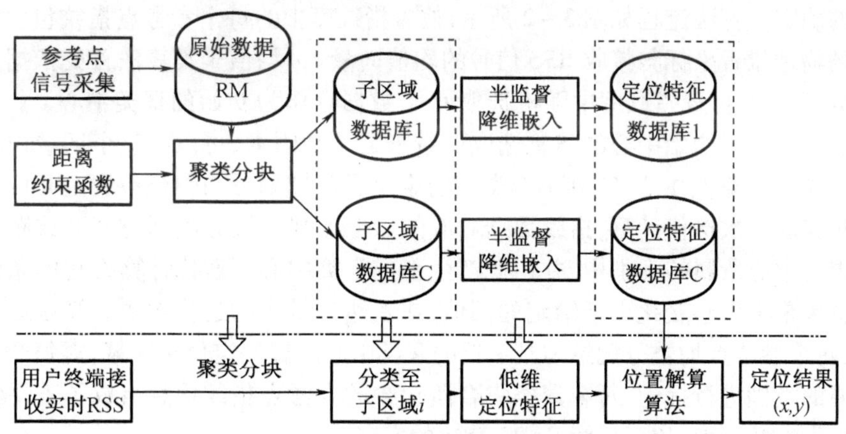


**图 3 – 1　SAPC 指纹定位算法流程图**

算法首先利用 SAPC 聚类实现定位子区域的划分,然后进一步结合离线阶段采集的已标记信息,依据距离约束信息对聚类分区结果进行修正,提高聚类的有效性,进而减小实时定位阶段对指纹数据库搜索的空间,简化定位算法中测试点处接收信号强度值与其物理位置的映射模式,达到提高定位精度及降低计算复杂度的目的。然后利用特征提取算法,对定位子区域的高维数据进行低维判别嵌入,构建子区域定位特征与物理位置的映射关系。在对离线阶段已标记数据进行初始类别划分时,根据指纹数据库及其定位区域的实际建筑结构,将 RSS 样本数据依聚类算法划分为与物理空间结构相一致的若干定位子区域,最大限度确保同一定位子区域内参考点的接收信号相似度尽可能高。这样不仅有利于提高后期聚类分块的精度,而且简化定位子区域内的接收信号强度与物理位置坐标间的映射关系,进一步实现定位性能的提高。

### 3.3.1 基于 *c* – means 聚类的参考点分区

从实验环境的物理空间特征可以看出,对于一个单独的房间或者相对封闭的独立空间来讲,可以直接将其划分成一个聚类,归属的参考点信号具有较高相似度。而对于走廊部分,由于缺少明显的物理位置分割特征,按照物理空间结构的方式难以找到合适的区域边界以分割。此时,采用聚类分析可以有效解决定位子区域的划分问题,基于划分方法中的 $c$ 均值聚类算法因其理论完整、计算简单而应用在 SAPC 算法中,用于完成离线阶段参考点数据的类别划分。由于 $c$ 均值聚类的结果过多依赖于算法初始参数的选择,而 RSS 信号的非线性与不确定性又会影响聚类结果的稳定性和准确性。因此,仅保留聚类结果中相似度较高的标记信息,作为输入 SAPC 算法的距离约束信息,完成 SAPC 聚类结果的修正。

$c$ – means 聚类算法是通过循环迭代的计算过程,完成数据类别归属及其类中心点的确定。算法流程如图 3 – 2 所示,位置指纹库中的每个参考点指纹包含了参考点的物理位置坐标与接收 RSS 信号的均值向量。$c$ 均值聚类算法首先依据初始聚类数目 $C$,在位置指纹库中随机选取 $C$ 个数据点作为初始的聚类中心 $c_j$。为了克服聚类结果因初始中心的随机选取而带来的不利因素,可以在整个区域内均匀选取 $C$ 个初始聚类中心,有利于聚类中的定位子区域划分与物理位置空间的一致性。每完成一次迭代计算,指纹数据对应的参考点都会被分配到与其欧式距离最近的聚类中心所属的类别中,并由此产生新的聚类中心。迭代计算终止的条件通常设置为聚类中心变化小于给定的阈值,或者达到最大的迭代次数。算法运行结束后,每个参考点均被分配给与其最近的聚类中心所属的定位子区域,对每个参考点所属的类别进行标记,每个聚类集合所包含的参考点指纹信息组成了若干独立的位置指纹数据库,用于后续 SAPC 算法的实现。

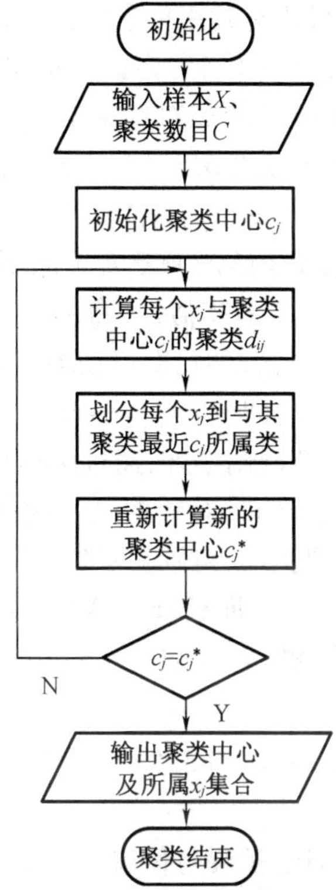


**图 3-2　c-means 聚类算法流程图**

### 3.3.2　半监督仿射聚类算法的基本原理

SAPC 算法是利用有标记的样本信息来调整数据点与数据点之间的相似度 $s(i,j)$，构建新的相似度矩阵 $\boldsymbol{S}$ 进行聚类分析。针对基于指纹的室内定位过程，离线阶段采集的位置信号强度相关性，在对其进行半监督聚类分析时，利用先验数据的成对点约束信息调整相似度矩阵更为合理，也更容易。如前所述，离线采集的指纹数据集合为 $\boldsymbol{X}$，包含在设定的参考点处采集的 RSS 信号强度信息、相应的类别标记信息及其参考点的位置坐标，称为已标记数据 $\boldsymbol{X}^L$，所含样本个数为 $N$；在随机位置点采集的 RSS 信号强度信息，因不包含位置信息，称其为未标记数据 $\boldsymbol{X}^U$，所含样本个数为 $u$，全部的样本数据 $N+u$，共同构成了离线阶段的指纹数据库。其中已标记数据的类别表示成集合 $\boldsymbol{X}^L=\boldsymbol{X}_1^L\cup\boldsymbol{X}_2^L\cdots\cup\boldsymbol{X}_C^L$。SAPC 算法将已标记的样本数据作为输入，构成数据点间的相似度矩阵$[s(i,j)]_{N\times N}$，通过约束信息调整，在新的相似度矩阵基础上完成信息的传递。

1. 相似度矩阵的调整

在基于半监督的聚类方法中，可利用的数据标记信息一般是带有类标签的数据或成对点约束信息，通常获得成对约束信息相比获得类标签信息要容易些，而且类标签信息可以转化为成对点约束信息，为此所提出的 SAPC 算法是利用成对约束信息作为先验信息的。这里所说的成对约束信息分为两种，Must - link，两个数据点属于同一类别，表示成集合形式 $\boldsymbol{M}=\{(\boldsymbol{x}_i,\boldsymbol{x}_j)\}$；Cannot - link，两个数据点不属于同一类别，表示成集合形式 $\boldsymbol{C}=\{(\boldsymbol{x}_i,\boldsymbol{x}_j)\}$。

依据成对约束信息对相似度矩阵的调整基本原则为：当约束对 $\{(\boldsymbol{x}_i,\boldsymbol{x}_j)\}\in\boldsymbol{M}$ 时，即可认为两个数据点具有很高的相似性，将两个数据点的相似度值调整为 0，即 $s(i,j)=0$；当约束对 $\{(\boldsymbol{x}_i,\boldsymbol{x}_j)\}\in\boldsymbol{C}$ 时，即可认为两个数据点的相似性很低，将两个数据点的相似度值调整为 $-\infty$，即 $s(i,j)=-\infty$。在实际的调整过程中，除了对已知的约束对数据间的相似度进行调整外，通过两类约束对信息的扩展与传递，一些非约束对数据点的相似度由于约束对数据之间相似度的改变也发生了变化，对于这些数据的相似度也进行了调整。相似度矩阵的调整过程如下：

(1)若已知 $\boldsymbol{x}_i$ 与 $\boldsymbol{x}_j$ 类别相同，即 $\boldsymbol{x}_i^L,\boldsymbol{x}_j^L\in\boldsymbol{X}_c^L(1\leqslant c\leqslant C)$，则 $(\boldsymbol{x}_i^L,\boldsymbol{x}_j^L)\in$ Must - link；$\boldsymbol{x}_i$ 与 $\boldsymbol{x}_j$ 类别不同，即 $\boldsymbol{x}_i^L\in\boldsymbol{X}_c^L,\boldsymbol{x}_j^L\in\boldsymbol{X}_{c'}^L(1\leqslant c,c'\leqslant C$ 且 $c\neq c')$，则 $(\boldsymbol{x}_i^L,\boldsymbol{x}_j^L)\in$ Cannot - link。

(2)对标记信息中全部的 Must - link 约束对，即 $(\boldsymbol{x}_i^L,\boldsymbol{x}_j^L)\in$ Must - link，调整相似度值为 $s(i,j)=s(j,i)=0$。

(3)基于 Must - link 约束对的扩展与传递：

若 $(\boldsymbol{x}_i^L,\boldsymbol{x}_j^L)\in$ Must - link，且 $(\boldsymbol{x}_j^L,\boldsymbol{x}_k^L)\in$ Must - link，则调整相似度值为 $s(i,k)=s(k,i)=0$，并更新 $(\boldsymbol{x}_i^L,\boldsymbol{x}_k^L)\in$ Must - link。

(4)对标记信息中全部的 Cannot - link 约束对，即 $(\boldsymbol{x}_i^L,\boldsymbol{x}_j^L)\in$ Cannot - link，调整相似度值为 $s(i,j)=s(j,i)=-\infty$。

(5)基于 Cannot - link 约束对的扩展与传递：

若 $(\boldsymbol{x}_i^L,\boldsymbol{x}_j^L)\in$ Must - link，且 $(\boldsymbol{x}_j^L,\boldsymbol{x}_k^L)\in$ Cannot - link，调整相似度值为 $s(i,k)=s(k,i)=-\infty$，并更新 $(\boldsymbol{x}_i^L,\boldsymbol{x}_k^L)\in$ Cannot - link。

经过调整后，数据点间的相似度矩阵变化很大，APC 算法是在相似度矩阵的基础上进行信息传递的，这就决定了整个迭代过程也将随之发生改变。从公式可以看出，相似度矩阵的调整不但直接改变了吸引度 $r(i,j)$ 的值，而且间接改变了归属度 $a(i,j)$ 的值，而吸引度的值在迭代过程中又受到归属度的影响。因此，相似度的改变将导致所有数据点的吸引度值和归属度发生变化，半监督仿射聚类算法就是利用近邻信息的传播将约束对产生的影响也加以传播，使得同类的约束对数据点尽可能被划分到同一类中，而非同类约束对数据点不能被划分到同一类中。

2. 基于距离函数的聚类结果修正

利用调整后的相似度矩阵完成的聚类分析，并不能保证聚类结果满足先验知识给定的所有约束对信息，即存在两种违反约束对信息的情形：给定的同类别约束对数据被分到了不同的类别中;或给定的不同类别约束对数据被分到了相同的类别中。为了对数据实现更好的聚类,需要在聚类结果的基础上对违反标记数据类别的结果进行修正,具体的修正原则如下:

(1)对违反 Must - link 约束对数据的调整

已标记数据中的$(\boldsymbol{x}_i^L,\boldsymbol{x}_j^L)\in$ Must - link,经过 SAPC 聚类结果为 $\boldsymbol{x}_i^L\in\boldsymbol{X}_c,g_i=c$;$\boldsymbol{x}_j^L\in\boldsymbol{X}_{c'},g_j=c',(c,c'=1,2,\cdots,C)$ 且 $c\neq c'$。

分别计算两个数据点到两个类代表点的距离并求和:

$$D_{ic}+D_{jc}=\|\boldsymbol{x}_i^L-\boldsymbol{x}_c^L\|^2+\|\boldsymbol{x}_j^L-\boldsymbol{x}_c^L\|^2 \tag{3-11}$$

$$D_{ic'}+D_{jc'}=\|\boldsymbol{x}_i^L-\boldsymbol{x}_{c'}^L\|^2+\|\boldsymbol{x}_j^L-\boldsymbol{x}_{c'}^L\|^2 \tag{3-12}$$

比较式(3 - 11)和式(3 - 12)计算结果,如果 $D_{ic}+D_{jc}<D_{ic'}+D_{jc'}$,则改变 $\boldsymbol{x}_j^L$ 的类标签为 $g_j=c$,否则改变 $\boldsymbol{x}_i^L$ 的类标签为 $g_i=c'$。

(2)对违反 Cannot - link 约束对数据的调整

已标记数据中的$(\boldsymbol{x}_i^L,\boldsymbol{x}_j^L)\in$ Cannot - link,经过 SAPC 聚类结果为:$\boldsymbol{x}_i^L,\boldsymbol{x}_j^L\in\boldsymbol{X}_c$,$g_i=g_j=c$,分别计算两个数据点到此类代表点的距离,$D_{ic}=\|\boldsymbol{x}_i^L-\boldsymbol{x}_c^L\|^2$ 与 $D_{jc}=\|\boldsymbol{x}_j^L-\boldsymbol{x}_c^L\|^2$,如果 $D_{ic}<D_{jc}$,则数据点 $x_i^L$ 的类代表点保持不变,修正 $x_j^L$ 的类标签为 $g_j=\underset{c',c'\neq c}{\arg\min}(\|x_j^L-x_{c'}^L\|^2)$。

### 3.3.3　结合 SAPC 算法的离线指纹聚类

基于位置指纹的室内定位算法,在离线阶段需要采集大量的指纹数据,用于构建位置与信号间的映射关系。如果对部分数据进行类别标记,将其作为一种监督策略用于仿射聚类过程中的数据点之间相似度矩阵的调整,则调整后的相似度矩阵可以更准确地给出全部数据间的相似关系,算法可以获得更好的聚类结果。

离线阶段采集的位置指纹数据集合 $\boldsymbol{X}$,包含在设定的参考点处采集的已标记数据集 $\boldsymbol{X}^L$ 和随机位置点采集的未标记数据集 $\boldsymbol{X}^{\mathrm{U}}$,构成了具有 $N+u$ 个样本数据的离线阶段指纹数据库。SAPC 算法将已标记的样本数据作为输入数据,构成数据点间的相似度矩阵$[s(i,j)]_{N\times N}$,通过约束信息的调整后,在新的相似度矩阵基础上完成信息的传递。由此可见,用于完成定位计算的数据维数不仅与参考点布设的数量 $N$ 有关,还受定位区域无线接入点个数 $n$ 的影响。SAPC 算法将定位区域依据参考点进行聚类,所有参考点被分配到各自所属的类中,每类都具有一个属于自己的类首领。在线阶段通过实时的 RSS 测量值与离线指纹库的各个类首领进行类匹配,将定位区域缩小至某一定位子区域,从而降低计算复杂度,减小能量开销。指纹数据聚类的详细步骤如下:

(1)输入初始化数据:

①离线阶段采集的已标记数据 $\boldsymbol{X}^{\mathrm{L}}$。

②求解相似度矩阵 $\boldsymbol{S}=[s(i,j)]_{N\times N}$。

③设定初始偏向参数值 $p^0 = \frac{1}{N^2}\sum_{i=1}^{N}\sum_{j=1}^{N} s(i,j)$。

④ APC 算法的参数设定:阻尼因子 $\lambda = 0.5$,最大迭代次数 maxits = 500,聚类中心稳定次数 convits = 50。

(2)初始化吸引度、归属度值为 0,即 $a^{(0)}(i,j) = 0, r^{(0)}(i,j) = 0$。

(3)利用已标记数据集中的约束点信息,调整相似度矩阵 $S$。

(4)信息迭代,求解每个数据样本所属的类首领:

①按照公式计算信息量 $a(i,j)$、$r(i,j)$。

②对全部已标记数据点 $\boldsymbol{x}_i^L$ 的信息量求和,即 $a(i,j) + r(i,j)$,依据最大化信息量准则,找到每个点的类中心 $\boldsymbol{x}_c^L$ 作为其归属的类首领,满足$\arg\max[a(i,c) + r(i,c)]$。

③判断是否满足迭代过程停止的条件:迭代次数达到设定值或聚类中心稳定次数达到预定值。

(5)判断聚类结果是否满足聚类个数要求,如不满足,则调整 $p$ 值的大小,重新分类直至满足要求。

(6)数据聚类结果的修正。针对已标记数据集 $\boldsymbol{X}^L$,判断聚类结果与先验约束点信息是否一致。对违反约束条件的数据点所属的类别,依据距离函数,按照前面所述的两个原则给予修正。

(7)输出最终的数据分类结果,并以每个聚类集合所包含的参考点信息组成各自的子区域位置指纹数据库,用于在线阶段测量点信号的实时匹配。

定位区域内的参考点经过 SAPC 聚类分析后,被分配到各自所属的类别中,每一类都具有一个属于自己的类首领。在线阶段通过实时的 RSS 测量值与离线指纹库的各个类首领进行类匹配,将定位区域缩小至一个类内,从而减小通信开销,降低定位计算的复杂度。

## 3.4 SAPC 算法的性能实验与结果分析

本节的实验与分析是针对前述室内办公场景中的空旷走廊部分进行的。首先比较了不同的聚类分块算法的聚类性能与分类精度;其次,分析了 SAPC 聚类算法的偏向参数、约束点对信息的变化对分类精度的影响,这里所说的分类精度是指将移动用户定位至正确的定位子区域的概率;最后,针对聚类分块对室内指纹定位算法的定位精度与定位计算复杂度的影响进行了比较。

### 3.4.1 不同聚类算法的性能比较

本节首先比较了 $c$ 均值聚类算法、APC 聚类算法及其所提出的半监督仿射聚类算法的聚类性能。其中,APC 和 SAPC 算法在给定偏向参数 $p$ 值后,聚类结果稳定,因此只对偏向参数取不同数值时,运行一次获得的聚类结果进行分析;与此相反,由于 $c$ 均值聚类算法在给定聚类数目后,通过随机选取初始聚类中心完成聚类,导致每次的聚类结果有所不同,为此采用多次聚类结果的均值作为评价指标。对于SAPC算法中的约束对信息的选取原则,则依据 $c$ 均值聚类算法对参考点数据获取的分类结果,选择最强类别信息的约束点对作为距离约束条件,最强约束点对定义为与该类别的聚类中心相似度最高数据点。图3-3(a)、(b)比较了聚类数目在2~11变化时,三种聚类分块算法的聚类均方误差、绝对误差值的性能曲线。

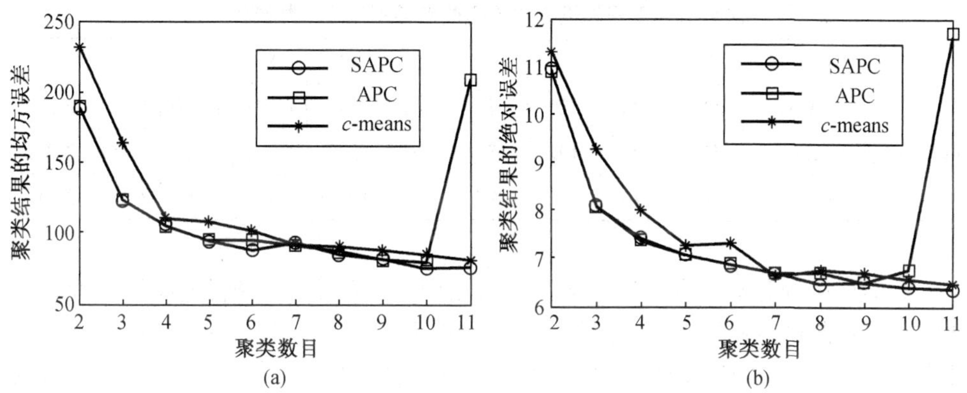


**图3-3 不同聚类算法的性能比较**

(a)均方误差;(b)绝对误差

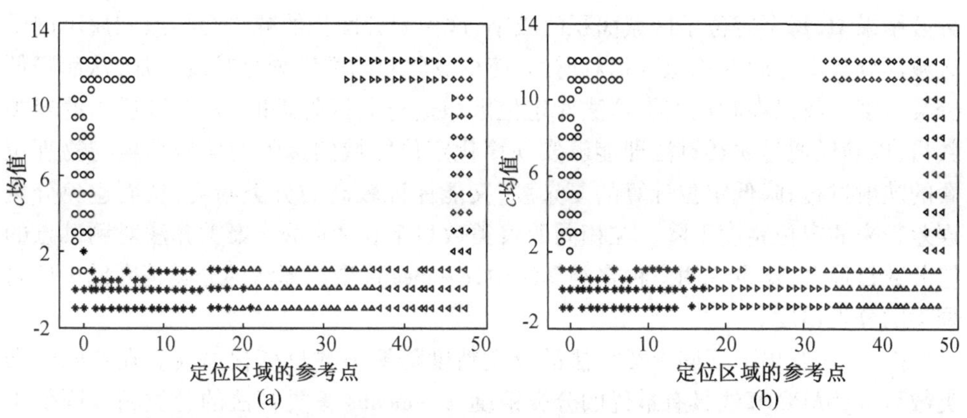


**图3-4 不同聚类算法的参考点分类结果与位置关系效果图**

(a) $c$ - means 聚类算法;(b)SAPC 聚类算法

由图可见,随着聚类数目的增加,聚类结果的绝对误差和均方误差呈减小趋势,符合聚类的基本性能。其中 $c$ 均值算法在不同聚类数目条件下,各自运行50次,取其均值绘制曲线。从(a)图可以看出,相对于 $c$ 均值算法而言,仿射聚类算法的聚类均方误差值较小，而采用基于距离函数约束的半监督仿射聚类算法的聚类均方误差值最低且性能稳定；从(b)图的绝对误差特性曲线比较可以看出，半监督仿射聚类算法亦有最好的聚类结果。图 3－4(a)、(b)给出了定位区域的参考点划分成 6 类时，$c$ 均值和 SAPC 算法的分类结果与其物理空间位置关系效果图。可以看出，采用 SAPC 算法的聚类结果相比 $c$ 均值聚类算法而言，参考点分属不同类别更加均匀，且每一类别中的成员之间在物理位置关系上更加紧密，聚类效果更符合离线阶段参考点布设的物理分区要求。

**表 3－1　不同聚类算法的测试点类别错分个数统计**

| 聚类数目 | | 2 | 3 | 4 | 5 | 6 | 7 | 8 | 9 | 10 | 11 |
|---|---|---|---|---|---|---|---|---|---|---|---|
| 聚类算法 | SAPC | 51 | 178 | 420 | 624 | 841 | 956 | 1 248 | 1 440 | 1 874 | 2 218 |
| | APC | 51 | 204 | 497 | 688 | 893 | 982 | 1 313 | 1 772 | 1 951 | 2 282 |
| | $c$－means | 64 | 370 | 739 | 895 | 918 | 1 033 | 1 428 | 1 963 | 2 410 | 3 110 |

聚类算法的分类精度比较是通过测试点处采集的实时数据，经在线阶段距离匹配后确定测试点所属类别，然后与其实际应属类别进行比较，统计错分测试点个数来完成。表 3－1 所示为三种聚类算法在不同的聚类数目条件下，对定位区域内的 12 750 个测试点进行聚类分析运算时，错分测试点类别的个数统计。

从表中可以看出，测试点的分类错误个数随着聚类数目的增加而变多，说明聚类算法的分类精度随着聚类数目的增加而下降。究其原因在于聚类数目的增加意味着分区结果中，每个定位子区域面积的减小，这种划分面积的减少会导致归属不同子区域部分数据点间的相似度相对增加，使得彼此间的类别划分难度增加，从而降低分类精度。所以在利用聚类算法对定位区域进行分区处理时，要选取适当的聚类数目，以确保通过聚类算法即能够实现简化定位区域的接收的信号强度与物理位置的映射过程，降低定位计算的复杂度，又能保证较高的分类精度，从而避免分类误差带来的定位精度下降。在相同的聚类数目下，$c$－means 聚类算法对测试点的错分数目最多，这也说明三种聚类算法中，$c$－means 聚类算法的分类精度低于仿射聚类的分类精度。

图 3－5 给出了不同聚类算法的分类精度随聚类数目变化曲线。在相同的聚类数目下，SAPC 算法具有最优的分类精度，$c$－means 聚类算法的分类精度则低于采用仿射聚类的算法。其主要原因是 $c$－means 聚类随机地选取 $C$ 个数据点作为初始类中心，仅仅依据其余数据点与各个聚类中心的欧式距离大小来完成类别的划分，这种度量的方式无法适应测试点处接收信号的非线性和不确定性，因而聚类的分类精度较低。与其对应的基于仿射聚类的分类算法，通过在数据点之间的信息传递找到最优的类代表点，获得较好的数据点分类结果。而所提的 SAPC 算法，利用监督学习的方式，充分利用数据点的标记信息，对影响 APC 聚类结果的数据

点的相似度矩阵进行调整与修正,则获得了最优的分类结果。

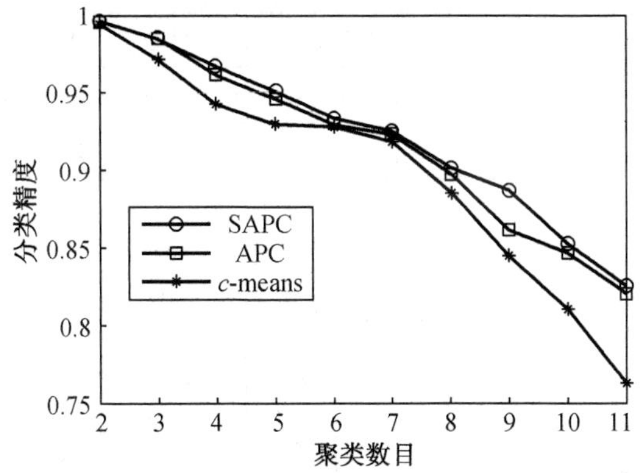


**图3-5 不同聚类算法的分类精度随聚类数目变化曲线**

### 3.4.2 SAPC算法的参数对聚类性能的影响

1. 偏向参数对聚类结果的影响

仿射聚类传播算法中的偏向参数值 $p$ 反映了该数据点 $x_i$ 被选中作为类代表点的可能性的大小。实际聚类过程中,为了确保每个数据点成为类首领的优先权相同,算法设定偏向参数值是相同的,实验中将所有参考点的偏向参数均视为相似度中值的线性函数,即 $p=\gamma\cdot p^0$,通过系数 $\gamma$ 的大小调整偏向参数输入值。偏向参数值的大小还影响了最终聚类结果的类个数:一般情况下,增大偏向参数的值可以减少聚类结果的类个数,而减小其值则可增加类的个数。不同的偏向参数在聚类过程会形成不同数目的类别,这将影响在线阶段测试点的分类精度,进而影响最终的定位精度。

图3-6给出了定位区域内,从四个方向采集的参考点信息,采用SAPC算法获得聚类结果的类别数目与偏向参数系数取值关系曲线。可以看出,四个方向上较小的偏向参数设置均对应了形成较多数目的类,对应每个类中包含较少数目的类成员;而当偏向参数足够大时,对类的数目影响较小。因此,减小偏向参数值,增加聚类结果类的数目,可以减小每个类别中参考点的数目,能够有效降低在线定位的计算复杂度。但随着定位子区域的增加,又容易导致测试点在线阶段分类精度的降低,将影响最终定位结果的准确性。因而在实际聚类分析过程中,要适当选取偏向参数值,以获得适宜数目的聚类。表3-2给出了SAPC算法的不同聚类数目对应的系数 $\gamma$ 的取值情况。

**表3-2 SAPC算法的偏向参数系数设置与聚类数目关系**

| 聚类数 / 方向 | 2 | 3 | 4 | 5 | 6 | 7 | 8 | 9 | 10 | 11 | 12 | 13 | 14 | 15 |
|---|---|---|---|---|---|---|---|---|---|---|---|---|---|---|

| | | | | | | | | | | | | | | |
|---|---|---|---|---|---|---|---|---|---|---|---|---|---|---|
| 东 | 5.5 | 4.4 | 3.3 | 2.5 | 2.1 | 1.8 | 0.8 | 0.7 | 0.5 | 0.4 | 0.32 | 0.31 | 0.3 | 0.2 |
| 南 | 5.6 | 4.6 | 3.15 | 2.6 | 2.3 | 2.0 | 1.0 | 0.78 | 0.5 | 0.4 | 0.35 | 0.32 | 0.25 | 0.15 |
| 西 | 5.5 | 4.5 | 3.5 | 2.55 | 2.5 | 2.0 | 1.2 | 0.75 | 0.6 | 0.4 | 0.35 | 0.32 | 0.25 | 0.15 |
| 北 | 5.6 | 4.5 | 3.2 | 2.5 | 2.0 | 1.8 | 0.8 | 0.7 | 0.4 | 0.35 | 0.32 | 0.3 | 0.26 | 0.18 |

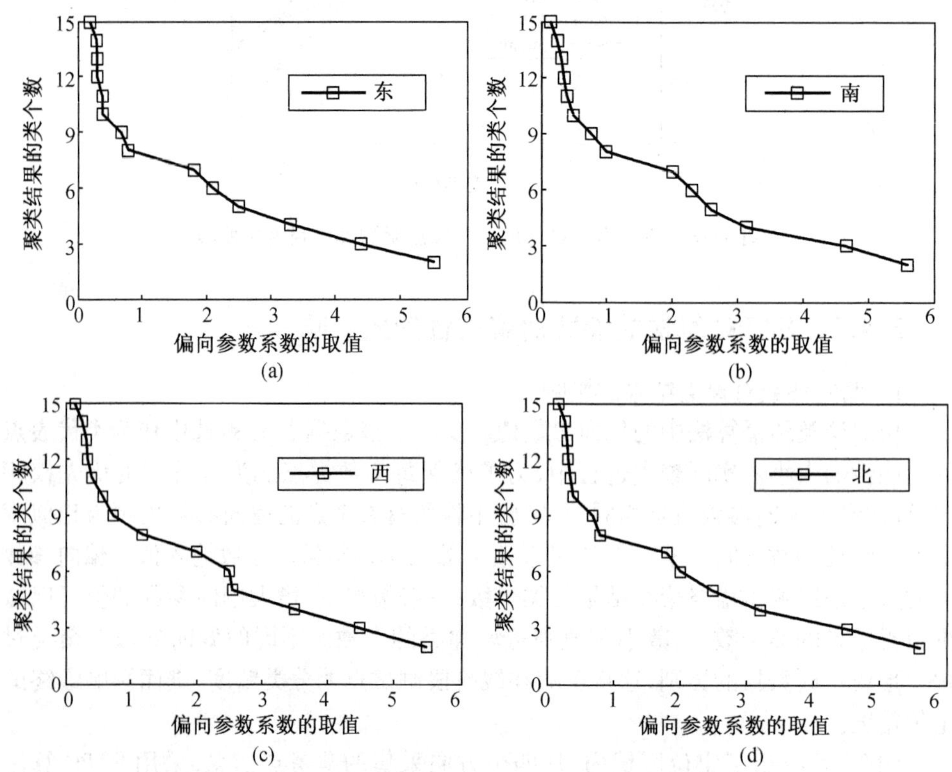


**图 3-6　偏向参数系数设置与聚类结果关系曲线(四个方向)**

(a)方向为东;(b)方向为南;(c)方向为西;(d)方向为北

2. 成对约束点数目对聚类结果的影响

成对约束点的作用是实现对算法输入的相似度矩阵进行调整,以及聚类结果的修正。在偏向参数值给定的条件下,成对约束点数目的变化对分类精度的影响,如图 3-7 所示。给出的偏向参数系数设置与类数目的对应关系,确定偏向参数的取值,获得聚类结果的类别数目分别对应 5~8 类,然后改变用于调整相似度矩阵的约束点数目,算法的分类精度随之变化情况。

由图 3-7 可见,相对于另外两种聚类算法而言,SAPC 算法在四种不同聚类数目条件下,都具有较好的分类精度。随着成对约束点数目的增加,算法的性能满足上升的趋势,当约束点的数量增加到一定比例时,会导致分类精度的下降,这是由于预先已知的分类信息不够准确,过多使用约束对用于调整与修正会带来修正的偏差,进而影响分类精度的提高。在约束信息比较充分的条件下,SAPC算法的聚类结果及性能优于其他聚类算法。SAPC算法不仅利用约束对信息调整相似度矩阵,而且能够完成对聚类结果的修正,表明了在相对简单的调整下,能够给出较好的聚类结果不仅取决于AP算法本身,也暗示了相似度矩阵的调整对算法性能的提升有很大的决定作用。

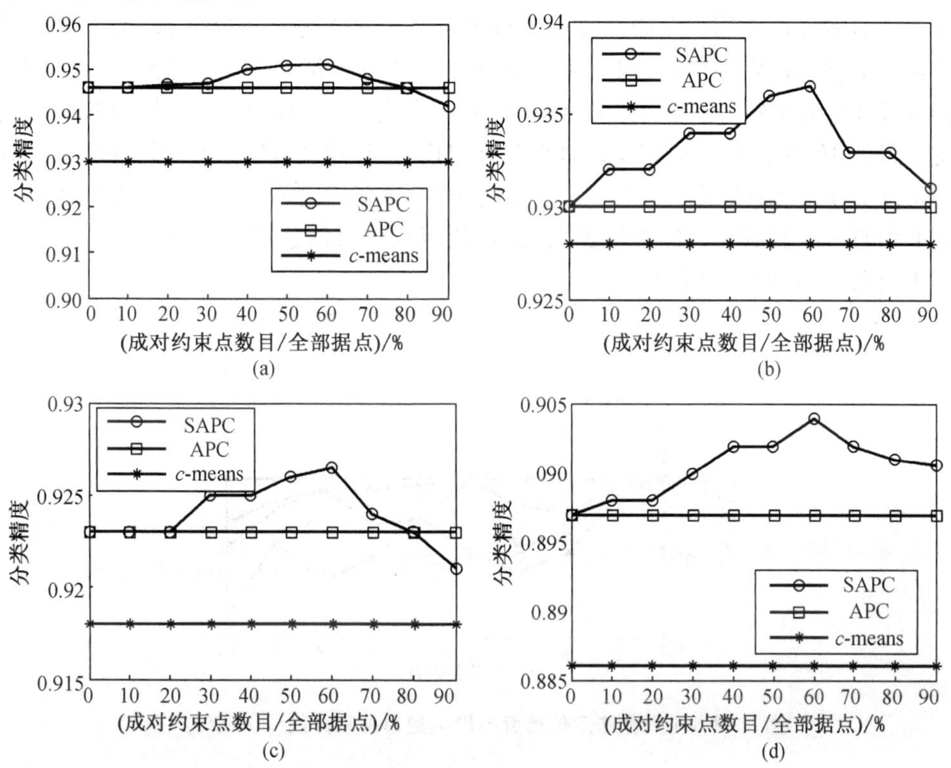


**图3-7 分类精度随成对约束点数目变化关系曲线**

(a)聚类结果为5类;(b)聚类结果为6类;(c)聚类结果为7类;(d)聚类结果为8类

### 3.4.3 聚类算法对指纹定位性能的影响

1. 聚类分块对定位精度的影响

聚类数目不同时,聚类算法的分类精度各异。为此,本节比较了在不同聚类分块数目时,SAPC聚类定位、APC聚类定位及$c$-means聚类算法的定位精度。离线阶段,依据不同的聚类分析算法,获得由每个类别的参考点集合构成的若干定位子区域,对每个子区域的位置指纹数据库进行半监督降维与特征提取,获得各自的定位特征数据库。在线阶段测试点处接收的 RSS 信号首先通过模式匹配,找到与其最近的类中心点,划分所属类别,将定位区域缩小至一个类内;然后利用映射矩阵进行信号维数约减,提取位置判别信息,在通过经典的加权 K 近邻定位算法,对测试点处的位置进行定位估计。半监督算法选取约束点的数量占全部数据点的 60%,以保证半监督仿射聚类的分类精度达到最好。

图 3 –8 给出了不同聚类算法在 2 m 内的定位精度与聚类数目关系曲线。从图中的四条曲线可见,未分区直接定位具有最好的定位精度,这是由于直接定位过程可以有效地避免测试点的位置由于聚类过程而错误分类的问题,即由于分类精度带来的把用户定位在错误的子区域而出现较大的定位误差,从而降低定位精度。基于 SAPC 聚类的定位精度要好于基于 APC 聚类及 $c$ – means 聚类算法的定位精度,接近 71% 测试位置的定位误差在 2 m 以内,这取决于 SAPC 聚类具有较好的分类精度。由于 SAPC 聚类方法是基于仿射聚类分析的,不仅可以通过在数据点之间的信息传递找到最优的类代表点,而且利用约束对信息能够完成对聚类结果的修正,获得较好的分类结果。

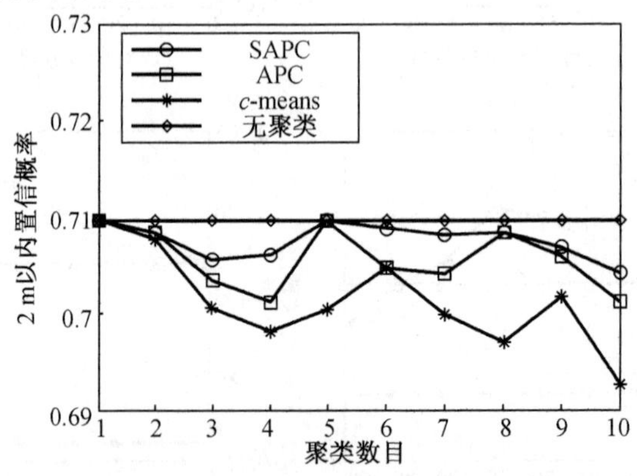


**图 3 –8 不同算法定位精度与聚类数目关系曲线(2 m 以内)**

2. 聚类分块对计算复杂度的影响

虽然经过聚类分析后的定位精度稍差于直接定位匹配算法,但是聚类过程对减少在线阶段的定位计算时间作用是显著的。因为聚类后可以只在某一定位子区域内对位置指纹进行匹配,从而大大减小了在线阶段位置匹配的计算量。对于确定性匹配定位算法而言,在线阶段的定位计算量与进行匹配的指纹数据库的大小成正比。通过预先的离线指纹库的聚类分析,以聚类数目为 6 的 SAPC 算法为例,可以使得在线阶段需要匹配的指纹位置由整个区域的 247 个参考点数据,变成了 6 个定位子区域,各自所包含的参考点数目为 40,59,63,32,30 及 23,实现了在线模式匹配计算量 84.75% ~94.43% 的降低。而对于聚类分块算法本身而言,是针对参考点的指纹数据进行的分类处理,虽然不同的聚类算法对应各自不同的计算复杂度，但是离线阶段的聚类分析不需占用在线的计算时间，因而不影响在线定位的实时性。

表 3－3 给出了在线测试样本数为 8 280 个，将定位区域划分为 6 个定位子区域的条件下，不同聚类算法的定位性能比较。从在线的定位计算复杂度来看，SAPC 算法性能稳定，不仅所需定位时间最少——仅需 0.052 ms 即可实现测试点的分区及其位置估计，相比未分区直接定位过程减少了 0.15 ms（74.26%），而且在定位精度方面，不同误差距离内的置信概率接近未分区的直接定位过程，且在分区聚类中具有较小的平均定位误差。但是 SAPC 聚类算法的参考点离线阶段的分类运算所需的时间最长，这是由于该算法要将所有参考点视为类首领，通过数据点之间的信息传递、迭代，最终为每个参考点分配一个所属的类别，满足相似度函数的最大化。

**表 3－3　不同聚类算法的定位性能比较（聚类数目为 6）**

| 聚类算法＼定位性能 | 聚类算法运行时间/s | 平均定位时间/ms | 定位精度（2 m 以内） | 定位精度（3 m 以内） | 平均定位误差/m |
|---|---|---|---|---|---|
| SAPC | 0.726 1 | 0.052 | 0.708 7 | 0.881 6 | 1.608 5 |
| APC | 0.576 4 | 0.052 | 0.704 7 | 0.876 8 | 1.608 9 |
| *c*－means | 0.080 9 | 0.061 | 0.704 7 | 0.862 2 | 1.863 7 |
| 未分区 | 0 | 0.202 | 0.709 5 | 0.884 7 | 1.608 4 |

比较而言，在复杂的室内环境下，基于距离约束的 SAPC 聚类算法可以准确地对参考点的类别进行标记，使得在线定位子区域判别更准确，从而能更准确地完成对测试点位置的估计，因而具有最优的定位性能；而 *c*－means 聚类算法在处理位置指纹的聚类问题时，聚类性能过多地依赖于初始聚类中心的选取，聚类结果未能很好地满足“同类的位置指纹相似度最大，非同类的位置指纹相似度最小”的聚类目标，导致聚类算法的定位性能较差；而未分区的直接在线定位过程，需要将测试点处接收的实时 RSS 信号与全部位置指纹数据进行匹配，这样虽然可以避免聚类过程带来的定位精度下降，但会导致匹配过程的搜索时间增加，定位过程实时性变差。在算法的性能分析实验中，未分区的直接定位完成对 247 个参考点的搜索、匹配定位所花费的时间（0.202 ms）大约是基于 SAPC 聚类定位时间的 4 倍，而在定位精度上的提高却不明显。当定位区域内参考点布设更加密集时，直接定位所耗费的计算时间会更多。由此可见，基于位置指纹的聚类过程是减少在线定位计算时间，提高定位实时性，降低用户能耗的一个有效的途径。

## 3.5 本章小结

针对现有聚类分块算法在对位置指纹数据库中的参考点进行聚类分析时，聚类精度较低，且难以保证同一类别中的成员物理位置临近，以及信号向量空间具有最大的相似度，本章提出了结合距离测度函数的半监督学习仿射聚类算法。SAPC 方法是基于仿射聚类分析的，不但可以避免 $c$ 均值聚类算法的聚类结果受限于初始类代表点的选择，而且保持了 APC 算法对相似度矩阵对称性没有要求的优点，这样就扩大了算法的应用范围。首先，研究并分析了聚类分析的基本理论与典型的聚类算法，重点介绍了基于仿射聚类的 APC 算法；其次，通过分析影响仿射聚类结果的初始偏向参数值设定及其相似度矩阵，提出了在近邻传播聚类的基础上，利用已知的成对约束点数据调整相似度矩阵，在新得到的相似度矩阵的基础上完成仿射聚类分析及其聚类结果的修正，可以获得较好的分类结果；最后，讨论了算法的偏向参数设定不同值，获得不同聚类数目时对定位结果的影响，并将该方法与仿射聚类算法和 $c$ 均值聚类算法的定位结果进行了比较。实验结果表明，相比 APC 及 $c$ 均值等聚类算法而言，SAPC 算法不但可以获得较高的定位精度，而且所需的定位时间最少。相比于未分区的直接定位过程，可以节省近 3/4 的在线定位时间，较好地平衡了定位精度与在线计算复杂度的关系。

# 第 4 章　基于半监督流形学习的判别嵌入算法

在实际的 WLAN 室内定位应用中，用户使用的设备多为体积小、能量受限的便携式计算设备，主要依赖于自身的电池提供能量进行工作，如笔记本电脑、PDA 或智能手机。如何保证这些设备在完成定位需求的同时尽量减少能量消耗，延长电池的续航时间是一个十分重要的问题。这亦是普适计算中各个领域所关注的一个共同课题，得到了越来越多研究者的关注，并从硬件设计和软件使用两个方面提出了解决方案。在利用无线局域网 RSS 信号强度来实现定位的系统中，为了减少定位终端的能耗，可以从两个方面进行优化：一方面，构建基于客户端架构的定位系统，用户端借助设备上的无线网卡接收来自可见接入点的 RSS 信号，通过离线阶段构建的位置指纹数据库实现位置估计；另一方面，在客户端架构的系统中，减小定位阶段的实时计算量成为降低终端设备能耗的有效途径。

系统的有效性与可靠性是两个相辅相成的指标体系，在对用户位置的估计过程中，提高定位精度和降低终端设备的能耗是相互矛盾的。首先，在基于接收信号强度的位置指纹定位系统中，为了保证定位精度，不仅需要密集的布设参考点构建指纹数据库，同时要获取尽可能多的 RSS 信号用于定位，这将直接导致定位信号维数增加和算法搜索空间的增大，最终将增加定位算法计算量与移动终端能量消耗；其次，为了降低终端设备的能耗，在线阶段用户的实时样本采集量也要尽可能地少，这会增加表征位置信息的样本数据不确定性，进而影响定位精度的提高。

因此，对高维的指纹信号进行降维，提取最具判别力的定位特征是必要的。接入点选择机制是指通过一定的准则，选取最具判别能力的接入点信号用于定位，去除具有较大噪声或者位置分辨能力弱的定位信号，实现对高维数据的维数约减。这些已有的接入点选择法都是独立的度量各个接入点的判别能力，并不对它们之间存在的相关性进行分析，无法去除 RSS 信号之间的相关性和噪声信息。而定位特征提取方法则将原始 RSS 信号映射至低维的特征子空间，可以很好地重组来自接入点的 RSS 信号，能够去除 RSS 信号间的相关性；但是这些定位特征提取方法又是基于数据满足全局线性假设的条件，因而无法有效提取 RSS 信号的非线性定位特征。

在线实时定位阶段，系统的任务是根据接收的一组 RSS 信号强度值，对位置指纹数据进行“搜索”并“识别”用户的位置信息。以流形学习为理论基础，利用数据的分类信息，通过在低维空间保持高维空间的局部几何特征，有效挖掘隐藏在高维信号空间的低维定位特征，实现对高维非线性信号的有效降维。其不足之处在于，算法需要利用指纹的类别信息保持信号空间的局部几何结构。这些类别信息在指纹定位系统中,需要离线阶段耗费大量的人力与物力进行类别标记,而无位置及类别标记的 RSS 信号相比则很容易获取。

为了更好地利用便于采集的未标记样本数据对 RSS 信号进行特征提取,提高定位系统的性能,本章提出了基于半监督学习的判别嵌入特征提取算法(Semi-supervised Discriminate Embedding, SDE)。算法以流形学习为理论基础,利用移动用户志愿者采集的随机样本数据,结合离线阶段构建的位置指纹数据库,通过对高维空间的 RSS 信号进行低维嵌入,在保持其判别能力的前提下,有效地约减了用于描述位置信息的信号维数,实现定位精度与终端能耗较好地平衡。实验结果表明,在保证较高定位精度的前提下,SDE 算法可以大幅减少在线实时定位匹配的计算量,从而降低用户终端的定位能耗。

## 4.1 维数约减与流形学习

随着互联网技术的快速发展和智能移动终端的广泛使用,基于 IEEE 802.11 系列标准的无线局域网也随之得到越来越广泛的应用。这种广泛的应用主要体现在,无线 Wi - Fi 信号覆盖区域逐渐增多与接入点 AP 数量和密度的不断增大。一般来讲,基于位置指纹的定位系统中可利用 AP 的个数越多,越有利于定位精度的提高,因为每个 AP 都可以提供一定的位置信息。但是过多的 AP 又会导致信号维数增加,给定位带来更高的计算复杂度。经典的定位算法,如加权 K 近邻、最大似然概率法等,直接采用接收信号强度作为输入的定位特征,其计算复杂度与定位信号维数成正比。因此,针对高维数据的计算及存储增加与可能的“维数灾难”问题,对代表某一物理位置信息的接收信号进行维数约减具有其必要性。

### 4.1.1 维数约减的基本概念及方法

维数约减的基本思想是通过线性或非线性映射,将难于处理的高维数据空间映射到一个有效的低维数据空间中,进而获得高维数据的低维表示。可将此过程理解为寻求原始数据的低维表示,同时保留其必要特征的映射或变换过程。

假设存在映射 $F$,可将 $n$ 维空间的样本数据集 $X$ 变换为 $d$ 维空间的数据集 $Y$,其中 $X = \{x_i | x_i \in R^n\}_{i=1}^{N}$,$Y = \{y_i | y_i \in R^d\}_{i=1}^{N}$,满足 $d < n$,$N$ 为样本个数,则此映射过程即实施了对原始高维数据的维数约简,亦可称为降维。

已知 $D$ 维空间的样本数据集 $X \subset R^D$,且 $X = \{x_1, x_2, \cdots, x_N\}$,其中 $N$ 为样本个数。如果这些样本点近似地位于一个维数为 $d(d \leqslant D)$ 的非线性流形上,对应的低维数据集 $Y \subset R^d$,且 $Y = \{y_1, y_2, \cdots, y_N\}$。则维数约减可用数学公式描述如下:

(1)高维数据空间:$\Omega^D$,满足 $\Omega^D \subset R^D$;

(2)低维数据空间:$\Omega^d$,满足 $\Omega^d \subset R^d$;

(3)降维映射：$F:\Omega^D \to \Omega^d, x \to y = F(x)$，称 $y$ 为 $x$ 的降维表示，即维数约简的目标函数；

(4)重构映射：$F^{-1}:\Omega^d \to \Omega^D, y \to x = F^{-1}(y)$。

满足如下限制条件：$d < D$，且在不损失原数据信息的条件下，取值尽可能地小；重构流形 $M = F^{-1}(\Omega^d)$ 近似地含有全部的样本数据，即 $\{x_n\} \subset M$，该条件近似等价于重构误差最小化。重构误差定义为

$$\mathrm{Error}(\{x_n\}) = \sum_{n=1}^{n} \rho(x_n, x_n^*), x_n^* = F^{-1}[F(x_n)]$$

式中 $\rho(x_n, x_n^*)$ 为 $\Omega^D$ 中的距离测度。

根据降维映射函数 $F$ 的形式，可以将降维算法划分为线性的和非线性的方法。线性方法是基于样本数据的全局线性假设，以欧氏距离作为相似性的度量，降维后的数据与原始高维数据之间保持线性的变换关系。

最具代表性的方法有主成分分析法(Principal Component Analysis, PCA)、投影寻踪(Projection Pursuit, PP)线性判别分析(Linear Discriminant Analysis, LDA)、多维尺度变换(Multidimensional Scaling, MDS)、局部保持投影(Local Preserving Projection, LPP)、拉普拉斯线性判别分析(Laplacian Linear Discriminant Analysis, Lap LDA)、及半监督判别分析(Semi - Supervised Discriminant Analysis, SDA)，已经被广泛地应用在数据降维、噪声预处理及分类等领域。对于全局线性数据来说，线性降维方法被证明是有效的。但当数据呈现出高度非线性结构时，全局线性的假设难以满足实际降维需要。此时，需要采用非线性技术对在原始空间中呈现非线性结构的数据进行降维处理。非线性降维包括传统的基于核方法的核主成分分析法(Kernel Principal Component Analysis, KPCA)、主曲线法(Principal Curves, PC)、自组织特征映射(Self - Organizing Feature Maps, SOFM)及基于流形学习的降维算法。

1. 主成分分析法 PCA

主成分分析方法由于具有概念上的简单性，计算上的方便性，以及最优线性重构误差等优良的特性，从而使得 PCA 方法成为实际数据处理中应用最为广泛的降维方法之一。由于它保留了原向量在其协方差矩阵最大特征值对应的特征向量方向上的投影——主分量(Principal Components)，所以称为主成分分析。在信号处理领域中，它对应众所周知的 Karhunen - Loeve 变换。

令 $X = \{x_i\}_{i=1}^n$ 为一组给定的训练数据点，其中 $x_i \in \mathbf{R}^M$，PCA 的目标函数定义为

$$\max_{W^{\mathrm{T}}W=I} \sum_{i=1}^{n} \|y_i - \bar{y}\|^2$$

式中，$\boldsymbol{W} \in \mathbf{R}^{M \times m}(m < M)$，是投影矩阵，满足单位正交约束：$\boldsymbol{W}^T\boldsymbol{W} = I, y_i = \boldsymbol{W}^{\mathrm{T}} x_i \in \mathbf{R}^m$ 为样本的低维表示，且 $\bar{y} = \dfrac{1}{n}\sum_{i=1}^{n} y_i$ 为低维样本点 $Y = \{y_i\}_{i=1}^n$ 的均值。通过简单的推导，上式可改写为

$$\max_{W^TW=I} \operatorname{tr}(\boldsymbol{W}^T\boldsymbol{W})$$

式中，tr( · )表示矩阵的迹运算，$\sum$为样本协方差矩阵。上述目标函数的最优解为 $\hat{\boldsymbol{W}}=[\boldsymbol{w}_1,\boldsymbol{w}_2,\cdots,\boldsymbol{w}_m]$，其中 $\boldsymbol{w}_i, i=1,2,\cdots,m$ 是对应于$\sum$的前 $m$ 个最大特征值的特征向量。

一般我们将 PCA 看作一种无先验分布假设的线性降维技术，但有时它也可看作最小二乘意义下的最优线性重构模型或保持分布的投影。无论从何种角度来分析，PCA 方法都是一种寻求最优线性投影或线性模型的方法，在高维数据降维的处理过程中，对具有本征线性结构的数据集合是有效的，而对于具有非线性结构的数据效果不好。

2. 投影寻踪(PP)

PCA 是通过寻求方差最大化的投影来获得原数据集合的线性描述。一般来讲，线性降维方法就是寻求满足某些特定规则的线性投影方法。

对投影寻踪算法而言，本身与其他线性降维方法相比又有其特殊性，一般它认为正态分布是一种无信息分布。所以我们可以说，PP 方法是一种探求体现具有原数据分布特性的低维“最佳”分布数据的降维方法。用于高维数据分析的投影寻踪方法，实质是一种数值方法求最优解的优化方法。即利用已知特征指标值，在一定意义下寻找最佳投影方向 $a$ 进行投影，将多指标的高维数据转化为一维投影值 $Z$ 进行研究分析，从而发掘数据点间的结构或特征。其基本过程可描述如下：

(1)数据归一化处理

不同于平常的数据归一化方法，这里采用按指标特性分类划归的方法，分别将以正向为优和负向为优的指标按不同的方式归一化处理，因此可按照一维投影值大小对样本进行优劣排序，而不只是简单的数据聚类。

对于越大越优的指标：

$$x'(i,j)=[x^*(i,j)-x_{\min}(j)]/[x_{\max}(j)-x_{\min}(j)]$$

对于越小越优的指标：

$$x'(i,j)=[x_{\max}(j)-x^*(i,j)]/[x_{\max}(j)-x_{\min}(j)]$$

(2)构造投影方向 $a$

假设样本$\{x(i,j)\mid i=1,2,\cdots,n;j=1,2,\cdots,p\}$为 $p$ 维观测数据，构造 $p$ 维单位向量 $\boldsymbol{a}=\{a_1,a_2,\cdots,a_p\}$，样本数据在 $\boldsymbol{a}$ 方向的投影值

$$Z(i,j)=\sum_{j=1}^{p}a(j)\cdot x(i,j), i=1,2,\cdots,n$$

(3)构造投影指标函数 $Q(a)$

为对高维数据进行投影分析，需要根据所研究问题构造投影指标函数 $Q(a)$，并在此意义下求解最优投影方向 $\boldsymbol{a}$ 及样本投影值 $Z(i)$。

(4)投影值分析

对样本投影值 $Z(i)$ 进行分析,发掘高维数据结构特征。

与其他线性降维方法一样,PP 方法可应用于探索性数据分析之中,借助于人们的直觉,挖掘数据存在的模式,探究体现模式的变量。PCA 还可看作是 PP 的一个特例,即在多元正态的前提之下,寻求最能体现原数据分布特性的低维分布,也即最大化方差,且 PP 一般要优于 PCA 方法。从执行上来看,投影寻踪可看作是寻求最优化某个目标函数的线性投影方法。

3. 线性判别分析(LDA)

线性判别分析是费舍尔(Fisher)于 1936 年提出。与无监督 PCA 不同,LDA 为有监督型的降维算法。经典的 LDA 采用的是 Fisher 判别准则函数,因此也称为 FLD。算法基本思想是寻找使 Fisher 准则达到极大值的向量作为最佳投影方向,使投影后的样本能达到最大的类间离散度和最小的类内离散度,使投影后样本具有最佳的可分离性,是一种有效地用于分类的特征提取方法,但是它仅适用于两类分类问题。

严格地说,LDA 通过最大化 Fisher 准则,寻求最优的投影矩阵。其目标函数为

$$\max_{W}\frac{\operatorname{tr}(\boldsymbol{W}^{\mathrm{T}}\boldsymbol{S}_b\boldsymbol{W})}{\operatorname{tr}(\boldsymbol{W}^{\mathrm{T}}\boldsymbol{S}_t\boldsymbol{W})}$$

式中,$\boldsymbol{S}_b$ 和 $\boldsymbol{S}_t$ 分别为类间(Between - class)和总体(Total)散度矩阵。投影方向 $\boldsymbol{W}$ 可以通过广义特征值问题 $\boldsymbol{S}_b\boldsymbol{W}=\lambda\boldsymbol{S}_t\boldsymbol{W}$ 求得。若 $\boldsymbol{S}_t$ 非奇异,则 $\boldsymbol{S}_t^{-1}\boldsymbol{S}_b\boldsymbol{W}=\lambda\boldsymbol{W}$,$\boldsymbol{W}$ 的每一列为 $\boldsymbol{S}_t^{-1}\boldsymbol{S}_b$ 的前 $c-1$($c$ 为分类数)个较大特征值对应的特征向量;但是在小样本情形下,总体散度矩阵 $\boldsymbol{S}_t$ 奇异,这使得 LDA 无法正常工作。

4. 多维尺度变换(MDS)

多维尺度(Multi-dimensional Sealing)是一种传统的寻求保持数据点之间差异性(或相似性)的降维方法,它可使得在原数据集合中相近的点仍然靠在一起,远离的点仍然远离。MDS 的可保持数据点之间差异的特性,其基本出发点是数据点间的差异性(或相似性)描述。

记两点 $x_i$ 与 $x_j$ 之间的差异度为 $d(x_i,x_j)$,$i,j=1,2,\cdots,N$,简记为 $d_{ij}$。若实际的数据特性不是每个点的具体位置,而是它们之间有什么不同,那么 $N\times N$ 差异矩阵 $\{d(x_i,x_j)\}$ 就完整地概括了我们希望从数据集合中所获得的信息。众所周知,降维的目的是寻求保持数据集感兴趣特性的低维数据集合,通过低维数据的分析来获得相应的高维数据特性,从而达到简化分析、获取数据有效特征及可视化数据的目标。就此处而言,显然只要“忠实”地保持距离矩阵 $\{d(x_i,x_j)\}$,便可获得有效的低维表示。

MDS 使用 Stress 函数:

$$\text{Stress}(\{y_i\}_{i=1}^{N},f)=\sqrt{\frac{\sum_{i,j=1}^{N}f(d_{ij}-d_{ij}^{*})}{\text{尺度因子}}}$$

式中，典型的尺度因子为 $\sum_{i,j=1}^{N}d_{ij}^{2}$，$f$ 为距离 $d_{ij}$ 的量化函数，$d_{ij}=d(x_i,x_j)$，$d_{ij}^{*}=d(y_i,x_j)$，$\{y_i\}_{i=1}^{N}$ 为 $X$ 在 $d$ 维空间中的投影。

为了量化“忠实”的程度，不同的 Stress 函数引出了不同的 MDS 方法。若 $f$ 限制是单调的，那么数据点间距离的顺序将被保持，此时即为尺度 MDS 算法；若 $f$ 为线性变换（或恒等变换），Stress 函数取为 $\sum_{i,j}^{N}(d_{ij}-d_{ij}^{*})^2$，那么此时为典型 MDS 算法，若 $d_{ij}$ 取为欧几里得距离，此时的 MDS 算法等价于 PCA 算法。

5. 局部保持投影（LPP）

前述的 PCA 和 LDA 均为全局型降维算法，不同于此，LPP 旨在保持数据的局部几何结构。给定一组训练样本 $\{x_i\}_{i=1}^{N}$，LPP 首先构造近邻图 $G(X,E,P)$，其中 $X=[x_1,x_2,\cdots,x_n]$ 为训练样本组成的顶点集，$E$ 为图的边（edge）集合，$\boldsymbol{P}$ 为边权矩阵，定义如下：

$$\boldsymbol{P}_{ij}=\begin{cases}\exp(-\|x_i-x_j\|^2/2\sigma^2), & x_i\in N_k(x_j)\vee x_j\in N_k(x_i)\\ 0, & \text{其他}\end{cases}$$

式中 $N_k(x_i)$ 和 $N_k(x_j)$ 分别表示 $x_i$ 和 $x_j$ 的 $k$ 最近邻；$k$ 和 $\sigma$ 为自由参数。

基于图 $G$，LPP 的目标函数定义为

$$\min_{\boldsymbol{W}}\sum\nolimits_{i,j=1}^{n}\boldsymbol{W}^{\mathrm{T}}x_i-\boldsymbol{W}^{\mathrm{T}}x_j{}^2\boldsymbol{P}_{ij}$$

$$s.\ t.\ \sum\nolimits_{i=1}^{n}d_{ii}\boldsymbol{W}^{\mathrm{T}}x_i{}^2=1$$

式中，$d_{ii}=\sum_j\boldsymbol{P}_{ij}=\sum_i\boldsymbol{P}_{ij}$ 为邻接权矩阵 $\boldsymbol{P}$ 的行（或列）和，其在一定程度上反映了 $x_i$ 附近样本的分布密度。上述最小化的问题意味着，如果样本点 $x_i$ 与 $x_j$ 在输入空间彼此相邻，LPP 期望寻求投影矩阵 $W\in\mathbf{R}^{M\times m}$，使得变换后的样本也彼此靠近。通过简单的推导，可以用如下迹的形式：

$$\min_{W}\frac{\mathrm{tr}(\boldsymbol{W}^{\mathrm{T}}\boldsymbol{XLX}^{\mathrm{T}}\boldsymbol{W})}{\mathrm{tr}(\boldsymbol{W}^{\mathrm{T}}\boldsymbol{XDX}^{\mathrm{T}}\boldsymbol{W})}$$

式中，$\boldsymbol{D}=\mathrm{diag}(d_{11},d_{22},\cdots,d_{nn})$ 为一对角矩阵，$\boldsymbol{L}=\boldsymbol{D}-\boldsymbol{P}$ 为图的拉普拉斯矩阵。上式属典型的非凸优化问题，不存在解析解，因此，其目标函数通常被近似地转化为对应的比迹形式：$\mathrm{tr}[(\boldsymbol{W}^{\mathrm{T}}\boldsymbol{XDX}^{\mathrm{T}}\boldsymbol{W})^{-1}\boldsymbol{W}^{\mathrm{T}}\boldsymbol{XLX}^{\mathrm{T}}\boldsymbol{W}]$，并通过广义特征值问题 $\boldsymbol{XLX}^{\mathrm{T}}\boldsymbol{W}=\boldsymbol{\lambda XDX}^{\mathrm{T}}\boldsymbol{W}$ 进行求解。

相对于全局降维算法 PCA 与 LDA，局部型降维 LPP 算法及其他算法往往基于非参数模型，这些方法一般可归结于图的构造及其嵌入方式。换句话说，多数局部

保持算法本质上与 LPP 共享同一个目标函数，只是基于不同方式构造的近邻图；而拉普拉斯线性判别分析 LapLDA 和半监督判别分析 SDA 两种判别分析算法亦与图的构造密切相关。

6. 拉普拉斯线性判别分析（LapLDA）

LDA 属于全局降维方法，因此无法捕获数据的局部拓扑结构。为了解决此问题，Chen 等提出了 LapLDA 算法，通过引入"局部保持"正则化项，将 LDA 与局部保持整合于单个目标函数：

$$\min_{\boldsymbol{W}} \|\boldsymbol{W}^{\mathrm{T}}\boldsymbol{W}-\boldsymbol{Y}\|_F^2+\alpha\cdot\mathrm{tr}(\boldsymbol{W}^{\mathrm{T}}\boldsymbol{X}\boldsymbol{L}\boldsymbol{X}^{\mathrm{T}}\boldsymbol{W})$$

式中，$\boldsymbol{X}=[x_1,x_2,\cdots,x_n]\in\mathbf{R}^{M\times n}$为数据矩阵（包括 $n$ 个 $M$ 维样本点），$\boldsymbol{Y}$ 为相应的类指示矩阵，$\|\cdot\|_F$ 为 Frobenius 范数，$\alpha$ 为一正则化参数，用于折中目标函数中两项的重要程度。

LapLDA 虽然是基于最小二乘理论提出的，但根据多类 LDA 与多变量线性回归的等价性，在一定条件下，可进一步将其转化为如下迹比形式：

$$\max_{W}\frac{\mathrm{tr}(\boldsymbol{W}^{\mathrm{T}}S_b\boldsymbol{W})}{\mathrm{tr}(\boldsymbol{W}^{\mathrm{T}}\boldsymbol{S}_t\boldsymbol{W})+\alpha\cdot\mathrm{tr}(\boldsymbol{W}^{\mathrm{T}}\boldsymbol{X}\boldsymbol{L}\boldsymbol{X}^{\mathrm{T}}\boldsymbol{W})}$$

式中，$\boldsymbol{S}_b$ 和 $\boldsymbol{S}_t$ 分别为类间和总体散度矩阵。类似于 LDA，投影矩阵可通过广义特征值问题$(\boldsymbol{S}_t+\alpha\boldsymbol{X}\boldsymbol{L}\boldsymbol{X}^{\mathrm{T}})^{-1}\boldsymbol{S}_b\boldsymbol{w}=\lambda\boldsymbol{w}$ 求得。$\mathrm{tr}(\boldsymbol{W}^{\mathrm{T}}\boldsymbol{X}\boldsymbol{L}\boldsymbol{X}^{\mathrm{T}}\boldsymbol{W})$由于其正则化的角色，因此称其为局部保持正则化项。

7. 半监督判别分析（SDA）

半监督判别分析 SDA 与 LapLDA 具有相似的目标函数，但是主要关注于半监督情形，并且同时整合了 Fisher 判别准则，局部保持正则化及 Tikhonov 正则化。具体地，令 $X=[X_l,X_u]$为部分标号的训练样本集，其中 $X_l$、$X_u$ 分别为带标号与无标号样本集。SDA 的目标函数定义如下：

$$\max_{W}\frac{\mathrm{tr}(\boldsymbol{W}^{\mathrm{T}}S_b\boldsymbol{W})}{\mathrm{tr}(\boldsymbol{W}^{\mathrm{T}}\boldsymbol{S}_t\boldsymbol{W})+\alpha\cdot\mathrm{tr}(\boldsymbol{W}^{\mathrm{T}}\boldsymbol{X}\boldsymbol{L}\boldsymbol{X}^{\mathrm{T}}\boldsymbol{W})+\beta\cdot\mathrm{tr}(\boldsymbol{W}^{\mathrm{T}}\boldsymbol{W})}$$

式中，$\boldsymbol{S}_b$ 和 $\boldsymbol{S}_t$ 分别为类间和总体散度矩阵，基于带标号样本集 $X_l$ 求得；而局部保持正则化项 $\mathrm{tr}(\boldsymbol{W}^{\mathrm{T}}\boldsymbol{X}\boldsymbol{L}\boldsymbol{X}^{\mathrm{T}}\boldsymbol{W})$基于全部样本 $X$ 求得；$\alpha$ 与 $\beta$ 为两个权衡（折中）参数。若 $\alpha=0,\beta=0$ 时，则 SDA 退化为标准的 LDA；若 $\alpha=0,\beta\neq0$ 时，退化为传统的正则化判别分析；若 $\alpha\neq0,\beta=0$ 时，退化为半监督版本的 LapLDA。

### 4.1.2　基于流形学习的维数约减

流形学习旨在发现高维非线性数据空间内在的分布规律。假设高维观测空间的数据是均匀采样于一个高维欧式空间中的低维流形，那么流形学习就是通过保持成对数据点的全局几何度量或者局部几何度量，找到高维空间中的低维流形，并求出相应的嵌入映射，完成高维数据的维数约简或特征提取。流形学习作为近年来兴起的一种机器学习方法，已经广泛应用于数据挖掘、模式识别与分类、计算机视觉和生物信息学等领域。

众所周知，引导这一领域迅速发展的是 *Science* 杂志上发表的关于流形学习的几篇文章：Seung 等人提出感知以流形的方式存在；Tenenbaum 等人提出的 ISOMAP 和 Roweis 等人提出的局部线性嵌入算法 LLE。自此以后，国内外学者和研究机构相继又提出了拉普拉斯特征映射 LE 算法，局部切空间排列（Local Tangent Space Alignment, LTSA）算法和最大方差展开（Maximum Variance Unfolding, MVU）算法。

谱方法是数学领域的一个经典分析和代数方法，广泛应用在高维数据的低维表示和聚类问题中。算法依据给定的高维样本数据，定义一个用于表述样本数据点间相似度关系的矩阵，并计算关系矩阵的特征值和特征向量；然后选择合适的特征值及其对应的特征向量，投影得到数据的低维嵌入坐标。如果相似度矩阵定义在一个给定的图上，则称为谱图方法。谱图理论在流形学习中有着广泛的应用，按照数据点间的相似度定义，把基于谱图理论的流形学习算法分成基于全局保持的方法和基于局部保持的方法。全局法通过计算全部数据点之间的关系，建立保持数据全局几何结构的全连接图，构造度量矩阵并进行特征向量分解，通过特征映射获得高维样本数据的低维表示。局部法则仅考虑每个数据点与它领域点之间的关系，在保持局部几何结构的准则下，对齐所有重叠的局部几何结构，进而挖掘原始数据的全局特征，获得高维样本数据的低维表示。

全局保持法的优点在于能够更好地表达数据的全局结构，易于从理论角度理解度量的保留，有较强的抗噪声能力，性能比较稳定。但在建立数据点的全连接图时，需要对全部成对数据点的距离关系进行计算，然后转化为对稠密距离矩阵的特征分解，当需要学习的样本数较多时，会导致计算复杂度的增大。相比之下，局部保持法只需考虑数据点邻域关系，构建的数据点关系矩阵是稀疏的，进行特征分解的计算复杂度远低于全局法；但是，局部保持法的学习性能受噪声影响较大，而且对原始数据的采样密度有更高要求。

### 4.1.3 典型的流形学习算法

ISOMAP 算法和 LLE 算法作为两类经典的流形学习算法，以其各自的优势引起了众多理论和应用上的关注。全局保持 ISOMAP 算法是在 MDS 基础上提出来的，算法的基本思想是通过保持样本空间成对数据对之间的相似度关系，获得嵌入在原始数据集的低维流形表示的过程。多维尺度变换是一种传统的保持数据点间相似性的线性降维方法，可以使相近的点在低维嵌入空间中仍然保持相近关系，而相距较远的点在低维空间中仍然远离。数据点间的相似性采用欧几里得式距离来度量，即两个数据点越相似，它们之间的欧几里得式距离越小。

1. 全局保持 ISOMAP 算法

与多维尺度变换方法不同的是,ISOMAP 算法通过样本点之间的测地线距离构造相似关系度量矩阵。因此,算法的核心问题是求取高维采样空间中任意两点间的测地线距离。对给定的原始空间样本数据集 $\boldsymbol{X}$,且 $\boldsymbol{X}=[\boldsymbol{x}_1,\boldsymbol{x}_2,\cdots,\boldsymbol{x}_N]$,$\boldsymbol{x}_i\in\mathbf{R}^n$,$i=1,2,\cdots,N$,其中 $N$ 为样本总数,ISOMAP 算法的步骤如下:

(1)构建邻域图

建立样本数据集 $\boldsymbol{X}$ 的邻域图 $G$,每个数据点的近邻点可以通过 $K$ 近邻或 $\varepsilon$ 邻域方法定义。记 $\boldsymbol{J}_i$ 为数据点 $\boldsymbol{x}_i$ 的邻域点集合,$\boldsymbol{J}_i=\{\boldsymbol{x}_j,\boldsymbol{x}_j\in\boldsymbol{J}_i\}$,则 $\bar{k}=|\boldsymbol{J}_i|$表示 $\boldsymbol{x}_i$ 的邻域点的个数。定义每个样本点 $\boldsymbol{x}_i$ 与其近邻点 $\boldsymbol{x}_j$ 之间的距离为欧式距离,记为 $d_x(i,j)$。

(2)计算最短路径

计算全部成对样本点之间的测地线距离 $d_G(i,j)$。如果邻域图 $G$ 中,$\boldsymbol{x}_i$ 与 $\boldsymbol{x}_j$ 互为近邻点,则用它们之间的欧式距离 $d_x(i,j)$ 表示测地线距离;否则,通过计算图 $G$ 中任意两点间的最短路径,近似流形中的测地线距离,得到数据点间的相似度矩阵

$$\boldsymbol{D}_G=\{d_G(i,j)\},\boldsymbol{D}_G\subset\mathbf{R}^{N\times N}$$

(3)计算低维嵌入

利用 MDS 算法对相似度矩阵 $\boldsymbol{D}_G=\{d_G(i,j)\}$进行中心化变换,然后进行特征值分解。取其前$\bar{d}$个特征值$\{\lambda_1,\lambda_2,\cdots,\lambda_{\bar{d}}\}$(降序排列)及其对应的特征向量 $\boldsymbol{V}=[v_1,v_2,\cdots,v_{\bar{d}}]$,$v_i\in\mathbf{R}^N$。构造对角矩阵 $\boldsymbol{\Lambda}=\mathrm{diag}[\lambda_1,\lambda_2,\cdots,\lambda_{\bar{d}}]$,则 $\boldsymbol{Y}=\sqrt{\Lambda}\boldsymbol{V}^{\mathrm{T}}$ 即为降维后数据集的特征表示。

2. 局部保持 LLE 算法

LLE 算法是保持数据样本局部关系的非线性降维方法。算法的基本思想是针对具有低维流形结构的高维数据集,可以通过每个样本点和其邻域样本的权重关系表示数据的局部几何结构,各邻域之间的连接信息通过重叠部分得以描述,由所有数据点经加权后构成了高维数据的权值矩阵。通过保持权值矩阵,实现输入数据映射到一个全局低维坐标系统,完成维数约减。已知原始空间样本数据集 $\boldsymbol{X}$,LLE 算法的具体步骤如下:

(1)构建邻域图

建立数据样本集的邻域图,通过 $K$ 近邻法为每个数据找到其 $\tilde{k}$ 个近邻的集合 $\boldsymbol{J}_i$。由于 LLE 算法是以数据的局部结构线性为前提的,这样可以通过邻近点的线性组合来表示与之相关的任取数据点。为了更好地描述数据点的局部几何结构特征及其保持数据的拓扑结构,选择适宜的近邻点数目非常重要。

(2)计算重构权值

定义每个样本点 $\boldsymbol{x}_i$ 和其邻域数据点 $\boldsymbol{x}_j,\boldsymbol{x}_j \in \boldsymbol{J}_i$ 之间的重构权值为 $\boldsymbol{b}_{ij}$,其值的确定需满足重构误差最小的原则,即

$$\varepsilon(\boldsymbol{B}) = \sum_i \boldsymbol{x}_i - \sum_{\boldsymbol{x}_j \in \boldsymbol{J}_i} b_{ij}\boldsymbol{x}_j^{\ 2} \tag{4-1}$$

算法对公式权值计算限制如下:

①若 $\boldsymbol{x}_j \notin \boldsymbol{J}_i$,则 $b_{ij}=0$;

②对所有的数据点 $\boldsymbol{x}_i$, $\sum_j b_{ij} = 1$。

满足条件的权值构成的稀疏权值矩阵 $\boldsymbol{B}$,反映了每个样本点 $\boldsymbol{x}_i$ 与其邻域点之间的局部几何性质。

(3)计算低维嵌入

LLE 算法是在保持数据点的局部几何关系下完成降维过程,即低维嵌入 $\boldsymbol{y}_i \in \mathbf{R}^d$ 与其邻域点能反映出高维空间中数据点的重构权关系,用极小化价值函数表述为

$$E(Y) = \sum_i \left\|\boldsymbol{y}_i - \sum_j b_{ij}\boldsymbol{y}_j\right\|^2 \tag{4-2}$$

式中 $\boldsymbol{Y}=[\boldsymbol{y}_1,\boldsymbol{y}_2,\cdots,\boldsymbol{y}_N]$。为了确保上式具有唯一解,低维嵌入结果 $\boldsymbol{Y}$ 需满足是标准的正交矩阵,且中心化。因此,式(4-2)等价于下述函数取最小值:

$$E(\boldsymbol{Y}) = \mathrm{trace}[\boldsymbol{Y}^{\mathrm{T}}(\boldsymbol{I}-\boldsymbol{B})^{\mathrm{T}}(\boldsymbol{I}-\boldsymbol{B})\boldsymbol{Y}] \tag{4-3}$$

此优化问题可通过对矩阵 $\boldsymbol{\Phi}=(\boldsymbol{I}-\boldsymbol{B})^{\mathrm{T}}(\boldsymbol{I}-\boldsymbol{B})$ 进行特征值分解,求取矩阵 $\boldsymbol{\Phi}$ 的最小$(\tilde{d}+1)$个特征值及其对应的特征向量 $\boldsymbol{V}=[\boldsymbol{v}_1,\boldsymbol{v}_2,\cdots,\boldsymbol{v}_{(\tilde{d}+1)}]$获得。则 $\boldsymbol{Y}=[\boldsymbol{v}_1,\boldsymbol{v}_2,\cdots,\boldsymbol{v}_{(\tilde{d}+1)}]^{\mathrm{T}}$即为数据的低维嵌入表示。

上述两种算法都是对已有的样本数据进行的维数约简而无法直接处理新的测试数据。文献提出的 LPP 算法,可以在保持高维数据非线性流形结构的情况下,通过最优化线性映射,求得高维数据的低维特征表示。算法通过构建数据点的邻域图确定权值,以保持邻域结构为前提求取映射矩阵,进而挖掘嵌入高维数据的低维流形结构。

典型流形学习算法虽具有较好的维数约简性能,但其在降维映射中,直接对原始数据进行无监督学习,存在样本数据的歧义性高,无法有效地利用数据的标记信息提高算法的分类能力,因而广泛应用于聚类分析中。如何有效地利用数据的标记信息指导降维,降低训练样本的歧义性,更好地处理模式识别与智能系统中的分类与聚类问题,是流形学习中一个重要的研究方向。因此,关于有监督流形学习方法的研究引起了关注,近几年出现了一些基于监督流形学习的分类及特征提取算法,如有监督的 ISOMAP 算法,监督 LLE 算法及其局部判别嵌入(Local Discriminant Embedding, LDE),能够在保持高维数据结构的同时,利用分类信息有效提取非线

性定位特征。

### 4.1.4　局部判别嵌入算法

LDE 算法是 Chen 等人近年提出的一种有监督的流形学习算法。该方法在已知全部数据点的标记信息后，利用数据近邻点和分类信息，通过求解目标函数的最优化问题，实现非线性判别特征提取，完成高维数据的低维嵌入。

已知 $M$ 是嵌入在高维数据空间 $\mathbf{R}^n$ 的流形，$N$ 个数据样本 $\{\boldsymbol{x}_i \mid \boldsymbol{x}_i \in \mathbf{R}^n\}_{i=1}^{N} \subset M$ 以及相应的类别标记信息 $\{g_i \mid g_i \in (1,2,\cdots,C)\}_{i=1}^{N}$，$C$ 为样本数据的类别数，因此可以将高维的样本数据用矩阵的形式表示为

$$\boldsymbol{X} = [\boldsymbol{x}_1, \boldsymbol{x}_2, \cdots, \boldsymbol{x}_N] \in \mathbf{R}^{n \times N}$$

假定任何同一类别的数据点构成的子集均位于 $M$ 中的一个子流形中，那么 LDE 算法步骤如下：

1. 构建邻域图

依据数据所属类别，分别建立样本数据集的邻域图。同类别数据样本点之间的近邻关系构建的邻域图记为 $G$，定义数据点 $\boldsymbol{x}_i$ 与 $\boldsymbol{x}_j$，如果 $g_i = g_j$，且满足 $\boldsymbol{x}_j$ 是 $\boldsymbol{x}_i$ 的 $\hat{k}$ 个近邻点之一，则定义 $\boldsymbol{x}_j$ 为 $\boldsymbol{x}_i$ 的同类别邻域样本点；同理，非同类别的数据样本点之间的近邻关系构建的邻域图记为 $G'$，若数据点 $\boldsymbol{x}_j$ 是 $\boldsymbol{x}_i$ 的近邻点之一，且 $g_i \neq g_j$，则定义 $\boldsymbol{x}_j$ 为 $\boldsymbol{x}_i$ 的非同类别邻域样本点。

2. 计算相似度矩阵

定义 $\boldsymbol{G}$ 的相似度矩阵为 $\boldsymbol{W}$，矩阵元素 $w_{ij}$ 代表数据点 $\boldsymbol{x}_i$ 与 $\boldsymbol{x}_j$ 之间的相似程度，可由相似函数 $f(\cdot,\cdot)$ 计算得出：

$$w_{ij} = f(\boldsymbol{x}_i, \boldsymbol{x}_j) = \exp(-\|x_i - x_j\|^2 / 2\sigma^2) \tag{4-4}$$

如果 $\boldsymbol{x}_i$ 与 $\boldsymbol{x}_j$ 之间不满足近邻关系，则相似度取值 $w_{ij} = 0$。显而易见，通过计算所得矩阵是一个 $N \times N$ 维的稀疏矩阵。同理，计算 $G'$ 的矩阵元素 $w'_{ij} = f(x_i, x_j)$，记为相似度矩阵 $\boldsymbol{W}'$。值得一提的是，式的相似度权值是基于高斯核函数定义的，其中 $\sigma$ 为高斯核函数的核宽度。还可以简单定义：$w_{ij} = f(\boldsymbol{x}_i, \boldsymbol{x}_j) = 1$，$\boldsymbol{x}_i$ 与 $\boldsymbol{x}_j$ 之间满足邻域关系；否则为 0。

3. 特征映射

LDE 算法是通过映射实现低维嵌入 $\boldsymbol{Z} = \boldsymbol{V}^{\mathrm{T}}\boldsymbol{X}$ 的过程，其中 $\boldsymbol{V}$ 是 $n \times \hat{d}$ 的映射矩阵，且 $\hat{d} \leqslant n$。算法根据近邻点的局部几何关系，充分利用分类信息提取低维判别特征，使得在低维空间中数据点对的近邻关系能够很好地反映其类别信息，保持同类别成对近邻点的邻接而不同类别的成对近邻点则互相远离。

基于上述目标的 LDE 算法可以化简成有约束条件的函数优化问题：

最大化函数：

$$J(V) = \sum_{i,j} V^{T}x_i - V^{T}x_j{}^2 w'_{ij} \tag{4-5}$$

约束函数:

$$\sum_{i,j} V^{T}x_i - V^{T}x_j{}^2 w_{ij} = 1 \tag{4-6}$$

函数 $J(V)$ 最大化可以使数据点中不同类别近邻点对之间的距离最大化,在通过约束函数使得同类别的近邻点对保持尽可能邻接,进而实现在低维空间中保持数据的局部几何关系,不同类别的数据样本可以很好分离。

以矩阵迹的形式给出式的另一种表达:

$$\begin{aligned} J(\boldsymbol{V}) &= \sum_{i,j} |\boldsymbol{V}^{T}\boldsymbol{x}_i - \boldsymbol{V}^{T}\boldsymbol{x}_j|^2 w'_{ij} \\ &= \sum_{i,j} \operatorname{tr}\{(\boldsymbol{V}^{T}\boldsymbol{x}_i - \boldsymbol{V}^{T}\boldsymbol{x}_j)(\boldsymbol{V}^{T}\boldsymbol{x}_i - \boldsymbol{V}^{T}\boldsymbol{x}_j)^{T}\}\boldsymbol{w}'_{ij} \\ &= \sum_{i,j} \operatorname{tr}\{\boldsymbol{V}^{T}(\boldsymbol{x}_i - \boldsymbol{x}_j)(\boldsymbol{x}_i - \boldsymbol{x}_j)^{T}\boldsymbol{V}\} w'_{ij} \end{aligned} \tag{4-7}$$

根据矩阵迹的线性特征及近邻点权值矩阵的稀疏性,式可整理成

$$\begin{aligned} J(\boldsymbol{V}) &= \operatorname{tr}\Big\{\boldsymbol{V}^{T} \sum_{i,j} ((\boldsymbol{x}_i - \boldsymbol{x}_j) w'_{ij} (\boldsymbol{x}_i - \boldsymbol{x}_j)^{T})\boldsymbol{V}\Big\} \\ &= \operatorname{tr}\{\boldsymbol{V}^{T}(2\boldsymbol{X}\boldsymbol{D}'\boldsymbol{X}^{T} - 2\boldsymbol{X}\boldsymbol{W}'\boldsymbol{X}^{T})\boldsymbol{V}\} \\ &= 2\operatorname{tr}\{\boldsymbol{V}^{T}\boldsymbol{X}(\boldsymbol{D}' - \boldsymbol{W}')\boldsymbol{X}^{T}\boldsymbol{V}\} \end{aligned} \tag{4-8}$$

因此,式、可进一步简化为

$$\begin{gathered} J(\boldsymbol{V}) = 2\operatorname{tr}\{\boldsymbol{V}^{T}\boldsymbol{X}(\boldsymbol{D}' - \boldsymbol{W}')\boldsymbol{X}^{T}\boldsymbol{V}\} \\ 2\operatorname{tr}\{\boldsymbol{V}^{T}\boldsymbol{X}(\boldsymbol{D} - \boldsymbol{W})\boldsymbol{X}^{T}\boldsymbol{V}\} = 1 \end{gathered} \tag{4-9}$$

上式可以转化为求解方程

$$\boldsymbol{X}(\boldsymbol{D}' - \boldsymbol{W}')\boldsymbol{X}^{T}\boldsymbol{v} = \lambda \boldsymbol{X}(\boldsymbol{D} - \boldsymbol{W})\boldsymbol{X}^{T}\boldsymbol{v} \tag{4-10}$$

对应的 $\hat{d}$ 个最大特征值及其相应的广义特征向量 $\{\boldsymbol{v}_1, \boldsymbol{v}_2, \cdots, \boldsymbol{v}_{\hat{d}}\}$,获得映射矩阵 $\boldsymbol{V} = [\boldsymbol{v}_1, \boldsymbol{v}_2, \cdots, \boldsymbol{v}_{\hat{d}}]$。式中的权值矩阵 $\boldsymbol{W}'$、$\boldsymbol{W}$ 在步骤 2 中求得,$\boldsymbol{D}'$、$\boldsymbol{D}$ 为对角矩阵,对角元素分别为 $d'_{ii} = \sum_j w'_{ij}$ 和 $d_{ii} = \sum_j w_{ij}$。LDE 算法获得映射矩阵 $\boldsymbol{V}$ 后,对任意样本点 $\boldsymbol{x}_{test} \in \boldsymbol{R}^n$,都可以通过计算 $z_{test} = \boldsymbol{V}^{T}\boldsymbol{x}_{test}$,获得对应的低维流形特征。

## 4.2 基于半监督判别嵌入 SDE 的 WLAN 室内定位算法

传统的流形学习算法多属无监督的学习方法,在对数据样本的学习过程中,未能充分利用样本的类别信息,无法有效地去除高阶信号的相关性及其冗余信息。与此相应,有监督的学习方法需要获取大量标记信息的数据样本,通过学习、训练得到映射模型,对未知的测试样本进行标记。随着移动终端设备的普及和存储技术的迅猛发展,为数据样本的易于获取提供了可能,而对数据样本的标记则需耗费一定的人力和物力。为此,如何在获得少数已标记样本时,利用大量未标记样本来

提高学习性能以改善学习效果,即半监督学习算法的研究成为近年来机器学习领域备受关注的研究热点。

本节提出的SDE算法,可以充分利用采集的未标记样本数据,改善数据的低维嵌入性能,更好发现高维数据集内在的特征结构。算法在学习阶段利用少量有位置标记的RSS数据,结合在线实时采集的无位置标记RSS数据,通过判别嵌入算法提取非线性判别定位特征用于实时定位。实验结果表明,所提算法能够在保证定位精度的同时,有效地减少了定位过程的计算量及数据采集、标记所需工作量,有利于数据库后期的更新与维护。

### 4.2.1 SDE定位特征提取的意义

随着移动终端设备的日益普及和无线局域网的广泛部署,诸如校园、办公大楼、商场等人员密集的公共场景,室内环境中可利用的无线接入点个数通常可以达到数十个、甚至几十个,为基于接收信号强度的位置指纹定位技术的精度提高创造了有利条件。但是,随着定位信号维数的增加,会导致对位置指纹数据进行“搜索”并“识别”用户位置信息的搜索空间增大,进而增加了定位计算复杂度与移动终端的能源消耗,同时还会产生维数灾难的问题。这里所说的维数灾难是Bellman在1961年首次提出的,意指在涉及向量的计算问题中,如模式识别过程,估计多变量函数所需的采样点数会随着变量个数的增加呈指数增长。

因此,对高维的位置指纹信号空间进行降维,提取最具判别能力的定位特征是必要的。已有的LDE算法提取信号的非线性特征,可以有效地解决维数灾难问题,降低RSS信号不确定性对定位结果的影响。不足之处,算法需要利用指纹的类别信息保持信号空间的局部几何结构,而对其类别的标记又需要在离线阶段完成。基于位置指纹的定位技术中,将RSS向量看作是对应位置的信号模式在信号空间中的特征,而实际的位置则可以看作是该模式的位置标记,即类别信息,用于定位的RSS信号及位置指纹数据库将直接影响定位精度。在实际的位置估计过程中,无位置标记的RSS信号往往很容易获取,而对RSS信号进行位置、类别标记,又是一项费时费力的烦琐工作,不利于算法的广泛应用。为了更好地利用已有的数据提高指纹定位技术的精度,本节提出了基于半监督学习的SDE定位算法。该算法可以利用在线阶段随机采集的样本数据,结合离线阶段的位置指纹数据,通过对高维空间的RSS信号实现低维嵌入,在保持其判别能力的前提下,有效地约减了定位系统中用于描述位置信息的信号维数,减少在线实时定位匹配的计算量,有利于定位系统的大规模部署及数据库的及时更新。

### 4.2.2 SDE定位算法概述

同基于接收信号强度室内定位方法类似,基于SDE的定位算法把定位问题转换为射频信号强度与位置的模式识别问题,算法流程如图 4 -1 所示,包含离线数据采集和在线定位两个阶段。

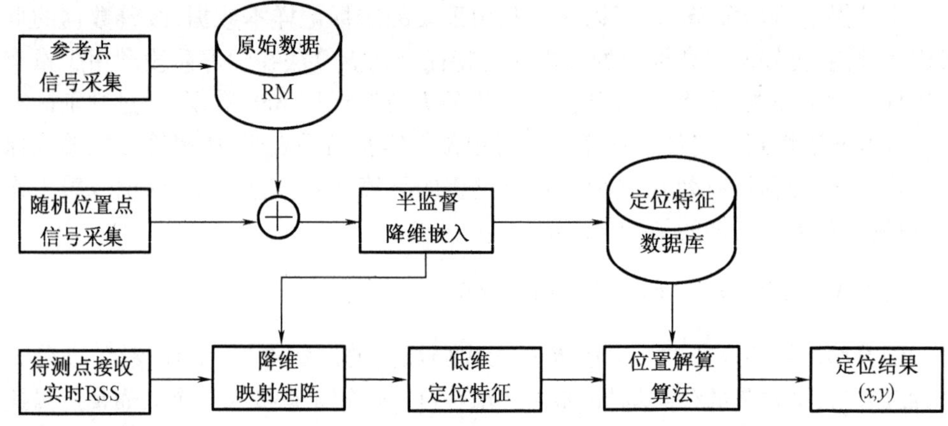


**图 4 -1　SDE 算法流程图**

离线数据采集阶段,首先将目标定位区域按照一定的规则划分若干网格,在每个网格设定相应的参考点,依据参考点的物理位置对其所属类别进行划分。在每个参考点处采集并记录来自各个无线接入点的 RSS,与 RP 的类别及物理位置共同构建位置指纹数据库。在线定位阶段,利用移动终端随机采集多点实时的 RSS 信号,该信号只有强度大小、没有物理位置坐标,因而称其为未标记数据。将这些未标记的 RSS 信号与数据库的指纹信息相结合用于流形学习,通过判别嵌入算法映射到低维数据空间,构建定位特征与物理位置的映射关系。然后,依据用户在测量点处实时接收的 RSS 信号,经过低维判别嵌入得到的定位特征与低维空间的位置指纹数据库进行比较,采用确定性定位匹配算法,求出位置坐标作为用户的位置估计结果。

SDE 定位算法的详细步骤如下:

1. 数据采集

离线阶段采集的参考点处 RSS 值为:$\boldsymbol{X}^{L}$,包含在每个 RP 处接收的来自 $n$ 个 AP 信号强度值 $\boldsymbol{x}_i^{\mathrm{L}}=[x_{i1}^{\mathrm{L}},x_{i2}^{\mathrm{L}},\cdots,x_{in}^{\mathrm{L}}]^{\mathrm{T}}$、类别标记信息 $g_i$ 和 RP 位置坐标$(x_i,y_i)$,用上标 $L$ 表示已标记数据。$N$ 个 RP 构成的指纹数据为:$\boldsymbol{X}^{\mathrm{L}}=\{\boldsymbol{x}_i^{\mathrm{L}}\in\boldsymbol{R}^n,g_i\in(1,2,\cdots,C),(x_i,y_i)\}_{i=1}^{N}$。在随机位置点采集的信号,只存储信号强度值而不标记位置信息,这些数据表示为 $\boldsymbol{X}^{\mathrm{U}}=\{\boldsymbol{x}_j^{\mathrm{U}}\in\boldsymbol{R}^n\}_{j=1}^{u}$,其中 $\boldsymbol{x}_j^{\mathrm{U}}=[x_{j1}^{\mathrm{U}},x_{j2}^{\mathrm{U}},\cdots,x_{jn}^{\mathrm{U}}]^{\mathrm{T}}$ 表示随机位置点 $j$ 处采集到的来自 $n$ 个 AP 的信号强度矢量,用上标 $U$ 表示未标记数据。

2. 基于 SDE 的数据降维

(1)对离线阶段采集的已标记数据,按照同类原则,求出每一类别的聚类中心:

$$c_c = \frac{1}{N_c}\sum_{x_i^{\mathrm{L}} \in J_c} x_i^{\mathrm{L}} \tag{4-11}$$

以 $\boldsymbol{c}_c$ 为类中心的聚类包含的数据点个数为 $N_c, c = [1,2,\cdots,C]$，$\boldsymbol{J}_c$ 则是构成类别 $c$ 的数据点集合。

(2)依据式求得的聚类中心，划分未标记数据所属的类别，然后构建全部数据点的邻接图矩阵 $W$ 和 $\widetilde{W}$。根据 $K$ 近邻准则找出全部数据的 $\bar{k}$ 个近邻，按照近邻点的类别赋权值，相同类别的近邻点赋值为：

$$\begin{cases} w_{ij}^{\mathrm{LL}} = \begin{cases} f(\boldsymbol{x}_i^{\mathrm{L}}, \boldsymbol{x}_j^{\mathrm{L}}); & \boldsymbol{x}_i^{\mathrm{L}} \in \boldsymbol{J}_j^{\mathrm{L}} \text{ 或 } \boldsymbol{x}_j^{\mathrm{L}} \in \boldsymbol{J}_i^{\mathrm{L}} \\ 0; & \text{其他} \end{cases} \\ w_{ij}^{\mathrm{UU}} = \begin{cases} f(\boldsymbol{x}_i^{\mathrm{U}}, \boldsymbol{x}_j^{\mathrm{U}}); & \boldsymbol{x}_i^{\mathrm{U}} \in \boldsymbol{J}_j^{\mathrm{U}} \text{ 或 } \boldsymbol{x}_j^{\mathrm{U}} \in \boldsymbol{J}_i^{\mathrm{U}} \\ 0; & \text{其他} \end{cases} \\ w_{ij}^{\mathrm{UU}} = \begin{cases} f(\boldsymbol{x}_i^{\mathrm{L}}, \boldsymbol{x}_j^{\mathrm{U}})/f(\boldsymbol{x}_i^{\mathrm{U}}, \boldsymbol{x}_j^{\mathrm{L}}); & \boldsymbol{x}_i^{\mathrm{L}} \in \boldsymbol{J}_j^{\mathrm{U}}, \boldsymbol{x}_j^{\mathrm{L}} \in \boldsymbol{J}_i^{\mathrm{U}} \text{ 或 } \boldsymbol{x}_i^{\mathrm{U}} \in \boldsymbol{J}_j^{\mathrm{L}}, \boldsymbol{x}_j^{\mathrm{U}} \in \boldsymbol{J}_i^{\mathrm{L}} \\ 0; & \text{其他} \end{cases} \end{cases} \tag{4-12}$$

式中 $\boldsymbol{J}_i^{\mathrm{L}}$、$\boldsymbol{J}_j^{\mathrm{L}}$ 及 $\boldsymbol{J}_i^{\mathrm{U}}$、$\boldsymbol{J}_j^{\mathrm{U}}$ 分别表示已标记数据点 $\boldsymbol{x}_i^{\mathrm{L}}$、$\boldsymbol{x}_j^{\mathrm{L}}$ 和未标记数据点 $\boldsymbol{x}_i^{\mathrm{U}}$、$\boldsymbol{x}_j^{\mathrm{U}}$ 的 $\bar{k}$ 个近邻点的集合，$f(\cdot,\cdot)$ 为近邻点的相似性函数，可由高斯核函数计算求得；也可以简单定义为 $f(\cdot,\cdot)=1$。

同理，不同类别的近邻点权值赋值为：

$$\begin{cases} \widetilde{w}_{ij}^{\mathrm{LL}} = \begin{cases} f(\boldsymbol{x}_i^{\mathrm{L}}, \boldsymbol{x}_j^{\mathrm{L}}); & \boldsymbol{x}_i^{\mathrm{L}} \in \boldsymbol{J}_j^{\mathrm{L}} \text{ 或 } \boldsymbol{x}_j^{\mathrm{L}} \in \boldsymbol{J}_i^{\mathrm{L}} \\ 0; & \text{其他} \end{cases} \\ \widetilde{w}_{ij}^{\mathrm{UU}} = \begin{cases} f(\boldsymbol{x}_i^{\mathrm{U}}, \boldsymbol{x}_j^{\mathrm{U}}); & \boldsymbol{x}_i^{\mathrm{U}} \in \boldsymbol{J}_j^{\mathrm{U}} \text{ 或 } \boldsymbol{x}_j^{\mathrm{U}} \in \boldsymbol{J}_i^{\mathrm{U}} \\ 0; & \text{其他} \end{cases} \\ \widetilde{w}_{ij}^{\mathrm{UU}} = \begin{cases} f(\boldsymbol{x}_i^{\mathrm{L}}, \boldsymbol{x}_j^{\mathrm{U}})/f(\boldsymbol{x}_i^{\mathrm{U}}, \boldsymbol{x}_j^{\mathrm{L}}); & \boldsymbol{x}_i^{\mathrm{L}} \in \boldsymbol{J}_j^{\mathrm{U}}, \boldsymbol{x}_j^{\mathrm{L}} \in \boldsymbol{J}_i^{\mathrm{U}} \text{ 或 } \boldsymbol{x}_i^{\mathrm{U}} \in \boldsymbol{J}_j^{\mathrm{L}}, \boldsymbol{x}_j^{\mathrm{U}} \in \boldsymbol{J}_i^{\mathrm{L}} \\ 0; & \text{其他} \end{cases} \end{cases} \tag{4-12}$$

(3)计算相同类别及不同类别数据所构建邻接图的拉普拉斯算子 $L$ 及 $\widetilde{L}$，可由等式 $L=D-W$ 与 $\widetilde{L}=\widetilde{D}-\widetilde{W}$ 计算求得，上标线用来区分数据是否同类。$D$ 及 $\widetilde{D}$ 均为对角阵，其对角元素值 $d_{ii} = \sum_j w_{ij}, \widetilde{d}_{ii} = \sum_j \widetilde{w}_{ij}$。

(4)函数的最优化：基于 SDE 算法的目标是最大化类间散度、最小化类内散度，即最大化函数：

$$J(\boldsymbol{V}) = \sum_{i,j} \|\boldsymbol{V}^{\mathrm{T}}\boldsymbol{x}_i - \boldsymbol{V}^{\mathrm{T}}\boldsymbol{x}_j\|^2 \widetilde{w}_{ij}^{\mathrm{LL}} + \sum_{i,j} \|\boldsymbol{V}^{\mathrm{T}}\boldsymbol{x}_i - \boldsymbol{V}^{\mathrm{T}}\boldsymbol{x}_j\|^2 \widetilde{w}_{ij}^{\mathrm{UU}} + \sum_{i,j} \|\boldsymbol{V}^{\mathrm{T}}\boldsymbol{x}_i - \boldsymbol{V}^{\mathrm{T}}\boldsymbol{x}_j\|^2 \widetilde{w}_{ij}^{\mathrm{LU}} \tag{4-14}$$

约束条件：

$$\sum_{i,j} \| \boldsymbol{V}^{\mathrm{T}}\boldsymbol{x}_i - \boldsymbol{V}^{\mathrm{T}}\boldsymbol{x}_j \|^2 w_{ij}^{\mathrm{LL}} + \sum_{i,j} \| \boldsymbol{V}^{\mathrm{T}}\boldsymbol{x}_i - \boldsymbol{V}^{\mathrm{T}}\boldsymbol{x}_j \|^2 w_{ij}^{\mathrm{UU}} + \sum_{i,j} \| \boldsymbol{V}^{\mathrm{T}}\boldsymbol{x}_i - \boldsymbol{V}^{\mathrm{T}}\boldsymbol{x}_j \|^2 w_{ij}^{\mathrm{LU}} = 1 \tag{4-15}$$

化简式、可得最终的目标函数：

$$\begin{cases} J(\boldsymbol{V}) = 2\mathrm{tr}\{ \boldsymbol{V}^{\mathrm{T}}\boldsymbol{X}(\widetilde{\boldsymbol{L}}^{\mathrm{LL}} + \widetilde{\boldsymbol{L}}^{\mathrm{UU}} + \widetilde{\boldsymbol{L}}^{\mathrm{LU}})\boldsymbol{X}^{\mathrm{T}}\boldsymbol{V} \} \\ 2\mathrm{tr}\{ \boldsymbol{V}^{\mathrm{T}}\boldsymbol{X}(\boldsymbol{L}^{\mathrm{LL}} + \boldsymbol{L}^{\mathrm{UU}} + \boldsymbol{L}^{\mathrm{LU}})\boldsymbol{X}^{\mathrm{T}}\boldsymbol{V} \} = 1 \end{cases} \tag{4-16}$$

应用拉格朗日乘数法，得出：

$$\boldsymbol{X}(\widetilde{\boldsymbol{L}}^{\mathrm{LL}} + \widetilde{\boldsymbol{L}}^{\mathrm{UU}} + \widetilde{\boldsymbol{L}}^{\mathrm{LU}})\boldsymbol{X}^{\mathrm{T}}\boldsymbol{v} = \lambda \boldsymbol{X}(\boldsymbol{L}^{\mathrm{LL}} + \boldsymbol{L}^{\mathrm{UU}} + \boldsymbol{L}^{\mathrm{LU}})\boldsymbol{X}^{\mathrm{T}}\boldsymbol{v} \tag{4-17}$$

目标函数的最优化，转化为对方程进行广义特征值分解的问题。通过对方程进行分解，求得特征值及其相应的特征矢量。

(5)设定阈值 $\eta^*$，估计特征维数。取前 $\bar{d}$ 个最大特征值所对应的特征矢量，生成映射矩阵 $\boldsymbol{V} = [\boldsymbol{v}_1, \boldsymbol{v}_2, \cdots, \boldsymbol{v}_{\bar{d}}]$。

(6)利用公式 $\boldsymbol{z}_i = \boldsymbol{V}^{\mathrm{T}}\boldsymbol{x}_i$，对高维的已标记数据 $\boldsymbol{X}^L$ 进行低维嵌入，得出数据的低维空间表示为 $\boldsymbol{z}_i^{\mathrm{L}} \in \boldsymbol{R}^d$，构建新的位置指纹 $\boldsymbol{Z}^{\mathrm{L}} = \{ \boldsymbol{z}_i^{\mathrm{L}} \in \boldsymbol{R}^d, (x_i, y_i) \}_{i=1}^{N}$。

3. 在线阶段的实时定位

在线定位阶段，将用户在测量点处接收的实时 AP 信号用矢量表示为 $\boldsymbol{x}_t = [x_{t1}, x_{t2}, \cdots, x_{tn}]^{\mathrm{T}}$。测量点的位置估计过程具体为：首先，利用 $\boldsymbol{z}_t = \boldsymbol{V}^{\mathrm{T}}\boldsymbol{x}_t$ 求出该信号的低维嵌入 $\boldsymbol{z}_t = [z_{t1}, z_{t2}, \cdots, z_{t\bar{d}}]^{\mathrm{T}}$；然后采用加权 K 近邻定位算法实现 $\boldsymbol{z}_t$ 与新位置指纹库 $\boldsymbol{Z}^{\mathrm{L}}$ 的匹配。找到 $\boldsymbol{Z}^{\mathrm{L}}$ 中与其位置最近的 $k_S$ 个参考点，取加权均值作为待测点的位置坐标估值，计算公式为：

$$(\hat{x}_t, \hat{y}_t) = \sum_{i=1}^{k_S} w_i (x_i, y_i) \tag{4-18}$$

测量点与参考点间的 RSS 相似度距离为：$Dis_i = \| z_t - z_i^L \|^2$，$w_i$ 是与相似度距离函数成反比关系的权值系数。

### 4.2.3 SDE 定位算法的特征维数选择

在高维数据的降维算法中，特征维数是一个需要预估的未知参数，其值的选择对高维数据处理过程有着重要的指导意义。能否对其准确估计对选取合适的邻域大小有很大的帮助，并且可以有效地避免“维数灾难”。如何在保持最优的高维数据本质特征规律的条件下，获得数据的低维表示，是高维数据处理所面临的主要问题之一。

特征维数的定义可描述为：高维数据实际上是(或者至少非常近似的)位于一个维数比原始数据空间小得多的非线性流形上，这个低维流形的维数就定义为此组高维数据的特征维数。利用基于特征值的特征维数估计方法，将高维空间中的数据通过适当的投影映射到低维空间,然后计算投影后数据的协方差矩阵的全体特征值。在低维嵌入中,方差的大小是衡量信息量多少的指标:其值越大提供的信息越多;反之提供的信息就越少。因此,目标函数需保留方差较大、包含信息多的特征解分量,丢掉信息量少的分量。由于特征向量对应特征值越大,该方向对应的类间距越大,也就意味着所保留的特征越具有判别力。为此,可将原数据投影到前$\bar{d}$个最大特征值张成的子空间上,同时$\bar{d}$值作为特征维数的估计值,取其对应的特征向量构成的变换矩阵即为最佳的投影矩阵。

已知 SDE 算法的映射矩阵 $\boldsymbol{V}$,则每一维特征向量 $\boldsymbol{v}_i$ 对应的特征值为:

$$\lambda_i = \frac{\boldsymbol{X}(\widetilde{\boldsymbol{L}}^{\mathrm{LL}} + \widetilde{\boldsymbol{L}}^{\mathrm{UU}} + \widetilde{\boldsymbol{L}}^{\mathrm{LU}})\boldsymbol{X}^{\mathrm{T}}\boldsymbol{v}_i}{\boldsymbol{X}(\boldsymbol{L}^{\mathrm{LL}} + \boldsymbol{L}^{\mathrm{UU}} + \boldsymbol{L}^{\mathrm{LU}})\boldsymbol{X}^{\mathrm{T}}\boldsymbol{v}_i} \tag{4-19}$$

式中的分子部分,表述了不同类别的近邻样本对的类间距离,分母则表述了相同类别的近邻样本对的类内距离。从等式可见,不同类别近邻样本对的类间距离越大、同类近邻样本对的类内距离越小,所提取定位特征的判别能力越强。因此,每一维定位特征对应的特征值越大,其判别定位能力越强。其取值可由下式确定:

$$\eta(\bar{d}) = \frac{\sum_{i=1}^{\bar{d}} \lambda_i}{\sum_{j=1}^{\mathrm{n}} \lambda_j} \geqslant \eta^* \tag{4-20}$$

满足不等式成立的最小的整数值,即为 SDE 算法所需的定位特征维数$\bar{d}$。$\eta^*$是投影空间保留信息的阈值,通常取值大于 80%,即选取前$\bar{d}$个最大特征值之和与全部特征值总和之比不小于 80%,可满足对原始数据信息的低维嵌入。

### 4.2.4　SDE 算法的近邻点参数选取

邻域图的构建是 SDE 定位算法的关键步骤,基本的邻域图构建方法有 $K$ 近邻法和固定超球体半径法。合理的邻域图构建、近邻点个数选择,可以有效地再现高维数据空间的流形结构,并直接影响 SDE 算法的性能。$K$ 近邻法通过计算每个数据点与全部数据样本点的距离,然后选取与其最近的 $\bar{k}$ 个点作为该样本点的邻域样本,构建相应的邻域图。而固定超球体半径法则通过设定超球体的半径值,找到以每个样本点为中心的超球体包含的数据点,作为该样本点的邻域数据样本,构建相应的邻域图。图中边的权值可以统一取值为 1,也可以依据各个邻域样本点与中心点的距离不同,通过高斯核函数设定。本文实验中采用 $K$ 近邻法构建邻域图,确保每个数据点的邻域样本密度统一,可以增加定位性能的稳定性,邻域样本点之间边的权值设定选用高斯核函数法。

邻域图构建中近邻点个数选择是 SDE 算法的主要参数之一。为了利用未标记数据样本信息，算法首先对已标记数据，按照同类原则求取类的聚类中心；然后按照所求的聚类中心，对未标记数据所属的类别进行划分，根据近邻准则找出全部训练数据的 $\bar{k}$ 个近邻；最后分别为相同类别、不同类别近邻点构建邻接图矩阵 $\boldsymbol{W}$ 和 $\widetilde{\boldsymbol{W}}$。构建邻域图时，近邻点 $\bar{k}$ 的适当选取，可以保证对原始高维数据流形结构较好的描述。若该值取得过大，与每个数据样本相关的邻域样本过多，将使得其他子流形或者噪声样本引入中心样本点的局部几何结构，影响高维数据流形的非线性结构的保持；若该值取得过小，与每个数据样本相关的邻域样本过少，无法充分描述高维样本空间的局部几何结构，也不易于保持低维流形的拓扑结构，甚至可能将连续的流形分割成多个不连续的子流形。

邻域图构建的另一个参数为图中边的权值设定，亦可称之为相似性函数。如果图中边的取值全部为 1，则无法区分中心样本点与不同邻域样本点的相似性程度。而高斯核函数，可以用来度量中心样本点与不同邻域样本点的相似性程度，确保与中心样本点距离越近的邻域样本点，相似性程度越高，对目标函数的最优化问题贡献越大。

## 4.3 SDE 算法的性能实验与结果分析

本节的实验与分析是构建在典型的 WLAN 室内定位环境下，即前述的办公区域的一部分，该环境为多墙的室内和空旷的走廊环境，布局与结构如图 2－2 所示。基于接收信号强度的室内定位系统，把定位问题转换为射频信号强度与位置的模式识别问题。被测用户的位置信息依据测量者实时采集的 RSS 信号强度与位置指纹相匹配，通过计算获得用户的位置。实验首先比较了 SDE 算法与其余特征提取算法的定位精度及其在线计算复杂度，然后分析了 SDE 算法的定位特征维数和邻域图构建、近邻点个数选择对定位结果的影响，最后对在线实时样本采集量和离线参考点数目变化对定位精度的影响进行了分析。

位置估计误差定义为用户在测量点处估计的位置坐标与用户的实际位置坐标之间的欧氏距离。定位精度则由位置估计误差的累积概率分布来度量。为了确保实验结果的有效性和准确性，本文采用了十倍交叉验证法，将全部的采样数据分成十份，轮流将其中的九份用于训练过程，构建定位模型；一份作为测试数据，进行实验，估计定位模型的性能。每次实验获得结果的差错率均值作为对算法精度的估计。最后，将实际算法的参数设置成使得测试数据的平均定位误差值取最低所对应的参数值后，再对算法的其他性能进行实验与分析。

### 4.3.1 定位特征提取算法对比

为了验证 SDE 算法提取定位特征的有效性，本节比较了 SDE、LDE 及其 PCA

三种特征提取定位算法与经典的KNN和NN位置指纹法的定位性能。将整个定位区域均匀的划分为247个网格,每个网格的大小为1 m×1 m,选取网格中心作为参考点,在该坐标点处采集训练样本数据RSS。已知LDE与PCA这两种典型的特征提取算法无法利用未标记样本,全部的训练样本数据即为离线阶段参考点处采集的已标记样本。对于SDE算法而言,训练样本除了247个参考点处采集的已标记数据,还包括在整个定位区域内,依据多个用户的移动轨迹而随机采集的828个未标记样本。区别于离线阶段参考点处采集的有位置标记的RSS信号而言,这些样本数据只有实时的RSS信号强度值而没有位置信息,故称其为未标记样本。测试点均匀地分布在整个实验区域内,共选取205个测试点,每个测试点采集100个RSS测试样本,共计20500个测试样本,对上述不同算法的定位性能进行实验仿真。

上述算法在不同误差距离下的定位精度性能曲线如图4-2所示,以2 m内置信概率进行比较分析,SDE算法可以达到75.31%,LDE、PCA、KNN及NN可以分别达到72.41%,69.64%,67.70%和63.49%。显然,所提SDE算法具有最好的定位精度与性能,LDE的定位精度次之,但都优于PCA及其KNN等的定位性能。

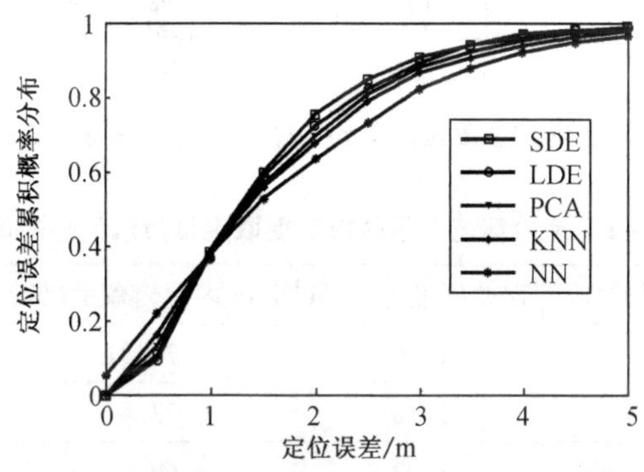


**图4-2 不同特征提取算法的定位精度对比**

从平均定位误差和误差标准方差的大小来看,SDE的平均定位误差和误差标准方差分别为1.52 m、1.06 m;相比KNN及NN来讲,平均定位误差分别降低了7.88%、14.12%,误差标准方差则降低了18.46%、29.80%,如图4-3所示。几种算法的定位性能比较如 ifferent positioning algorithms

表4-1所示:基于特征提取的SDE定位算法,能够充分利用在线实时采集的RSS信号作训练样本,性能优于LDE和PCA两种特征提取的定位算法。与KNN及NN定位算法直接将RSS信号作为定位特征不同,PCA算法通过寻找在最小平方意义下最能够代表原始数据的投影,对原有高维数据进行简化,找出数据中最“主要”的元素和结构,进而在一定程度上去除噪声和冗余,提高定位精度。但是,当数据点具有非线性特性时,线性的PCA特征提取获得的低维数据,不能反映出

样本点之间所隐藏的非线性性质,因而无法有效的提取 RSS 的非线性特性。SDE 与 LDE 算法则分别通过不同的途径有效地适应了 RSS 的特性,其中 SDE 算法通过利用便于采集的无标记样本数据,更好的挖掘数据集内在的特征结构来提高嵌入性能,所提取的非线性判别定位特征具有较强的抗噪性能。LDE 则通过利用局部邻域样本数据的分类信息,保持高维 RSS 信号空间的局部几何结构,挖掘其低维本质定位特征。由于 LDE 算法只利用了数据点的局部邻域样本信息,相比于 SDE 而言,定位信号更易于受到噪声样本的干扰,因而定位性能略低于 SDE,但仍明显优于其余定位及其特征提取算法的性能。

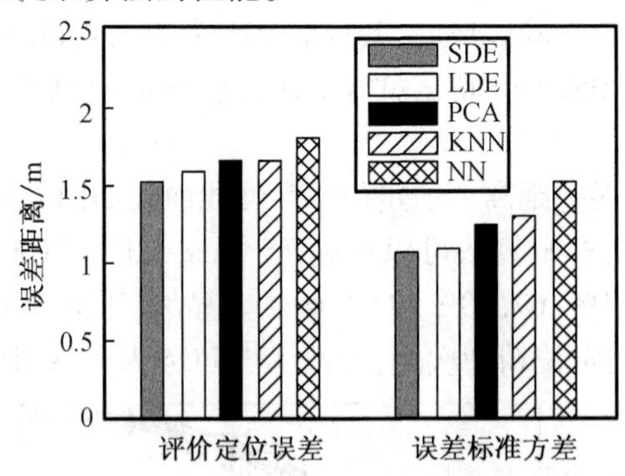


**图 4-3　不同定位算法的平均定位误差与误差标准方差比较**

**表 4-1　室内环境下不同特征提取定位算法的性能比较**

| 定位算法 | 平均定位误差/m | 误差标准方差/m | 2 m 内置信概率(%) | 3 m 内置信概率(%) |
|---|---|---|---|---|
| SDE | 1.52 | 1.06 | 75.31 | 90.66 |
| LDE | 1.59 | 1.10 | 72.41 | 89.14 |
| PCA | 1.63 | 1.22 | 69.64 | 87.76 |
| KNN | 1.65 | 1.30 | 67.70 | 86.51 |
| NN | 1.77 | 1.51 | 63.49 | 82.02 |

### 4.3.2　降维嵌入特征维数的影响

从信息论角度来看,特征维数取值越大,也就是系统的熵值越大,对应着保留原样本数据特征的不确定性也就越大,特征提取所得数据就更加接近真实的数据样本。为此,选取合适的特征维数是保证定位精度的重要参数之一。如果该值选取过小,那么系统的熵较小,特征提取所保留原样本的特征不确定性就越少,降维后数据不能包含足够的定位信息,将会导致定位精度下降;反之,如果该值选取过大,又会引入过多判别能力较弱、含有较大噪声的定位特征,这也会给定位精度带来一定的影响。

本文依据每一维定位特征对应的特征值 $\lambda_i$ 大小指导特征维数的选取。对于不同的特征提取算法而言，特征值的大小和其对应特征所含定位信息量多少在某种程度上是相一致的。定位区域中，累积特征值分布与特征维数变化关系曲线如下图4-4所示：为了更好地保留所需的定位信息，实验中设定投影空间保留信息的阈值 $\eta^*$ 取为90%时，SDE算法仅需 $\bar{d}=4$，就可以满足对原始数据信息较好的低维嵌入。当该值取为5时，对应特征值的累积分布比例可达到96.45%，完全能够满足位置估计所需的定位信息；LDE的性能与SDE基本相近，其特征值累积分布随着特征维数增大而增加，但较SDE值稍低，如 $\hat{d}=5$ 时，对应的特征值累计分布比例值为95.95%；而PCA则需 $d^* \geq 10$，才能使其特征值累积分布比例值等于95.02%。因此，SDE算法不但可以有效增强定位特征的判别能力，而且所需的定位特征维数也最小。

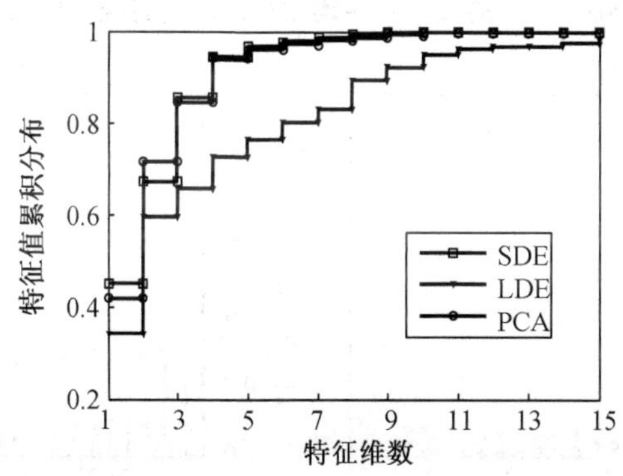


**图4-4 不同算法的特征值累积分布与特征维数关系曲线**

为了更好地估计RSS数据的特征维数，本文对归一化的平均定位误差与维数之间的变化关系进行了分析。其中归一化平均定位精度定义如下式：

$$Error_{\text{norm}}(\bar{d}) = \frac{Error(\bar{d}) - Error_{\min}}{Error_{\max} - Error_{\min}} \quad \forall \bar{d} = 1, 2, \cdots, 27 \qquad (4-21)$$

式中 $Error(\bar{d})$ 表示特征维数取值为 $\bar{d}$ 时，$(1 \leq \bar{d} \leq 27)$，SDE算法定位误差的平均值；$Error_{\min}$、$Error_{\max}$ 则分别表示特征维数遍历1~27取值时，平均定位误差的最小值与最大值。SDE算法的归一化平均定位误差与特征维数关系曲线如图4-5所示，特征维数 $\bar{d}$ 取最小值时，平均定位误差值最大，对应的定位性能最差；随着 $\bar{d}$ 值的增加，定位性能逐渐提高，且在其值等于5时，平均定位误差曲线有明显的拐点；随后性能改善缓慢，在其取值大于11之间后，平均定位误差趋于稳定。其余两种特征提取算法的归一化平均定位误差与特征维数变化的关系如图4-6所示：(a)图所示的LDE算法与SDE有相似的性能且所需的定位特征维数也较小；(b)图所示的 PCA 算法，则需要特征维数取为较大值时，才能确保平均定位误差处于较小的数值，且平均定位误差随着特征维数的增加下降缓慢，当 $d^*$ 取值达到 17 后，算法的性能趋于稳定，该特征维数的取值远大于前述两种算法。

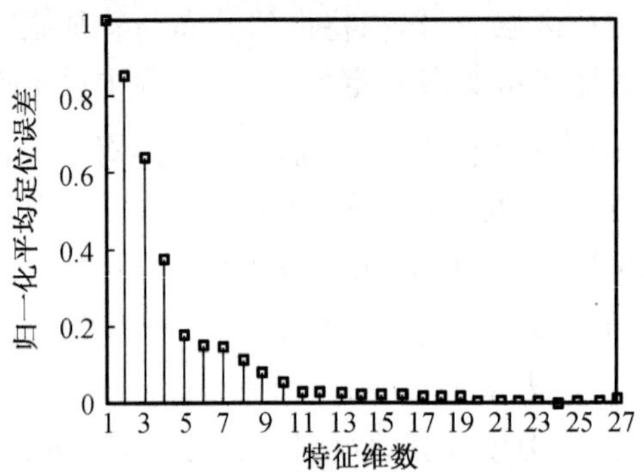


**图 4-5　SDE 算法的归一化平均定位误差与特征维数的关系曲线**

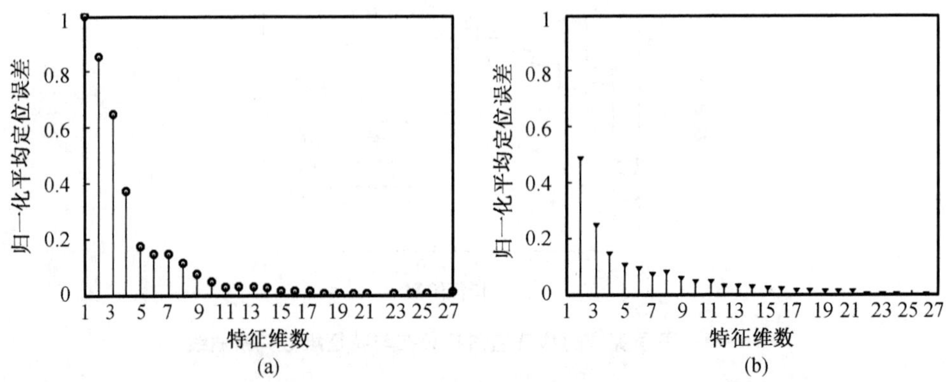


**图 4-6　不同算法的归一化平均定位误差与特征维数关系曲线**

(a) LDE 算法；(b) PCA 算法

从图 4-7 可见，不同算法的 2 m 内定位精度达最优时，特征维数的取值有所差异。对于 SDE、LDE 及 PCA 三种算法而言，定位性能最优时，各自对应的最佳特征维数取值分别为：$\bar{d}=\hat{d}=5$，$d^*=10$，这与设定投影空间保留信息阈值 $\eta^*=95\%$，基于特征值大小选取特征维数的实验结果相一致。

在特征维数的估计中，因观察数据是位于高维空间中的离散数据，这些观察数据是随机选取的，估计的结果受不同人对实际问题所运用的不同准则所影响，所以对于同样的数据集很有可能得出不同的估计结果，这是维数估计领域中较为常见的现象。根据采集的实验数据及其定位环境，在后续的定位算法性能分析中，SDE、LDE 及其 PCA 三种算法的降维特征维数依次取值为 $\bar{d}=5$，$\hat{d}=5$ 及 $d^*=10$。

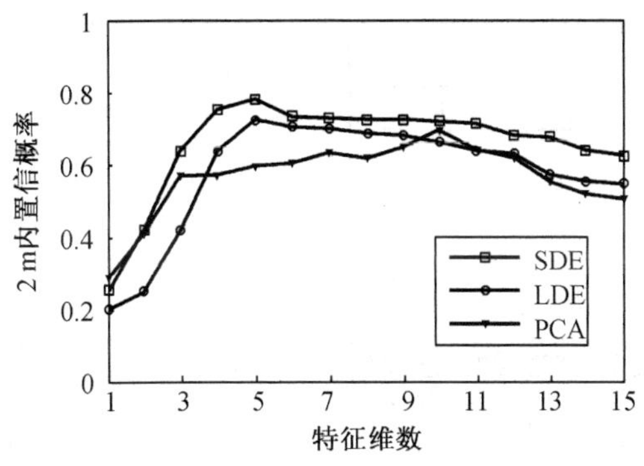


**图4-7 不同算法定位精度与特征维数关系曲线(2 m内)**

### 4.3.3 近邻样本参数对构建邻域图的影响

SDE算法对未标记数据划分类别时,要根据获取的已标记数据的聚类信息进行邻域图构建,不同类别定位子区域对应的RSS信号统计特性不同,因此,算法在不同定位子区域构建邻域图的最优近邻参数 $\bar{k}$ 也不同。为了更好地分析SDE算法构建邻域图时近邻点选择对定位性能的影响,实验在两个不同的定位子区域进行,如(b) A3 positioning sub-region

图4-8所示,分别为A1与A3区域的平均定位误差与邻域样本数变化关系曲线。从图中可以看出,不同区域RSS信号的统计特性不同,导致两个区域的最优领域样本数目不同,分别为 $\bar{k}_1=14$ 和 $\bar{k}_3=10$,且邻域样本数目过大或过小,都将增加平均定位误差。图4-9则给出了在A1区域,近邻样本点选取 $\bar{k}_1=14$,定位精度随着特征维数的增加而变化的性能曲线。在设定区域最佳邻域样本参数的条件下,定位性能随着特征维数的增加而得到提高,且在特征维数 $\bar{d}=5$ 时,以2 m内定位精度达最高,与前述的特征维数分析结论相一致。

在构建邻域图时,对邻域参数的选择要基于流形学习对邻域的要求:流形在局部是平滑的,与欧氏空间存在同胚。利用流形的这种局部平滑性,通过对每个局部邻域的线性拟合,来构建最终的低维嵌入坐标。因此流形学习算法要求构建的邻域能反映流形的局部平滑性,即在局部具有低维的线性结构。如果参数过大,则会使得构建的邻域图有所谓的“短路边”连接属于不同子流形的点对,改变了高维数据的非线性结构,降低定位精度。而参数过小,又将导致同类高维样本数据的局部几何拓扑结构无法充分描述和保持,非同类样本的分类信息无法被充分利用,影响类间距离的最大化。因此,合适的邻域样本数选取,可以在保持数据的高维流形结构下提取低维特征。

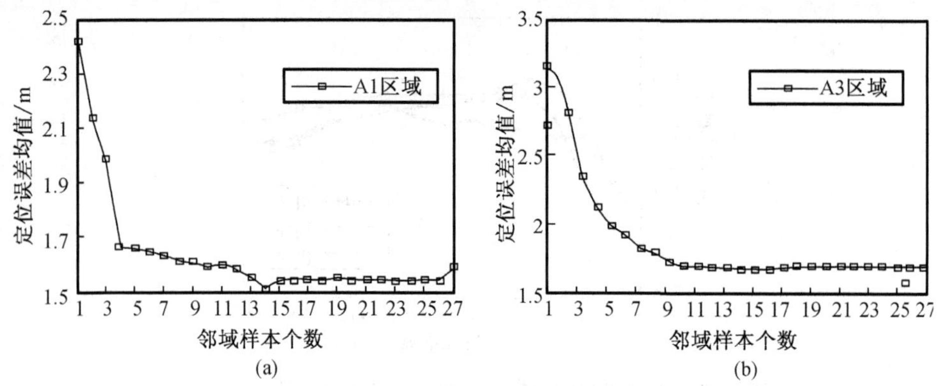


**图 4-8　邻域样本个数对定位误差均值的影响**

(a)定位子区域 A1;(b)定位子区域 A3

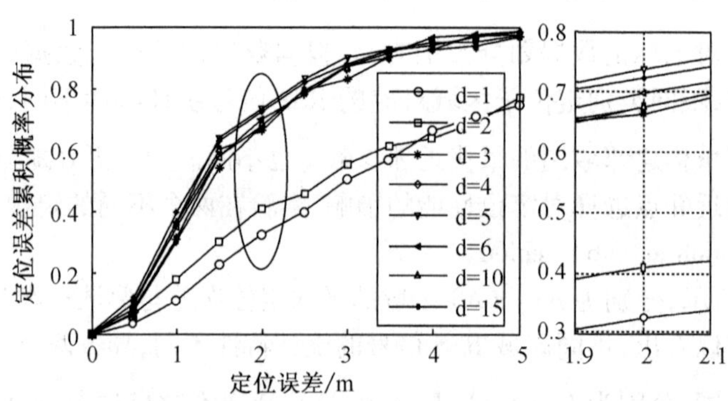


**图 4-9　A1 区域的定位精度与特征维数变化曲线($\bar{k}=14$)**

(b)高斯核函数的核宽度变化的影响

图 4-10 所示为构建邻域图的另一参数:边的权值$f(\cdot,\cdot)$对算法定位精度的影响。当采用高斯核函数度量邻域样本点之间的相似性程度时,算法的性能明显优于简单设置该值等于 1 的性能,如图 4-10(a)所示,二者的 2 m 内定位精度可分别达到 78.71%,58.65%,显然采用高斯核函数后,性能有 20.06% 的提高。究其原因在于,采用高斯核函数用于邻域样本点间相似性的度量,可以很好地区分中心样本点与不同邻域样本点的相似程度,确保邻域样本点之间的距离越近,相似性程度越高,对算法的最终优化目标函数公式的贡献越大。

图 4-10(b)所示为高斯核函数的核宽度 $\sigma$ 对定位精度的影响,以定位区域全部测试点的平均定位误差来看,定位性能随高斯核宽度的变化波动较大。该值越大,不同邻域样本点对优化问题的贡献区分程度越不显著。反之,不同邻域样本点对优化问题的贡献区分程度越显著。核宽度取值的两个极限情况:当 $\sigma\to\infty$ 时,所有邻域样本点与中心样本点的相似性程度相同,对算法的优化求解作用相同,从而

无法准确描述数据的局部几何拓扑结构；而 $\sigma \to 0$ 时，多数邻域样本点对优化问题的贡献为零，相当于所利用的邻域样本点个数趋于零，无法描述局部几何拓扑结构。因此，基于核函数的相似性度量，在核宽度值的设定中，通常要根据实际的样本数据，通过交叉验证法确定该参数的取值。图中所示的定位区域的最佳核宽度为 $\bar{\sigma}=0.8$。

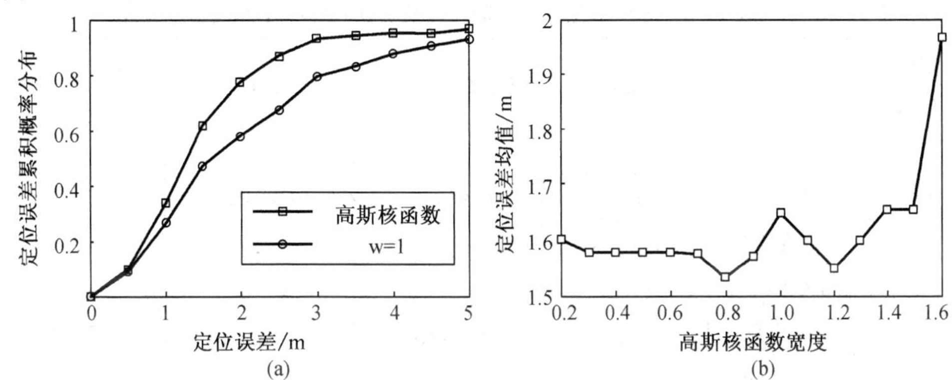


**图4-10 相似度函数对定位精度的影响**

(a)不同相似度函数的影响；(b)高斯核函数的核宽度变化的影响

### 4.3.4 算法计算复杂度分析

前述几种定位算法的参数设置及其计算复杂度对比如表4-2所示。其中SDE及其LDE算法在构建邻域图时，要求对已标记数据进行分类，而PCA等算法是针对全部定位区间的数据处理与匹配，因而，在比较计算复杂度时，统一设定SDE及LDE的样本数据所属类别为预先已知，且高斯核宽度 $\bar{\sigma}=\hat{\sigma}=0.8$。所有算法均在Pentium(R) Dual-Core E5800 3.2 GHz处理器，2 G内存的台式电脑运行20 500遍，取平均值作为单次的定位时间。具体参数设置如下：SDE算法中的已标记样本数据即为参考点个数，其值 $N=247$，未标记样本数据个数 $u=828$，用于表征位置信息的RSS信号维数 $n=27$；LDE与PCA算法只能处理标记数据，为参考点的个数 $N=247$，维数亦为27；三种特征提取算法均在离线阶段完成对高维数据的低维嵌入，在线定位阶段亦采用相同参数的加权K近邻定位算法完成最终的位置估计，即 $k_S=k_L=k_P=k_c$。

KNN与NN算法不仅无须在离线阶段对指纹数据进行预处理，而且在线定位算法仅受参考点、样本数据维数及近邻点个数影响，因而复杂度最低。而SDE算法在离线阶段对指纹数据的特征提取，此阶段计算量不仅与参考点、未标记的样本数据及其维数相关，还依赖构建邻域图的邻域样本个数及特征维数等参数。在线阶段的定位除了KNN算法的三个参数外，特征维数的取值也会影响定位计算量，因而算法的复杂度大于其余的算法。LDE 算法的计算复杂度介于 SDE 与 PCA 之间,与 SDE 有相近的在线定位计算速度。PCA 算法的离线特征提取所需计算量最小,时间也最少,但其较大的特征维数使得其在线定位计算量较大,定位时间相比 SDE 算法有 31.14% 的增加。

**表 4-2　不同定位算法参数设置及其计算复杂度比较**

| 定位算法 | 参数 | 取值 | 特征提取计算量 | 在线计算量 | 定位时间/ms |
|---|---|---|---|---|---|
| SDE | 邻域样本 | $\bar{k}=14$ | $O(Nun\,\overline{kd})$ | $O(Nn\,\bar{d}k_S)$ | 0.3073 |
| | 特征维数 | $\bar{d}=5$ | | | |
| | 高斯核宽度 | $\bar{\sigma}=0.8$ | | | |
| LDE | 邻域样本 | $\hat{k}=14$ | $O(Nn\,\hat{k}\hat{d})$ | $O(Nn\,\hat{d}k_L)$ | 0.3092 |
| | 特征维数 | $\hat{d}=5$ | | | |
| | 高斯核宽度 | $\hat{\sigma}=0.8$ | | | |
| PCA | 特征维数 | $d^*=10$ | $O(Nnd^*)$ | $O(Nnd^*k_P)$ | 0.4030 |
| KNN | 近邻参考点 | $k_c=3$ | 0 | $O(Nnk_c)$ | 0.7528 |
| NN | 近邻参考点 | 1 | 0 | $O(Nn)$ | 0.7358 |

上述三种基于特征提取的定位算法,在离线阶段需要对位置指纹数据进行预处理,其中 SDE 算法所需参数最多,要用到大量未标记数据参与特征映射的求解,所需时间明显多于 LDE 及其 PCA,如图 4-11 所示。然而,离线阶段的特征提取不需占用在线的计算时间,因而不影响在线定位的实时性,并且在提取了用于定位的低维特征后,维数减少使得其在线定位时间最短,相比传统的 KNN 定位算法,可以节省近 60% 的在线定位时间,较好地平衡了定位精度与在线计算复杂度的关系。

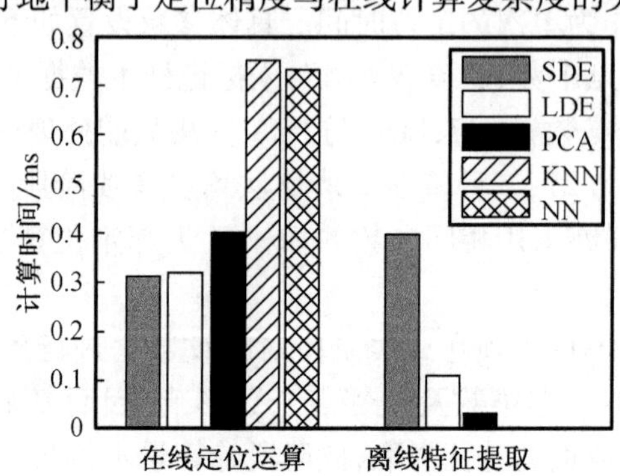


**图 4-11　不同算法的定位计算复杂度比较**

### 4.3.5　样本数目对定位精度的影响

基于半监督的 SDE 算法利用已标记样本，结合未标记样本来学习数据集内在的特征结构，提取非线性判别定位特征用于定位。为此我们首先分析已标记样本，即参考点数目的变化对算法定位精度的影响。依次改变定位区域划分参考点的网格大小为 0.5 m×0.5 m，1.5 m×1.5 m 及 2 m×2 m，对应的参考点数目分别为 413、127 及 73 个，固定随机采集的样本个数为 828 个，算法的参数设定为前述实验所得最优值，2 米以内定位的置信概率与参考点间隔的变化关系如图 4－12 所示。在相同的参考点条件下，本文所提 SDE 算法的定位精度始终保持最优：当参考点间隔从 0.5 m 增加至 1 米时，SDE 算法的定位精度没有明显降低，而参考点采集工作量至少降低一半以上；当继续增大参考点间隔时，定位精度显著降低，故参考点间隔设置为 1 m。在参考点的数目减少至 73 个时，SDE 算法的 2 m 内定位精度可达到 65.02%，接近 KNN、NN 等传统定位算法设置 247 个参考点时的定位性能。

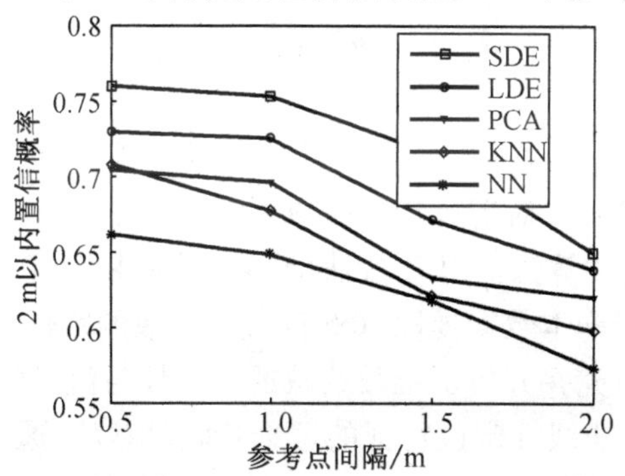


图 4－12　参考点间隔变化对 SDE 算法定位性能的影响

未标记样本数目的采集工作量对算法定位性能的影响如图 4－13 所示，分别对应着不同参考点个数时，未标记样本数目依次成倍增加时，对平均定位误差距离与 2 m 内的定位置信概率的影响。与前面实验结果相一致，算法的定位性能主要取决于离线阶段参考点的采集数目：当参考点布设较密时，无论未标记样本的数目多或少，算法都有较好的定位性能；减少参考点的个数，会导致算法的定位性能降低，但相比传统的 KNN 等算法而言，其性能降低的程度有所减弱。在适宜的参考点数目下(即 247 个)，增加随机采集的未标记样本个数至 828 时，算法的定位性能达到最优，平均定位误差距离由 1.58 m 降低至 1.52 m，2 m 内的置信概率从 72.25% 提高至 75.31%。因此，相对传统定位算法而言，SDE 算法可以在保证较高定位精度的同时，能够有效地减少参考点采集的工作量。

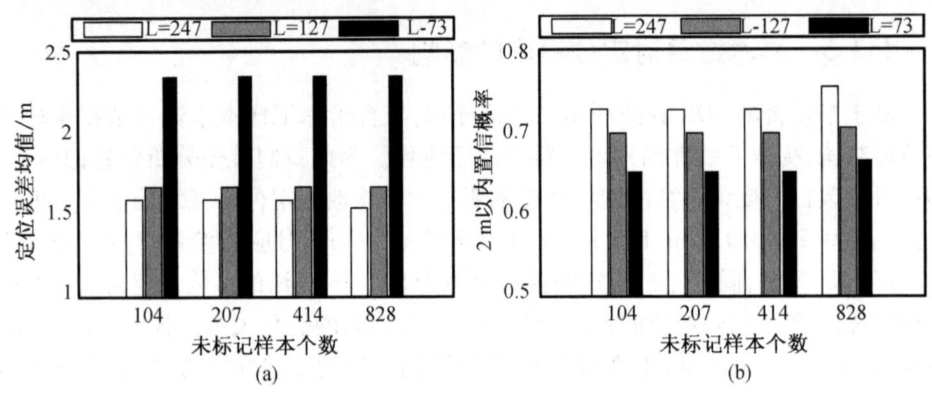


**图 4-13　未标记样本数目变化对 SDE 算法定位性能的影响**

(a)不同参考点间隔时平均定位误差距离;(b)不同参考点间隔时 2 m 内的定位精度

# 4.4　本章小结

本章围绕减少在线定位过程的计算量及离线参考点数据采集的工作量,提高定位精度这一关键问题,针对现有特征提取算法的不足,提出了基于半监督学习的判别嵌入 SDE 室内定位算法。SDE 方法能够充分利用易于采集的未标记样本数据,结合少量的已标记样本数据提取 RSS 信号中有效的定位信息,实现对指纹信号的位置估计。首先,研究并分析了维数约减的必要性与流形学习常用的方法,重点介绍了基于 LDE 提取非线性定位特征的理论基础。然后,通过分析高维 RSS 信号空间存在的低维流形结构,针对位置指纹数据库构建过程中,存在的参考点密集布设而带来的数据采集工作量大问题,提出了基于半监督学习的室内定位算法,利用随机采集的无位置标记样本数据,结合离线阶段的位置指纹数据,对高维空间的 RSS 通过低维嵌入,在保持其判别能力的前提下,有效地约减了定位系统中用于描述位置信息的信号维数,减少在线实时定位匹配的计算量。通过在典型的 WLAN 室内环境下,对用户位置进行估计,并对相应的实验结果进行了分析。实验结果表明,相比 LDE 及 PCA 等特征提取算法而言,SDE 算法不但可以有效增强定位特征的判别能力,而且所需的定位特征维数也最小。且在提取了用于定位的低维特征后,维数减少使得其在线定位时间最短,相比传统的 KNN 定位算法,可以节省近 60% 的在线定位时间,较好地平衡了定位精度与在线计算复杂度的关系。此外,SDE 在保持相近的定位精度前提下,可以降低近一半的离线参考点采集工作量。

# 第 5 章　基于用户位置的指纹数据库的更新算法

由于基于接收信号强度的 WLAN 室内定位系统，极大地依赖于接收信号强度与位置空间的关联性，而 RSS 的时变特性和受室内环境影响的不可预知性，为该项技术提高定位精度提出了极大的挑战。这种时变特性主要来自复杂的室内电波传播特性，如人体走动带来的干扰和阴影衰落，室内布局、建筑材料、人体吸收、气候的影响。另外，每个移动终端设备都有不同的天线设计，天线的方向性对接收信号强度也产生很大的影响。这种动态、不可预知的电波传播特性，使得接收信号强度与位置空间并不存在一一对应关系。因而，本章首先从定位的角度，根据实验环境下测量的实际数据，介绍并分析接收信号强度在室内的传播特性，并从定位系统设计的各个环节进一步分析减弱 RSS 时变特性和环境变化带来干扰的方法，为后续定位系统的设计奠定基础。

## 5.1　引　　言

如前所述，基于 WLAN 的室内位置指纹定位过程可分为两个阶段完成：离线指纹数据采集阶段和在线位置估计阶段。离线阶段系统通过对定位区域内来自各个无线接入点 RSS 的测量值和位置空间进行学习来描述环境的特性，这种关系描述或者通过电波传播的数学或经验模型建立，或者通过离线阶段指纹库的采集来获取，并将这一特性存入数据库。于是，空间内的任一位置坐标都将对应一个来自各个无线接入点的 RSS 测量向量。室内的多径、阴影衰落效应、非视距传输，成为该阶段定位误差的主要来源。在线阶段实时定位指纹法中，系统将终端设备在线阶段 RSS 的测量向量与数据库中 RSS 和位置空间的关系进行匹配。由于 RSS 的时变特性，在线阶段的测量值往往与数据库中的关系描述存在偏差，这一偏差成为该阶段影响定位精度的主要因素。

为减弱这一因素带来的影响，首先可通过对空间内所有参考点聚类的方式，缩小定位的研究区域；其次可通过选择一个具有较小偏差的接入点子集，作为有效接入点进行定位运算；该方法既降低了算法的复杂度，又减弱了因个别不稳定接入点而带来有偏估计的影响。第三步，在选定的区域内，利用选定的接入点集合，通过确定性、概率性或模式匹配的数学方法，完成位置估计，算法的有效性和稳定性成为该阶段定位精度的主要保障。第四步，系统结合用户移动模型和历史位置信息反馈,进一步修正位置估计,并实现动态追踪。历史位置信息和现有位置估计的合理结合,以及运动过程中信息的正确融合,将有效地提高定位精度。

### 5.1.1 接收信号强度特性分析

本节通过在实际的室内定位环境下测量的实际数据,从接收信号强度的时间分布特性、空间分布特性、人体与环境影响、同一时刻来自不同接入点 RSS 间的相关性,以及指纹法中存入数据库的 RSS 平均值与所需时间样本点数目的关系等角度,对接收信号强度特性进行分析,为后续定位系统的设计奠定基础。

1. RSS 时间分布特性

由于室内多种干扰因素的影响,空间某一位置的接收信号强度将围绕其平均信号强度值在一定范围内波动,该平均值受接入点与测量位置间距离的影响,而波动则来自环境的干扰,一般用标准偏差 $\sigma$ 表示,信号强度随时间的变化呈现出一定的分布规律。前面章节中对接收信号强度的特性分析时,通过采集某一固定位置参考点的接收来自同一无线接入点多个 RSS 信号,通过绘制采样次数与采样值直方图,可以清楚地看到接收到的 RSS 值波动在 10 dBm 左右。实验过程中同时观察到:

(1)直方图分布特性

RSS 的时间分布并非完全服从高斯分布,但多数情况下在 AP 覆盖范围内,尤其是较强的接收信号,可认为近高斯分布。对于较弱的接收信号,其强度的时间分布会产生双峰现象,即存在一定比例的时间,设备由于无法检测到来自该 AP 的信号强度而记录的默认值(实验中为 -110 dBm)。对于该现象,定位系统首先需要对离线阶段采集的指纹库进行数据预处理,如一定条件下去除异常值,或对个别参考点重新采样,提高指纹库的可靠性。同时,增加在线阶段 RSS 时间采样值,也将减弱 RSS 时变特性带来的影响,有利于提高定位精度。

(2)环境变动

人体的频繁走动、电梯的频繁运作,实验办公环境下可使覆盖范围内 RSS 的最大波动值达到 40 dBm,因而在定位过程中需要合理的选择该区域内稳定的 AP,以减弱环境带来的影响。稳定的 AP 将随定位区域的不同而发生变化。

(3)方向性

同一位置来自同一 AP 但不同方向上的 RSS 也存在一定的差异,因而离线阶段的指纹库需要从不同方向上对 RSS 分别进行采集,从而对环境进行较为全面的描述。论文实验过程中,从东、南、西、北四个方向上构建定位指纹库。

2. RSS 空间分布特性

由于电波传播的特性,接收信号强度在空间位置上的分布主要呈现出大尺度衰落效应,如图 2-6 所示,即整体上随着距离幂方的增加而减弱。普通 AP 在室内的覆盖范围一般在 30 ~ 50 m,因而可充分利用终端接收信号的强弱或终端是否为某一 AP 覆盖等信息,对终端设备进行大致的区域判定。

3. AP 间信号间相关性

基于 RSS 的 WLAN 室内二维定位往往需要测量来自至少三个 AP 的信号强度,由于这些 AP 工作在同一频段,因而降低信号之间的干扰对定位精度也尤为重要。因此,大量的文献中将 AP 的合理布设与配置作为一项重要的研究。如将相邻 AP 配置在不同的信道工作,并尽量避免视距传输;而之字形的布设比线性布设更为有效。在本文中,我们将讨论一种更为普遍的情况,即利用室内大楼可检测到的 AP 实现定位,这些 AP 的具体位置对系统而言未知。因此,论文首先对实验环境下 AP 间信号间的相关性进行了讨论(详见第二章)。选取实验中覆盖范围最广、覆盖时间最长的 4 个 AP,对来自每个 AP 的 400 个 RSS 采样值,以皮氏积矩相关系数 $r$ 作为指标,对其两两相关性进行分析。由实验结果显示,不同 AP 之间的 $|r| \leqslant 0.151$,因而可近似认为终端设备根据这些 AP 发射信标信号所测量的接收信号强度,在一定的定位区域内信号间存在弱相关。而在实际选择定位无线接入点时,则以不同接入点的信号强度是无关的用于定位过程的位置解算。

4. RSS 平均值与所需样本点数目

RSS 均值的稳定性是描述整个环境正确与否的最基本特性,样本点越多,就越能从时间的平均上去除异常值,但同时也带来离线训练较大的工作量。因此,存入指纹库的 RSS 平均值的计算需要多少个样本点才能较为合理地反映实际环境?实验针对定位空间的某一固定位置,通过测量接收来自同一接入点的 RSS 平均值随样本点数目的变化情况进行分析。实验过程对 73 个参考点上来自 12 个接入点的 RSS 观测结果显示,当样本点高于 60 时,RSS 的平均值渐趋于稳定。因而在实验中,将离线采集时间序列样本点参数设为 100 个。

### 5.1.2　RSS 与位置空间的关系描述

基于 RSS 的定位系统的关键在于建立接收信号强度和空间位置的关系。现有的 WLAN 定位系统通常通过两种方式对定位区域内的 RSS 和位置空间进行描述,即电波传播的数学模型以及位置指纹法。

1. 电波传播模型

依据电波传播模型的定位,根据接收信号强度计算距离,并通过终端设备与至少三个位置已知的 AP 间的距离,结合三边(或多边)测量的几何学原理实现定位。定位的精确性依赖于电波传播模型的准确性。然而,复杂的室内环境下,接收信号强度是大尺度衰落和小尺度衰落共同作用的结果。其中,大尺度衰落来自与收发设备间距离相关的路径损耗,和因障碍物发射、吸收、散射导致的阴影衰落。而小尺度衰落则是由于多径效应而引起的信号的叠加或相消。同时,由于 WLAN 工作于 2.4 GHz 的开放频段，易受到来自其他同频段信号的干扰，如蓝牙设备、微波炉等。因此，实际环境很难用一个确定的数学模型来描述，这也是该方法定位精度受限的根本原因。

在基于 RSS 信号的室内定位环境下，采用对数距离路径损耗模型和墙壁衰减因子模型可以更好地描述无线信号传播的衰减程度。这些数学模型是对大量的样本数据进行统计分析获取的，可以实现对 RSS 信号与位置空间关系的近似描述。这些数学或经验模型在对 RSS 和位置空间的关系描述上存在几个不足。首先，路径损耗因子随环境的不同而不同，往往难以得到，需要针对特定环境，通过大量的训练数据获取经验值，并根据实际环境和建筑材料对模型进行校正；其次，该模型假设 RSS 的空间分布各向同性，即没有考虑不同方向上接收信号强度的差异，而从实验实际采集数据来看，同一参考点来自同一 AP 的 RSS 在各个方向上的均值存在较大的偏差；最后，该模型的应用需要 AP 的位置信息，通过几何法进行位置估计，而 AP 的先验位置信息在更多实际应用中未知。

2. 指纹法

为克服以上传播模型带来的不足，另一种 RSS 和位置空间描述法被广泛应用，即基于离线训练的指纹法；如图 2－1 所示，指纹法不将信号强度测量直接转化为距离，而是通过场景分析和指纹匹配的方式完成定位，因而能更准确地描述 RSS 和空间位置的关系。指纹法的具体过程通常包含离线和在线两个阶段。离线阶段：终端设备在定位区域内各个已知参考点坐标上对来自各个 AP 的 RSS 进行采集，每个参考点$(x,y)$分别对应一个 RSS 测量向量，视为一个指纹，并将该指纹存入数据库：较为全面的环境描述往往还要求对四个或更多个方向上的 RSS 分别进行采集，构建多个数据库。在线阶段：用户持有移动终端设备，在对 RSS 进行测量后与数据库的指纹进行匹配，并通过不同的匹配算法，以最终完成定位。

指纹法相对传播模型，能更有效且全面的对环境进行描述。但是，也存在一定的不足。

(1)定位算法的精确性极大地依赖于指纹数据库的有效性和准确性。其中，准确性取决于指纹的密集度和离线阶段每个指纹的 RSS 样本点数目。参考点越多，对环境的描述越精细；而样本点越多，则越能从时间的平均上减弱个别异常采样值带来的影响。由于环境的变化，有效性则要求对数据库进行必要的维护和更新。因此，指纹法中数据库的采集和更新都存在较大的工作量。利用空间相邻参考点间 RSS 的关联性，在部分参考点上进行指纹采集，进而通过插值法将其余参考点上的 RSS 进行重构，一定程度降低了离线数据采集的工作量。然而，该方法对定位精度的影响仍较大。还可以通过对用户在线 RSS 测量值反馈的方式，对数据库进行实时更新，从而维护数据库的有效性。

(2)不同设备、不同类型的网卡对 RSS 测量的绝对值并不相同，方法之一是对每个型号的设备进行离线指纹库采集,并对设备间的接收信号强度的绝对观测值进行校正,因此,随着设备数目的增多,离线训练的工作量也线性增加;方法之二则是在数据库中记录来自 AP 间的 RSS 相对值。尽管存在这些不足,指纹法仍是现今文献中较为有效且简单的环境描述方法,因而也被广泛应用于基于 RSS 的 WLAN 定位系统中。

### 5.1.3 静态定位算法

指纹法在线阶段主要完成在线 RSS 测量向量与指纹库的匹配。匹配算法既要求具有一定抗环境干扰的稳定性,又要求能嵌入终端设备并独立运行的简易性。在现有的文献中,该阶段的静态定位算法可归纳为两大典型,即以 $K$ 最近邻居点为代表的确定性算法和基于贝叶斯网络的以 Kernel 为代表的概率性算法。

1. 确定性匹配

$K$ 最近邻居点是确定性算法中最有代表性的一种匹配算法。定义 $t$ 时刻,在线 RSS 测量向量 $r$ 与指纹库中位于参考点 $RP_i$ 处 RSS 向量 $r_i$ 间的距离为:$Dis(r,F_i^o)=\|r-r_i^o\|^2$,最近邻法选取上式中距离最小的位置指纹对应的位置坐标作为测量点位置估计结果。而 $K$ 最近邻算法则按 $\mathrm{Dis}(r,F_i^o)$,进行升序排列,并选取其中具有最小距离的前 $K$ 个参考点,通过求平均值的方法进行位置估计。或者引入与信号距离成反比关系的权值系数,通常称之为权重系数。利用加权解算完成对待测点的位置坐标估计。

以上基于近邻选择的 NN、KNN 及 WKNN 定位算法的位置解算原理相近,在线阶段的定位估计性能过多依赖于 Radio Map 中参考点分布和数目等因素,对离线阶段指纹数据的有效性与准确性要求较高。

2. 贝叶斯概率

不同于以上确定性匹配算法,定位问题也可利用对离线阶段信号随时间分布的考察,从统计学的角度采用贝叶斯网络来描述。其核心在于根据 $t$ 时刻在线 RSS 观测向量,获取各个参考点位置的后验概率密度函数,并选取具有最大概率的参考点作为位置估计。该条件概率密度函数可通过最大后验估计进行求解。

在基于 AP 间信号不相关的前提下,似然概率密度函数可通过直方图或高斯核函数等方法近似获得。基于概率的定位算法要求离线阶段对每个参考点来自每个 AP 的接收信号强度进行大量的时间样本数据采集,工作量较大,且在线定位计算复杂度较高,不适于在资源受限的手持终端设备独立完成,往往需要一定的服务器辅佐运算。

### 5.1.4 区域判定机制

由于 RSS 的时变特性,指纹法中在线阶段的信号强度测量往往与指纹库中的关系描述存在偏差,这一偏差成为该阶段影响定位精度的主要因素。为减弱这一因素带来的影响,在运用以上任何一种匹配定位机制前,首先需要对数据库中的数据进行预处理,并将定位区域尽可能缩小至局部。常用的方法有通过 AP 的覆盖范围判定位置区域;通过 $k$ 均值的方法对参考点进行聚类,并选择相应的类作为进一步研究区域。这些区域判定机制都通过训练数据在离线阶段完成。然而,在线阶段 AP 的不稳定、阴影衰落或环境的变化都将直接导致区域判定的错误,这将引入极大的定位误差。不同于以上区域判定机制,文中提出一种基于仿射传播理论和地图信息的聚类方式,并基于聚类结果提出一系列粗定位机制,将定位区域缩小至一个或多个最具相似度的类中,从而减弱环境带来的干扰,减小通信开销,降低计算复杂度。

### 5.1.5 无线接入点选择机制

减弱指纹法中 RSS 时变特性带来影响的另一方法为 AP 选择机制。由于现代大楼中往往部署了大量的 AP,可检测到信号强度的 AP 的总数将远远大于定位所需的 AP 节点数目,这将增大系统的复杂性和计算的冗余度,并有可能由于 AP 的不稳定性而带来有偏估计。AP 的稳定性和鲁棒性将直接影响离线指纹库的采集和在线接收信号强度的测量。这促使我们寻求优化的 AP 选择技术,即从所有可用的 AP 中选择优异的 AP 子集,用于进一步的精确定位。

然而,现有的文献中对 AP 选择机制的研究甚少,大多数简单局限于在所有可检测的 AP 信号中选取信号最强的多个 AP 进行计算。其依据在于较强的接收信号强度所对应的 AP 往往能最大概率从时间域上提供信号覆盖。然而,这种假设并不完全正确,通过信息增益熵来衡量 AP 区分研究区域内各参考点能力,是近年来许多文献提及的一种用于选择定位 AP 的标准。这些 AP 选择机制都基于一个假设,即来自各个 AP 的 RSS 信号间不相关或弱相关,而在前面的测试数据分析结果显示,该弱相关的假设在实验环境中仅对一定区域内具有较强接收信号强度的 AP 间近似成立。考虑到 AP 选择机制在基于 RSS 的 WLAN 定位系统中的重要性,本节从算法的有效性、AP 的稳定性、对各参考点的区分能力,以及算法的简单性角度,研究了三种 AP 选择机制,并进行比较。

在基于位置指纹的室内定位算法中,很多文献将离线阶段采集的指纹库看作静态数据,直接用于后期的位置估计算法。这种思想简化了指纹库采集与时变性修正的问题,但制约了定位精度的提高与系统的稳健性。为了克服因环境变化而导致的接收信号时变性,国内外很多学者通过研究,相继提出了多种自适应建立、更新 Radio Map 的方法。其中 Yin J 等人提出的基于局部线性化假设,构建参考点与目标节点间信号的非线性回归模型,建立动态指纹数据库。虽然该方法利用目标节点的信号强度实测值,通过已知的非线性回归模型更新参考点的指纹数据,但其仅能构造离散网格式的无线电地图,不易准确构建参考点与测试点间信号关系函数;而通过较小空间内信号变化的关联性,利用参考信标实时采集的信号强度计算相关位置的信号强度值,实现对指纹数据的更新,但需增加额外的硬件设备,而且布置参考信标的工作亦较为复杂。

本章提出的基于移动用户运动轨迹的 Radio Map 更新算法,从指纹数据的实时更新入手,利用移动用户的运动轨迹作为最新的实时信号序列,建立基于用户位置的隐马尔可夫模型(Hidden Markov Model, HMM),对离线阶段的指纹数据进行校准、更新,用以克服指纹数据库静态特性带来的定位结果的偏差。该算法将移动用户作为采集数据的志愿者,其运动的轨迹记录了用户在移动过程中实时采集的信号强度序列。由于这些数据只有信号强度值而没有与之对应的物理位置,是无须标记的数据样本,因而更易于采集与获取。通过学习算法解算出数据所隐含的位置信息,用于对离线采集的已标记数据进行更新,可以避免因指纹数据库的重建而带来的人力和物力的消耗,便于室内定位系统的大规模推广和应用。

## 5.2　隐马尔可夫模型及其学习算法

隐马尔可夫模型最初由 Baum 和其他一些学者发表在一系列的统计学论文中,随后在语言识别,自然语言处理以及生物信息等领域体现了很大的价值。以交通灯为例子,一个序列可能是红—红/橙—绿—橙—红。这个序列可以画成一个状态机,不同的状态按照这个状态机互相交替,每一个状态都只依赖于前一个状态,如果当前的是绿灯,那么接下来就是橙灯,这是一个确定性系统,因此更容易理解和分析,只要这些状态转移都是已知的。但是在实际当中还存在许多不确定性系统。

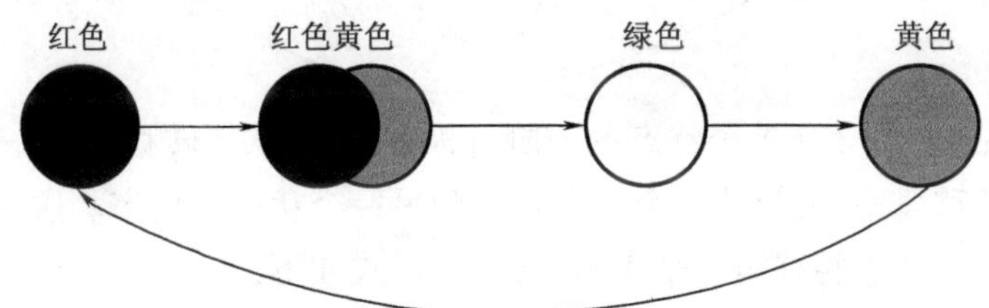


在日常生活当中,我们总是希望根据当前天气的情况来预测未来天气情况,和上面的交通灯的例子不同,我们不能依靠现有知识确定天气情况的转移,但是我们还是希望能得到一个天气的模式。一种办法就是假设这个模型的每个状态都只依赖于前一个的状态,这个假设被称为马尔科夫假设,这个假设可以极大简化这个问题。显然,这个假设也是一个非常糟糕的假设,导致很多重要的信息都丢失了。

当涉及天气的时候,马尔科夫假设描述为,假设如果我们知道之前一些天的天气信息,那么我们就能预测今天的天气。当然,这个例子也是有些不合实际的。但是,这样一个简化的系统可以有利于我们的分析,所以我们通常接受这样的假设,因为我们知道这样的系统能让我们获得一些有用的信息,尽管不是十分准确的。

### 5.2.1 基本概念

谈到 HMM,首先简单介绍一下马尔可夫过程,它因俄罗斯数学家安德烈·马尔可夫而得名,代表数学中具有马尔可夫性质的离散随机过程。该过程中,每个状态的转移只依赖于之前的 $n$ 个状态,这个过程被称为一个 $n$ 阶的模型,其中 $n$ 是影响转移状态的数目。最简单的马尔科夫过程就是一阶过程,每一个状态的转移只依赖于其之前的那一个状态。注意这和确定性系统不一样,因为这种转移是有概率的,而不是确定性的。

马尔可夫链是随机变量 $x_1,x_2,\cdots,x_n$ 的一个数列。这些变量的范围,即它们所有可能取值的集合,被称为“状态空间”,而 $x_n$ 的值则是在时间 $n$ 的状态。如果 $x_{n+1}$对于过去状态的条件概率分布仅是 $x_n$ 的一个函数,则

$$P(x_{n+1}=x\mid X_0,\cdots,X_n)=P(x_{n+1}=x\mid X_n)$$

这里 $x$ 为过程中的某个状态。上面这个恒等式可以被看作是马尔可夫性质。

马尔可夫链的在很多应用中发挥了重要作用,例如,谷歌所使用的网页排序算法就是由马尔可夫链定义的。

下图展示了天气这个例子中所有可能的一阶转移:

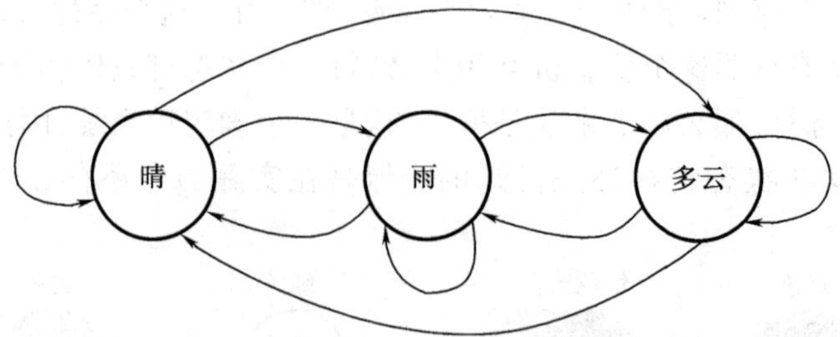


由图可见,一个含有 $N$ 个状态的一阶过程有 $N^2$ 个状态转移。每一个转移的概率叫作状态转移概率,就是从一个状态转移到另一个状态的概率。这所有的 $N^2$ 个概率可以用一个状态转移矩阵来表示,其表示形式如下:

$$\boldsymbol{A}=\begin{bmatrix} a_{11} & a_{12} & \cdots & a_{1j} & \cdots & a_{1N} \\ \vdots & \vdots & & \vdots & & \vdots \\ a_{i1} & a_{i2} & \cdots & a_{ij} & \cdots & a_{iN} \\ \vdots & \vdots & & \vdots & & \vdots \\ a_{N1} & a_{N2} & \cdots & a_{Nj} & \cdots & a_{NN} \end{bmatrix}$$

其中 $a_{ij}=P(q_t=j\mid q_{t-1}=i)$,$1\leqslant i,j\leqslant N$,对矩阵的约束条件为

$$a_{ij}\geqslant 0,\ \forall i,j$$

$$\sum_{j=1}^{N} a_{ij} = 1, \forall i$$

下面就是天气状况的状态转移矩阵：

| | | 今天 | | |
|---|---|---|---|---|
| | | 晴 | 多云 | 雨 |
| 昨天 | 晴 | 0.50 | 0.375 | 0.125 |
| | 多云 | 0.25 | 0.125 | 0.625 |
| | 雨 | 0.25 | 0.375 | 0.375 |

这个矩阵表示，如果昨天是晴天，那么今天有 50% 的可能是晴天，37.5% 的概率是阴天，12.5% 的概率会下雨，很明显，矩阵中每一行的和都是 1。为了初始化这样一个系统，我们需要一个初始的概率向量：

| 晴 | 多云 | 雨 |
|---|---|---|
| 1.0 | 0.0 | 0.0 |

这个向量表示第一天是晴天。

到这里，我们就为上面的一阶马尔科夫过程定义了以下三个部分：

1. 状态：晴天、阴天和下雨
2. 初始向量：定义系统在时间为 0 的时候的状态的概率
3. 状态转移矩阵：每种天气转换的概率

所有的能被这样描述的系统都是一个马尔科夫过程。然而，当马尔科夫过程不够强大的时候，我们又该怎么办呢？在某些情况下，马尔科夫过程不足以描述我们希望发现的模式。

例如，一个隐居的人可能不能直观地观察到天气的情况，但是民间传说告诉我们海藻的状态在某种概率上是和天气的情况相关的。在这种情况下我们有两个状态集合，一个可以观察到的状态集合（海藻的状态）和一个隐藏的状态（天气状况）。我们希望能找到一个算法可以根据海藻的状况和马尔科夫假设来预测天气的状况。

一个更现实的例子是语音识别，我们听到的声音是声带、喉咙和一起其他的发音器官共同作用的结果。这些因素相互作用，共同决定了每一个单词的声音，而一个语音识别系统检测的声音是人体内部各种物理变化产生的。某些语音识别设备把内部的发音机制作为一个隐藏的状态序列，把最后的声音看成是一个和隐藏的状态序列十分相似的可以观察到的状态的序列。

在这两个例子中，一个非常重要的地方是隐藏状态的数目和可以观察到的状态的数目可能是不一样的。在一个有 3 种状态的天气系统中，也许可以观察到 4 种潮湿程度的海藻。在语音识别中，一个简单的发言也许只需要 80 个语素来描述，但是一个内部的发音机制可以产生不到 80 或者超过 80 种不同的声音。

在上面的这些情况下，可以观察到的状态序列和隐藏的状态序列是概率相关的。于是我们可以将这种类型的过程建模为有一个隐藏的马尔科夫过程和一个与这个隐藏马尔科夫过程概率相关的并且可以观察到的状态集合，这就是隐马尔可夫模型。

### 5.2.2 HMM 模型的基本理论

隐马尔可夫模型是一种统计分析模型，可以看成一个简单的动态贝叶斯网络，网络状态有两种：可观察状态和隐藏状态。其中隐藏状态是变化的，可用马尔可夫过程描述该变化过程，隐藏的马尔可夫过程以一定的概率生成模型的可观察状态。用于描述含有隐含未知参数的马尔可夫过程，被广泛地应用在语音识别、自然语言处理以及生物信息等领域。

1. 马尔可夫链

HMM 是在马尔可夫过程及马尔可夫模型基础上的一个扩展。马尔可夫链是马尔可夫过程在满足状态空间和参数集都是离散条件下的特殊情况，定义如下：随机序列$\{X_t, t=1,2,\cdots,n,\cdots\}$的所有可能状态集合：$S=\{1,2,\cdots,N\}$，又称其为状态空间。若对任意的$i_1,i_2,\cdots,i_{n-1},j\in S$，满足：

$$P\{X_n=j\mid X_1=i_1,X_2=i_2,\cdots,X_{n-1}=i_{n-1}\}=P\{X_n=j\mid X_{n-1}=i_{n-1}\} \quad (5-1)$$

则称该离散型随机过程$\{X_t,t\in T\}$为马尔可夫链，$T=\{1,2,\cdots,n,\cdots\}$。

2. 隐马尔可夫模型参数

HMM 是马尔可夫过程在实际应用过程中的模型化，模型是由一个输出观察值的随机序列及其一个状态转移概率的马尔可夫链组成的双重随机过程。HMM 模型的参数包括隐藏状态之间的转移概率、由隐藏状态得到观察状态的概率（称之为输出概率）及其各状态的初始概率，可以用如图 5－1 所示的五个参数来描述，包括 2 个状态集合和 3 个概率矩阵：

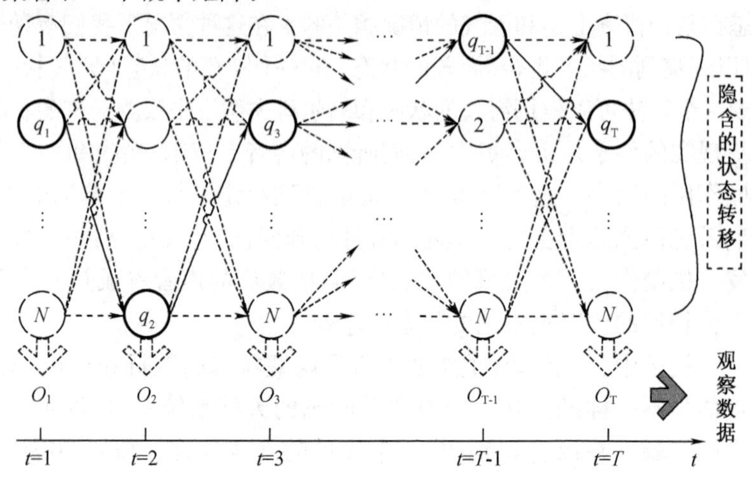


图 5－1 HMM 模型的状态及状态转移图

(1)隐藏状态序列记作:$Q = q_1, q_2, \cdots, q_T$,其中每个状态的取值范围为:$\boldsymbol{S} = \{1, 2, \cdots, N\}$,表示有 $N$ 个状态。$t$ 时刻 HMM 的状态为 $q_t$,显然 $q_t \in \boldsymbol{S}$。隐藏状态是系统的真实状态,状态之间以一定的概率转换,转移过程是一个马尔可夫过程。

(2)观察序列记作:$O = o_1, o_2, \cdots, o_M$,$M$ 表示所有可能的观察状态数,这 $M$ 个观察值记为 $\boldsymbol{V} = \{v_1, v_2, \cdots, v_M\}$,$t$ 时刻 HMM 的观察状态为 $o_t$,显然 $o_t \in \boldsymbol{V}$。

(3)状态转移概率矩阵 $\boldsymbol{A}$,$\boldsymbol{A} = \{a_{ij}\}$,$a_{ij} = p(q_{t+1} = j \mid q_t = i)$,$1 \leqslant i, j \leqslant N$,$0 \leqslant a_{ij} \leqslant 1$。$\boldsymbol{A}$ 中的每个元素 $a_{ij}$ 表示 HMM 从隐藏状态 $i$ 转移到隐藏状态 $j$ 的概率。

(4)状态/输出关系概率矩阵 $\boldsymbol{B}$,$\boldsymbol{B} = \{b_i(o)\}$,$b_i(o) = p(o_t = o \mid q_t = i)$,$0 \leqslant b_i(o) \leqslant 1$。$\boldsymbol{B}$ 的每个元素 $b_i(o)$ 表示 HMM 在隐藏状态为 $i$ 时观察值为 $o$ 的概率。

(5)初始状态概率 $\boldsymbol{\pi}$,$\boldsymbol{\pi} = \{\pi_i\}$,$\pi_i = p(q_1 = i)$,表示系统在初始时刻各个隐藏状态所处的概率。

对于 HMM 模型,有如下的两个假设成立:

①当前状态仅取决于上一时刻的状态:

$$p(q_{t+1} \mid q_t, q_{t-1}, \cdots, q_1, o_t, o_{t-1}, \cdots, o_1) = p(q_{t+1} \mid q_t)$$

②当前输出仅取决于当前状态:

$$p(o_t \mid q_t, q_{t-1}, \cdots, q_1, o_{t-1}, \cdots, o_1) = p(o_t \mid q_t)$$

将构成 HMM 模型参数的三个概率矩阵集合记作:$\boldsymbol{\Theta} = \{\boldsymbol{A}, \boldsymbol{B}, \boldsymbol{\pi}\}$,满足:$\sum_{j=1}^{N} a_{ij} = 1$,即从一个隐藏状态 $i$ 转移到其余隐藏状态的概率之和为 1。任意一个隐藏状态 $i$ 获得观察值 $o_k$ 的概率之和为 1,即 $\sum_{k=1}^{M} b_i(o_k) = 1$。对于含有 $N$ 个隐藏状态和 $M$ 个可观察状态的隐马尔可夫模型,有 $N \times M$ 个输出概率,这 $N \times M$ 个输出概率组成了该隐马尔可夫模型的观察值概率矩阵 $\boldsymbol{B}$。$N$ 个隐藏状态对应着 $N$ 个初始概率,这 $N$ 个初始概率组成了初始状态向量 $\boldsymbol{\pi}$。

3. 隐马尔可夫模型的应用

根据隐马尔可夫模型参数 $\boldsymbol{\Theta}$ 中的已知、未知参数的不同,可以将 HMM 模型的应用归纳为不同的问题:

(1)评估问题

已知 HMM 模型参数 $\boldsymbol{\Theta} = \{\boldsymbol{A}, \boldsymbol{B}, \boldsymbol{\pi}\}$ 和观察序列 $o_1, o_2, \cdots, o_t$,通过有效的计算该观测序列的概率,实现对已知 HMM 模型的相关评估,进而挖掘出最可能生成该观测序列的 HMM 模型。最典型的应用是在语音识别中,常用的解决方法是采用 forward 算法,分别计算每个 HMM 产生给定观测序列的概率,然后从中选出最优的。

(2)解码问题

已知 HMM 模型参数和观察序列 $o_1, o_2, \cdots, o_t$,通过学习获得一个生成该序列的最可能隐藏状态序列。常用在文本词性标注中,句子的分词方法可以看成是隐含状态，而句子则可以看成是给定的可观测状态，通过 HMM 模型寻找出最可能正确的分词方法。通常采用 Viterbi 算法，利用给定的隐马尔可夫模型参数及可观测状态，获得生成该序列的最可能正确的隐含状态。

(3)学习问题

已知可观察序列 $o_1, o_2, \cdots, o_t$ 及隐藏状态集合 $q_1, q_2, \cdots, q_t$，而 $\Theta = \{\boldsymbol{A}, \boldsymbol{B}, \boldsymbol{\pi}\}$ 是未知的，通过学习、调整这些未知的参数，确定一个最佳的 HMM 模型，使得观察序列 $o_1, o_2, \cdots, o_t$ 的概率为最大。常应用于参数不能够直接测量或者根据经验给定时，通过 forward - backward(Baum - Welch)算法来进行学习。

### 5.2.3 HMM 模型参数的学习算法

1. 递推法计算模型参数概率

利用前向 - 后向算法，计算 HMM 中的未知参数，首先计算概率：

$$p(O|\Theta) = p(o_1, o_2, \cdots, o_T|\Theta) \tag{5-2}$$

由式得到的结果用于参数 $\Theta$ 的估计，即：

$$\Theta^* = \underset{\Theta}{\operatorname{argmax}} p(O|\Theta) \tag{5-3}$$

直接计算概率 $p(O|\Theta)$ 的公式为：

$$\begin{aligned} p(O|\Theta) &= p(o_1, o_2, \cdots, o_T|\Theta) \\ &= \sum_{q_1=1}^{N}\sum_{q_2=1}^{N}\cdots\sum_{q_T=1}^{N}\left[\left(\prod_{t=1}^{T} p(q_t|\Theta) b_{q_t}(o_t)\right)\left(\prod_{t=1}^{T-1} a_{q_t q_{t-1}}\right)\right] \end{aligned} \tag{5-4}$$

依据公式，对 $p(O|\Theta)$ 值的求解需要进行大量的计算，不易于直接求取，可以通过下面的递推公式完成。

首先定义：

$$\alpha_i(t) = p(o_1, o_2, \cdots, o_t, q_t = i|\Theta) \tag{5-5}$$

于是有前向递归：

$$\begin{cases} \alpha_i(1) = \pi_i b_i(o_1) \\ \alpha_j(t+1) = \left[\sum_{i=1}^{N} \alpha_i(t) a_{ij}\right] b_j(o_{t+1}) \\ p(O|\Theta) = \sum_{i=1}^{N} \alpha_i(T) \end{cases} \tag{5-6}$$

通过中的式(2)递推运算得到 $p(O|\Theta)$。

另一个计算式的递推方法是后向递推法，定义：

$$\beta_i(t) = p(o_{t+1}, o_{t+2}, \cdots, o_T|q_t = i, \Theta) \tag{5-7}$$

递推公式为：

$$\begin{cases}\beta_i(T) = 1 \\ \beta_i(t) = \sum_{j=1}^{N} a_{ij} b_j(o_{t+1}) \beta_j(t+1) \\ p(O \mid \Theta) = \sum_{i=1}^{N} \beta_i(1) \pi_i b_i(o_1)\end{cases} \tag{5-8}$$

2. 最大期望算法基本理论

在统计分析计算中，最大期望(Expectation Maximization, EM)算法是在概率模型中寻找参数最大的似然估计或者最大后验估计的算法，其中概率模型依赖于无法观测的隐藏变量。

EM 算法通过迭代运算求解关于 $\Theta$ 的最大化似然函数 $l(\Theta \mid X)$。在已知 $X$ 为观测数据，$Y$ 是隐藏数据的条件下，设定 $\Theta^{(k)}$ 表示在第 $k$ 次迭代时，经过计算得到的最大值点，其中 $k=0,1,\cdots$。定义 $Q(\Theta \mid \Theta^{(k)})$ 为观测数据 $X$ 条件下完整数据集 $Z$ 的联合对数似然函数的期望，即：

$$\begin{aligned} Q(\Theta \mid \Theta^{(k)}) &= E\{\log l(\Theta \mid Z) \mid x, \Theta^{(k)}\} \\ &= E\{\log p(z \mid \Theta) \mid x, \Theta^{(k)}\} \\ &= \int [\log p(z \mid \Theta)] p(y \mid x, \Theta^{(k)}) dy \end{aligned} \tag{5-9}$$

由式可知，已知给定的观测数据 $X=\{x_1, x_2, \cdots, x_N\}$，则 $Y$ 就代表了 $Z$ 的唯一随机部分，通过对隐藏数据求条件期望后，可以将 $Q(\Theta \mid \Theta^{(k)})$ 完全的化简成一个仅关于 $\Theta$ 的函数，这样就可以求得使 $Q(\Theta \mid \Theta^{(k)})$ 值最大的 $\Theta$，并记为 $\Theta^{(k+1)}$，作为下一次迭代的运算数据。

EM 算法从 $\Theta^{(0)}$ 开始，然后重复执行以下两个步骤直至收敛：

(1)E 步骤：在给定观测数据 $X$ 和已知参数的条件下，求“缺失数据 $Y$”的数学期望，即 $Q(\Theta \mid \Theta^{(k)})$。

(2)M 步骤：针对完全数据下的对数似然函数的期望进行极大化估计，求取关于 $\Theta$ 的似然函数 $Q(\Theta \mid \Theta^{(k)})$ 的最大化。设 $\Theta^{(k+1)}$ 时 $Q$ 值为最大，更新 $\Theta^{(k)}$。

$$Q(\Theta^{(k+1)} \mid \Theta^{(k)}, X) = \max_{\Theta} Q(\Theta \mid \Theta^{(k)}, X) \tag{5-10}$$

3. 基于 EM 算法的 HMM 参数估计

为了估计 HMM 中的参数 $\Theta$，给出下界函数：

$$\begin{aligned} C(\Theta, \Theta^{(k)}) &= \sum_{y \in Y} \{p(y \mid x, \Theta^{(k)}) \log[p(y \mid \Theta) p(x \mid y, \Theta)]\} \\ &= \sum_{y \in Y} \{p(y \mid x, \Theta^{(k)}) \log[p(x, y \mid \Theta)]\} \end{aligned} \tag{5-11}$$

应用在 HMM 的参数估计运算，考虑 $O$ 是可见的观测数据，$Q$ 是不可见的，下界函数变为：

$$C(\Theta, \Theta^{(k)}) = \sum_{Q} \{p(Q \mid O, \Theta^{(k)}) \log[p(O, Q \mid \Theta)]\} \tag{5-12}$$

对于 EM 算法的对数似然函数的期望极大化估计：

$$\begin{aligned}\underset{\Theta}{\operatorname{argmax}}(\Theta,\Theta^{(k)}) &= \underset{\Theta}{\operatorname{argmax}}\sum_{Q}\{p(Q\mid O,\Theta^{(k)})\log[p(O,Q\mid\Theta)]\} \\ &= \underset{\Theta}{\operatorname{argmax}}p(O\mid\Theta^{(k)})\sum_{Q}\{p(Q\mid O,\Theta^{(k)})\log[p(O,Q\mid\Theta)]\} \\ &= \underset{\Theta}{\operatorname{argmax}}\sum_{Q}\{p(Q,O,\Theta^{(k)})\log[p(O,Q\mid\Theta)]\} \\ &= \underset{\Theta}{\operatorname{argmax}}D(\Theta,\Theta^{(k)}) \qquad (5-13)\end{aligned}$$

式中的 $D(\Theta,\Theta^{(k)})$ 等价于：

$$D(\Theta,\Theta^{(k)}) = \sum_{Q}\{p(Q,O\mid\Theta^{(k)})\log[p(O,Q\mid\Theta)]\} \qquad (5-14)$$

EM 算法用于 HMM 参数的估计，就是不断优化求得 $\Theta$，使用下面的递推公式实现优化过程，求 $\Theta^{(k)}$ 的收敛点。

$$\Theta^{(k+1)} = \underset{\Theta}{\operatorname{argmax}}D(\Theta,\Theta^{(k)}) \qquad (5-15)$$

已知 HMM 的似然函数 $p(O,Q\mid\Theta)$ 可以由其三个概率矩阵表示为：

$$p(O,Q\mid\Theta) = \pi_{q0}\prod_{t=1}^{T}a_{q_{t-1}q_t}b_{q_t}(o_t) \qquad (5-16)$$

为了便于后面的分析与推到，式中的状态计数从 $t=0$ 时刻开始（实际上是从 $t=1$）。将其带入，进行整理得到：

$$\begin{aligned}D(\Theta,\Theta^{(k)}) &= \sum_{Q}\{p(Q,O\mid\Theta^{(k)})\log[p(O,Q\mid\Theta)]\} \\ &= \sum_{Q}\{p(Q,O\mid\Theta^{(k)})\log[\pi_{q0}\prod_{t=1}^{T}a_{q_{t-1}q_t}b_{q_t}(o_t)]\} \\ &= \sum_{Q}p(Q,O\mid\Theta^{(k)})\log\pi_{q0} + \sum_{Q}(p(Q,O\mid\Theta^{(k)})\sum_{t=1}^{T}\log a_{q_{t-1}q_t}) + \\ &\quad \sum_{Q}(p(Q,O\mid\Theta^{(k)})\sum_{t=1}^{T}\log b_{q_t}(o_t)) \qquad (5-17)\end{aligned}$$

显然可见，目标函数划分成三部分：

(1)第一项

$$\sum_{Q}p(Q,O\mid\Theta^{(k)})\log\pi_{q0} = \sum_{i=1}^{N}p(O,q_0=i\mid\Theta^{(k)})\log\pi_i \qquad (5-18)$$

在约束条件：$\sum_{i=1}^{N}\pi_i = 1$ 下极大化：

$$\max_{\{\pi_1,\pi_2,\cdots,\pi_N\}}\sum_{i=1}^{N}p(O,q_0=i\mid\Theta^{(k)})\log\pi_i \qquad (5-19)$$

可以得到 $\{\pi_1,\pi_2,\cdots,\pi_N\}$ 解：

$$\pi_i^{(k+1)} = \frac{p(O,q_0=i\mid\Theta^{(k)})}{p(O\mid\Theta^{(k)})} \qquad (5-20)$$

(2)第二项

$$\sum_Q \left(p(Q,O|\Theta^{(k)}) \sum_{t=1}^{T} \log a_{q_{t-1}q_t}\right) = \sum_{i=1}^{N}\sum_{j=1}^{N}\sum_{t=1}^{T} \log a_{ij} p(O,q_{t-1}=i,q_t=j|\Theta^{(k)}) \tag{5-21}$$

在约束条件：$\sum_{j=1}^{N} a_{ij}=1$ 下极大化：

$$a_{ij}^{(k+1)} = \frac{\sum_{t=1}^{T} p(O,q_{t-1}=i,q_t=j|\Theta^{(k)})}{\sum_{t=1}^{T} p(O,q_{t-1}=i|\Theta^{(k)})} \tag{5-22}$$

(3)第三项

$$\sum_Q \left(p(Q,O|\Theta^{(k)}) \sum_{t=1}^{T} \log b_{q_t}(o_t)\right) = \sum_{i=1}^{N}\sum_{t=1}^{T} \log b_i(o_t) p(O,q_t=i|\Theta^{(k)}) \tag{5-23}$$

在 $b_i(o_t)$ 取值为有限的离散值条件下，即 $o_t \in \{v_1,v_2,\cdots,v_M\}$，此时对其约束条件为 $\sum_{l=1}^{M} b_i(v_l)=1$，在此约束下式的极大化解为

$$b_i^{(k+1)}(l) = \frac{\sum_{t=1}^{T} p(O,q_t=i|\Theta^{(k)})\delta_{o_t,v_l}}{\sum_{t=1}^{T} p(O,q_t=i|\Theta^{(k)})} \tag{5-24}$$

综上所述，对 HMM 三个概率参数估计的递推公式为

$$\pi_i^{(k+1)} = \gamma_i^{(k)}(1) \tag{5-25}$$

$$a_{ij}^{(k+1)} = \frac{\sum_{t=1}^{T-1} \xi_{ij}^{(k)}(t)}{\sum_{t=1}^{T-1} \gamma_i^{(k)}(t)} \tag{5-26}$$

$$b_i^{(k+1)}(l) = \frac{\sum_{t=1}^{T} \delta_{o_t,v_l}\gamma_i^{(k)}(t)}{\sum_{t=1}^{T} \gamma_i^{(k)}(t)} \tag{5-27}$$

递推公式中的 $\gamma_i(t)$ 及 $\xi_{ij}(t)$ 定义如下：

$$\gamma_i(t) = p(q_t=i|O,\Theta) = \frac{\alpha_i(t)\beta_i(t)}{\sum_{j=1}^{N} \alpha_j(t)\beta_j(t)} \tag{5-28}$$

$$\xi_{ij}(t) = p(q_t=i,q_{t+1}=j|O,\Theta) = \frac{\gamma_i(t)a_{ij}b_j(o_{t+1})\beta_j(t+1)}{\beta_i(t)} \tag{5-29}$$

可由式和计算给出，同理公式中的 $\alpha_i^{(k)}(t)$ 和 $\beta_i^{(k)}(t)$ 的计算也是通过式和进行，只不过计算用的 HMM 参数来自第 $k$ 步递推结果 $\Theta^{(k)}$。

## 5.3 移动用户的运动轨迹与 Radio Map 更新

目前，基于指纹的室内定位算法的研究工作多数集中于在线定位阶段的映射匹配算法上，即用户如何利用实时采集的 RSS 信号，根据已有的指纹数据库完成位置的匹配运算，往往忽略了指纹数据库的静态特性对定位精度带来的影响。位置指纹定位算法依靠信号强度与采样位置在空间上的对应关系完成测点试的位置估计。而无线信号的传播特性带来的时变性，直接导致同一区域的相同位置点，在不同的时刻接收来自同一接入点的信号强度值在一定范围内波动，而静态指纹数据库无法克服因环境变化导致的信号波动对定位结果精确度的影响。例如在众所周知的 RADAR 系统中，误差距离在 3 m 内的定位精度只有 50%，而 LANDMARC 系统通过引入额外的固定参考标签来校准环境因素对参考点信号波动的影响，但是算法的定位精度过多受制于参考标签部署密度，且参考标签的部署密度增大到一定程度时，算法的精度达到上限。

为了减轻离线阶段采集指纹数据、更新与重建所耗费的人力、物力等经济负担，使基于位置指纹的定位算法能够更好适应环境变化而实现精确定位，针对移动用户在运动的过程中，其运动轨迹与获取的 RSS 信号之间存在一定对应关系，利用实时采集的 RSS 信号强度作为输入数据，建立对应的基于用户位置的隐马尔可夫模型，通过对模型参数的学习实现对 Radio Map 的实时更新与校准，用以克服信号时变性引起的定位结果偏差。

### 5.3.1 基于用户位置的 HMM 分析

在基于移动用户运动轨迹的 Radio Map 更新过程中，用户终端所在的位置是隐藏的内部状态，无法通过直接观测的数据获得，但终端所处位置可以实时地接收到与位置映射对应的 RSS 信号，该值与未标记位置间有着一定的关联映射。可以在已知移动用户的运动轨迹和部分参数 $\Theta$ 时，将 RSS 值作为可观测的状态序列，用户的位置视为隐藏的状态序列，通过对 HMM 模型参数的优化，就可以通过在信号空间观测的样本数据 RSS 值序列，来推断最可能的隐状态序列，亦即用户物理位置序列。从而校准 Radio Map 中对应的参考点指纹数据，纠正因环境因素带来的信号强度波动误差，或作为新的参考点加入指纹数据库中，有效地实现了指纹库的更新与维护。

基于移动用户位置的隐马尔可夫模型的状态集合和概率矩阵参数如下：

1. $N$ 表示 HMM 模型的隐藏状态数，记这 $N$ 个隐藏状态为 $\boldsymbol{L}=\{l_1,l_2,\cdots,l_N\}$，

表示定位区域划分的参考点位置。

2. $M$ 表示 HMM 模型的可观察状态数，记这 $M$ 个观察值为 $\boldsymbol{V}=\{v_1,v_2,\cdots,v_M\}$，表示参考点处接收到的来自某个 AP 的 RSS 信号值，取值在 $-100$ dBm 到 0 dBm范围之间。

3. $\boldsymbol{A}$ 为位置转移概率矩阵，$\boldsymbol{A}=\{a_{ij}\}$，$a_{ij}=p(q_{t+1}=l_j\,|\,q_t=l_i)$，$l_i,l_j\in\boldsymbol{L}$。元素 $a_{ij}$表示 $t$ 时刻用户位于 $l_i$ 处，而在 $t+1$ 时刻转移到 $l_j$ 的概率，其值满足 $0\leqslant a_{ij}\leqslant 1$，$\sum_{j=1}^{N}a_{ij}=1$。

4. $\boldsymbol{B}$ 为位置指纹数据，$\boldsymbol{B}=\{b_i(o)\}$，$b_i(o)=p(o_t=o\,|\,q_t=l_i)$，$o\in V$。元素 $b_i(o)$表示用户位于 $l_i$ 处，接收到的 RSS 信号值为 $o$ 的概率，其值满足 $0\leqslant b_i(o)\leqslant 1$，$\sum_{o=v_1}^{v_M}b_i(o)=1$，与 $t$ 无关。

5. $\pi$ 表示初始位置分布，$\boldsymbol{\pi}=\{\pi_i\}$，$\pi_i=p(l_i)$。$\boldsymbol{\pi}$ 中的每个元素 $\pi_i$ 表示用户可能的初始所在位置的先验信息。

在基于移动用户运动轨迹的 HMM 模型中，只有参数 $\boldsymbol{A}$、$\boldsymbol{B}$ 和 $\pi$ 为可调的，简记为 $\Theta=(\boldsymbol{A},\boldsymbol{B},\pi)$。已知用户的运动轨迹和模型的部分参数，就可以通过在信号空间获得的 RSS 值序列 $o_1,o_2,\cdots,o_t$，利用 HMM 模型生成该观测值序列的最可能隐藏状态序列 $q_1,q_2,\cdots,q_t$，实现对参考点处 Radio Map 数据的更新。这一学习过程通常借助于维特比（Viterbi）算法或前向－后向（Baum－Welch）算法进行求解，而 Baum－Welch 算法又是以数据挖掘中的 EM 算法为基础的。

### 5.3.2　HMM 模型参数的求解

基于移动用户运动轨迹位置的 HMM 模型，需要利用未标记位置和实时 RSS 信息，采用 EM 算法对所建立的模型进行训练以获得最优参数，即训练得出最优化模型。

已知的用户运动轨迹集合 $T$，是移动用户作为志愿者采集的实时 RSS 信号，因此该集合只有信号强度的大小而没有相应的位置标记。EM 算法通过迭代计算调整模型参数 $\Theta=\{\boldsymbol{A},\boldsymbol{B},\pi\}$，求得 $\Theta^*$ 使其满足：$\Theta^*=\underset{\Theta}{\arg\max}\,p(T\,|\,\Theta)$。其中，$p(T\,|\,\Theta)$的计算公式为

$$
\begin{aligned}
p(T\,|\,\Theta) &= \prod_{t\in T}p(t\,|\,\Theta)\\
&= \prod_{t\in T}\sum_{q}p(t\,|\,q,\Theta)p(q\,|\,\Theta)\\
&= \prod_{t\in T}\sum_{q}\Big(p(l^1\,|\,\Theta)p(v_1\,|\,l^1,\Theta)\times\prod_{k=2}^{n_t}p(l^k\,|\,l^{k-1},\Theta)p(v_k\,|\,l^k,\Theta)\Big)
\end{aligned}
\tag{5-30}
$$

式中,$t=(v_1,v_2,\cdots,v_{n_t})$是长度为 $n_t$ 的 RSS 信号序列,$q=(l^1,l^2,\cdots,l^{n_t})$则是对应的所有可能位置序列。在已知 $\Theta$ 的条件下,用户轨迹集合 $T$ 可以用所有可能的隐藏位置状态序列加权求和表示,即 $p(t|\Theta)=\sum_q p(t|q,\Theta)p(q|\Theta)$,其中

$$p(q|\Theta)=p(l^1|\Theta)\times\prod_{k=2}^{n_t}p(l^k|l^{k-1},\Theta) \tag{5-31}$$

$$p(t|q,\Theta)=p(v_1|l^1,\Theta)\times\prod_{k=2}^{n_t}p(v_k|l^k,\Theta) \tag{5-32}$$

这样就可以通过参数 $\boldsymbol{A}$ 和 $\pi$ 校准式,由 $\boldsymbol{B}$ 值校准。

EM 算法通过迭代过程,最大化 $Q$ 函数的值。该函数定义为

$$Q(\Theta,\Theta^k)=\sum_{t\in T}\sum_q \log p(t,q|\Theta)p(t,q|\Theta^k) \tag{5-33}$$

$\Theta^k$ 是在第 $k$ 次迭代后获得的模型参数。参数序列 $\Theta^0,\Theta^1,\cdots,\Theta^*$ 分别表示初始参数 $\Theta^0$,迭代过程的中间参数及迭代终止参数 $\Theta^*$。EM 算法能够保证在迭代过程中 $p(T|\Theta^{k+1})\geqslant p(T|\Theta^k)$,且收敛到 $\Theta^*$。因此,从一个初始不是很准确的 $\boldsymbol{B}^0$ 开始,算法通过迭代过程调整参数,找到最佳的未标记位置信息,用来改善指纹库中的数据。当一个新的 $\boldsymbol{B}^*$ 被获取后,它将用来替换初始的位置估计的 $\boldsymbol{B}^0$,进而完成了对 Radio Map 的实时更新。

### 5.3.3 基于信息熵增益的无线接入点选择

从信息传播的角度来讲,信息熵可以表示信息的价值,是衡量信息价值高低的一个标准。熵值越大,信息所包含的不确定性越大,而互信息增益是原始信息熵与条件熵的差值。从直观的角度来讲,利用接收的 RSS 信号对用户的位置坐标进行映射匹配的定位系统中,用于完成解算的信号维数越多,即用于定位的 AP 数目越多越有利于提高定位准确性。但在实际的应用中,并不是所有 AP 的 RSS 信息都有利于定位精度的提高,相反某些受干扰较严重、所含定位信息量较少的 AP 可能导致定位精度的降低,因此在接入点密集布设的定位区域进行 AP 选择是必要的。

基于 WLAN 的室内位置指纹定位系统中,由于无线接入点的广泛应用及其密集布设,在此实验环境下建立的 HMM 模型,需要合理的选择部分无线接入点进行更新,为此实验中采用了基于信息熵增益的理论进行 AP 的选取,用以实现部分 AP 数据的实时更新,完成在线阶段的位置估计。在定位系统中,原始信息熵是指在没有接收任何无线接入点信号的条件下,位置变量的信息熵。而条件熵则是指在已知来自某一无线接入点或由接入点构成集合的信号条件下,位置变量的信息熵。两者差值即指位置变量所能获得的信息熵增益。单个 AP 的信息熵增益亦表示该无线接入点对每个不同位置点的判别性能,其值的大小可通过下式计算:

$$\text{InfoGain}(AP_j)=H(L)-H(L|AP_j) \tag{5-34}$$

式中的 $L$ 表示移动用户终端的物理位置坐标变量，$H(L)$ 表示在测试点没有接收任何无线接入点 AP 的 RSS 信号时，其实际位置的不确定度，亦为位置变量 $L$ 的原始信息熵，$H(L|AP_j)$ 为已知接收无线接入点 $AP_j$ 的 RSS 信息条件下，测试点的实际位置的不确定度，亦为位置变量 $L$ 的条件信息熵。由于在位置指纹定位算法中，构成指纹库的参考点位置只能选取有限的离散点位置，采集相应的无线信号用于定位，所以信息熵可以通过如下公式计算求得

$$H(L) = -\sum_{i=1}^{N} p(L_i)\log p(L_i) \tag{5-35}$$

$$H(L|AP_j) = -\sum_{v}\sum_{i=1}^{N} p(L_i, AP_j = v)\log p(L_i|AP_j = v) \tag{5-36}$$

式中，$L_i$ 代表定位区域的第 $i$ 个参考点位置，$1 \leqslant i \leqslant N$，$N$ 为目标定位区域的参考点数目；$v$ 为接收的来自无线接入点 RSS 信号的所有可能取值；$p(L_i)$ 为终端位置在参考点 $L_i$ 处的先验概率；$p(L_i|AP_j = v)$ 表示在接收到来自第 $j$ 个无线接入点的 RSS 信号值为 $v$ 的条件下，终端的位置是 $L_i$ 的条件概率，该后验概率的值可以利用贝叶斯公式转换为先验概率求取

$$p(L_i|AP_j = v) = \frac{p(AP_j = v|L_i)p(L_i)}{p(AP_j = v)} \tag{5-37}$$

$p(AP_j = v|L_i)$ 表示在参考点 $L_i$ 处接收来自 $AP_j$ 的 RSS 信号值为 $v$ 的概率分布，可以通过对离线阶段在参考点处采集的 RSS 数据预先进行统计分析得出。在实际的室内定位环境下，由于信号传输过程中存在的严重衰减，导致参考点处接收不到某些无线接入点的 RSS 信号，此时可将该值设置成所能接收到的最小 RSS 信号值。在本文所布设的实验环境及所使用的移动终端条件下，设定可以接收到的最小 RSS 信号值为 -100 dBm。

## 5.4　基于隐马尔可夫模型的定位算法

### 5.4.1　Radio Map 更新的实验环境

基于移动用户位置的指纹数据更新算法分析实验中，选择走廊的部分区域完成用户轨迹模拟及其数据的采集，用来更新部分离线阶段采集的指纹数据库，使用更新后的指纹数据完成相应的测试点位置估计，通过位置估计的精确度分析隐马尔可夫模型用于 Radio Map 更新对系统定位性能的影响。实验场景如图 5-2 所示：在该区域内，共布设有 120 个参考点，每个参考点间隔为 1 m。在模拟用户运动行为时，假定用户只能按照指定的直线行走，如图示的箭头方向所指。

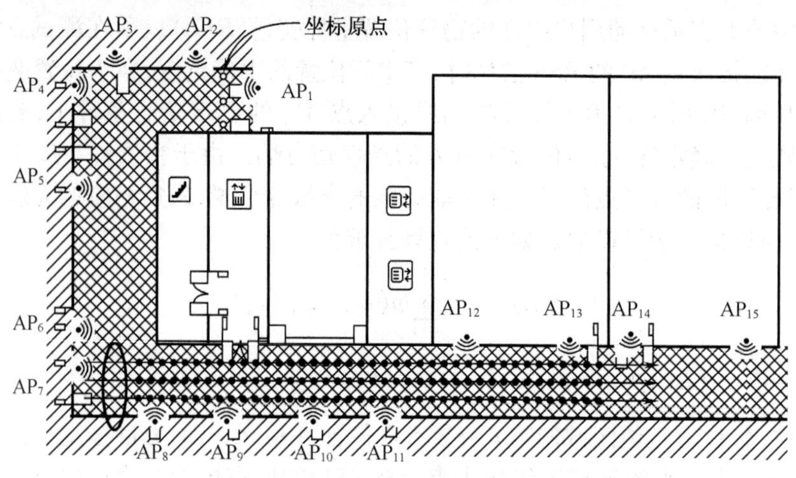


**图 5 - 2　Radio Map 更新算法实验环境**

### 5.4.2　隐马尔可夫模型的建立

由于实验是选在部分走廊区域完成的,该区域所包含的 120 个参考点,记为:$l_1, l_2, \cdots, l_{120}$。首先选择了 40 条未标记的移动用户的运动轨迹,用于采集实时 RSS 数据以更新 Radio Map,未标记位置的轨迹记为:$t_1, t_2, \cdots, t_{40}$,这些轨迹只记录了用户在移动过程中接收到来自各无线接入点的 RSS 值而没有相应的位置信息,定义每条轨迹的 RSS 值序列为 $o_1, o_2, \cdots, o_{40}$。为了便于算法的实验分析,考虑用户只沿三条指定的物理轨迹 $q_1, q_2, q_3$ 移动,如图 5 - 2 中箭头方向所指。那么,基于此运动轨迹构建的 HMM 模型的两个状态集合和三个概率矩阵可以描述为如下:

1. 隐藏状态 $\boldsymbol{L} = \{l_1, l_2, \cdots, l_{120}\}$, $l_g(1 \leqslant g \leqslant 120)$ 代表移动用户可能的位置状态数,即该定位区域的 120 个参考点位置;

2. 可观察状态 $\boldsymbol{V} = \{v_1, v_2, \cdots, v_{101}\}$,表示用户在某一位置处接收到的来自某个 AP 的 RSS 信号值,对应取值为 -100 dBm ~ 0 dBm;

3. 位置状态转移概率 $\boldsymbol{A} = \{a_{ij}\}$, $a_{ij} = p(q_{t+1} = l_j \mid q_t = l_i)$, $1 \leqslant i, j \leqslant 120$, $l_i, l_j \in \boldsymbol{L}$。元素 $a_{ij}$ 表示 $t$ 时刻用户位于 $l_i$ 处,而在 $t+1$ 时刻转移到 $l_j$ 的概率,其值满足 $0 \leqslant a_{ij} \leqslant 1$, $\sum_{j=1}^{N} a_{ij} = 1$。实验过程中仅考虑直线行走的转移概率,从而可得出 $\boldsymbol{A}$ 矩阵;

4. 信号强度值分布的先验概率矩阵 $\boldsymbol{B} = \{b_g(o)\}$, $b_g(o) = p(o_t = o \mid q_t = l_g)$, $o \in \boldsymbol{V}$。元素 $b_g(o)$ 表示用户位于 $l_g$ 处,接收到的 RSS 信号值为 $o$ 的概率,其值满足 $0 \leqslant b_g(o) \leqslant 1$, $\sum_{o=v_1}^{v_{101}} b_g(o) = 1$,与 $t$ 无关。可以通过对离线阶段采集的参考点位置处的 RSS 信号强度值进行统计分析获得;

5. 初始位置分布概率矩阵 $\pi = \{\pi_g\}, \pi_g = p(l_g)$。$\pi$ 中的每个元素 $\pi_g$ 表示用户在初始状态时所处位置的先验信息,其值满足 $\sum_{g=1}^{120} \pi_g = 1$。实验中的移动用户轨迹共指定了3个初始点,均匀分布,则其他点的初始位置概率为0。

已知HMM的初始参数 $\Theta = \{A, B, \pi\}$ 后,通过移动用户运动接收的实时观测序列 $T = t_1, t_2 \cdots, t_T$,即在实验环境中接收的RSS信号值序列,通过解码方法得到相应的位置输出 $Q = q_1, q_2 \cdots, q_T$,使得该位置输出能够准确匹配观测序列,进而实现对离线位置指纹数据库的更新。

### 5.4.3 基于信息熵选择的更新算法性能分析

用于完成信号强度值与位置信息映射的指纹数据库更新结果的好坏,可以用更新后的数据与实测的RSS值吻合程度来评价;也可直接应用于室内位置估计定位算法,通过系统的定位精度变化来评价。鉴于对指纹数据库的更新是为了更好地实现位置估计,因而我们直接将更新后的指纹数据用于室内定位过程,对系统的定位精度进行分析与比较。

1. AP选择方法对定位性能的影响

为了提高移动用户运动轨迹对指纹数据库更新过程的高效性,选择有效的无线定位接入点是必要的。为了提高定位算法所用RSS信号的有效性与计算效率,本节对三种选择定位无线接入点的方法进行了比较分析,具体为基于信息熵的AP选择算法InfoGain、接收信号强度均值最大的AP选择算法Max - Mean和随机AP选择算法Random。其中InfoGain算法选取若干个具有较大信息熵增益的无线接入点,Max - Mean选择算法选取接收信号平均强度最大的若干个无线接入点,而Random选择算法则随机选取若干个无线接入点进行位置估计计算。

图5-3所示为三种不同无线接入点选择算法的定位性能随AP数目变化的性能曲线;a)图给出了误差距离在2 m以内时,不同的AP选择算法的定位精度概率累积分布随AP数目变化的关系曲线;b)图为定位的平均误差距离随AP数目变化的关系曲线。从图中可以看出,基于最大信息熵增益准则的AP选择算法能够准确地度量各个AP对位置的区分能力,用于定位的AP个数相比其他算法而言,能够以最少的AP达到最好的定位结果,因而具有最好的定位性能。随着定位AP数目的增加能够以最快速度达到最好的定位精度,且在选择16个AP的信息用于完成位置估计时,定位误差距离在2 m内的置信概率可达最高值76.7%,明显地高于另外两种AP选择算法的定位精度,此时,Max - Mean选择算法的定位精度为67.8%,而Random选择算法只有67.3%。这是由于给定了用于定位的AP个数后,InfoGain算法能够选择最具判别定位能力的子集合,考虑了不同无线接入点间的相关性,而其余AP选择算法只是单纯依据信号均值的大小、或随机选择,使得用

于定位的 AP 对不同位置分辨能力较差，进而导致定位性能的降低。

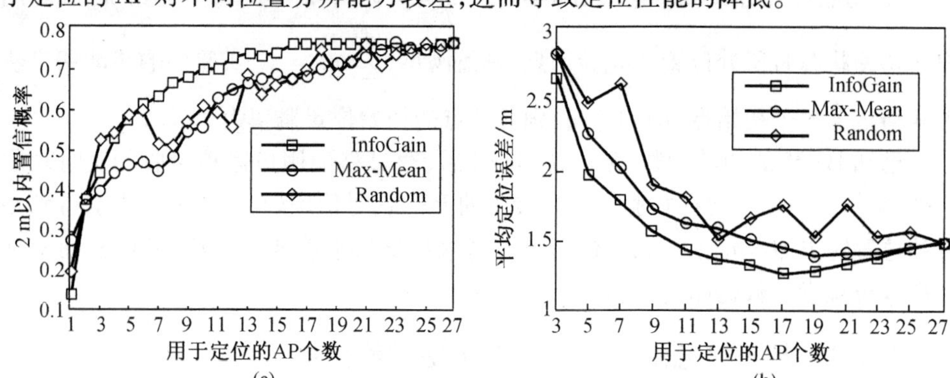


**图 5-3　不同 AP 选择算法对定位性能的影响**

(a)定位精度与 AP 数目关系曲线；(b)平均定位误差与 AP 数目关系曲线

利用信息熵增益的 InfoGain 方法选择最具判别定位能力的子集合，可以明显地提高位置指纹定位算法的定位精度，在选择了最具判别力的 AP 子集合用于定位时，误差距离在 2 m 以内的定位精度高于利用全部的 AP 进行定位时所达到的精度。由此可见，定位精度并不是随着用于定位 AP 个数的增加而一直提高，在用于定位的 AP 个数取值为 16 时，其定位性能达到最好。随着用于定位 AP 数目的继续增加，会使得一些含有较大噪声的 AP 信息被引入，导致定位精度波动变化。

此外，由于 InfoGain 选择算法将用于定位的无线接入点个数从 27 降至 16，明显降低了位置指纹定位算法的输入维数，在一定程度上实现了对数据维数的约减，进一步提高了指纹定位算法的有效性。由于 RSS 均值的大小与无线接入点对不同位置的区分能力并非一一对应的关系，为此仅仅依据 RSS 均值最大的 Max - Mean 选择算法，存在某些无线接入点在某一定位区域的均值较高，但是不同位置处其值变化不大，导致其对位置的区分判别能力较弱，使得定位性能难以到达最优。而随机选择算法的定位性能波动最大，定位精度较差，进一步证实了合理选择参与定位 AP 在定位过程中的重要性与必要性。

依据图 5-3 给出的定位性能，三种算法分别选取 2 m 以内置信概率达最高值所对应的 AP 集合，完成误差距离与定位精度累积概率分布的关系分析，以及定位误差距离的最大值、最小值及均值的比较，如图 5-4、图 5-5 所示。从图可以看出，基于 InforGain 的 AP 选择算法在小误差距离内的定位精度均好于其余的两种算法，且误差距离在 1 m、2 m 及其 3m 以内的置信概率分别达到了 36.1%，76.7% 和 89.5%，较 Max - Mean 选择算法分别高出了 5.46%、8.65% 和 8.03%，这说明该算法比其他算法更有利于实现小误差定位，这也是基于 WLAN 室内定位的目标需求。InfoGain 在小误差距离下的定位精度比 Random 算法高出的更多，这也再次说明了在定位匹配算法中，选择最具判别能力AP用于定位的必要性。另外，InfoGain算法的最大定位误差在5 m以内，并且有89.5%的概率是在3 m以内，而其他两种算法定位误差最大值高达8～12 m，因此InfoGain算法在所选择的三种方法中，具有更小的定位误差范围，更好的定位性能。

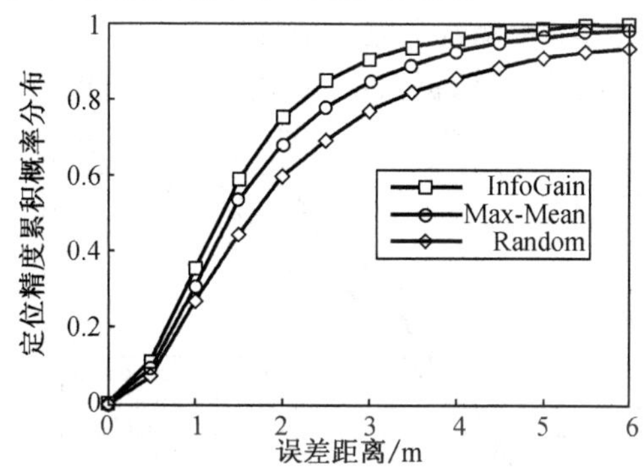


**图5－4　最优集合条件下不同AP选择算法的定位精度累积概率分布**

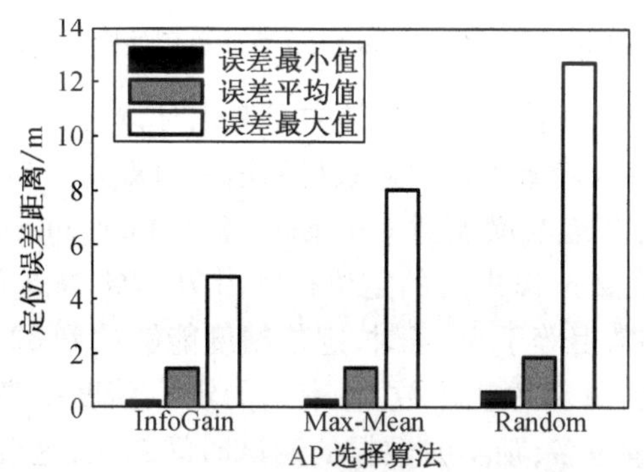


**图5－5　不同AP选择算法的定位性能比较**

2. 用户运动轨迹数目对更新结果的影响

通过信息熵增益选择算法确定了用于定位的部分AP后，建立基于移动用户运动轨迹的隐马尔可夫模型实现对静态指纹数据库的实时更新，将更新后的指纹数据用于在线阶段的位置估计。首先选择40条用户运动轨迹，构建基于位置HMM，通过对用户移动过程中接收的实时RSS信号序列的解码，获得相应的位置信息，进而实现对离线位置指纹数据库的更新。与此同时，对Max－Mean选择算法确定的前16个具有最大RSS均值的无线接入点进行指纹数据更新，然后分别对指纹数据在更新前、后用于位置估计的定位精度进行了比较，如图5－6所示，不同误差距离与定位精度的累积概率分布关系曲线。

图中的四条曲线分别给出了在参考点个数为$N_l=120$，采样时间为50 s情形下，两种不同选择算法的定位性能变化曲线。当可利用的用户轨迹数目为 0 时，即指纹数据库更新前，基于 InfoGain 选择的定位算法在 2 m 内的定位精度为 76.7%，而基于 Max – Mean 的 AP 选择算法 2 m 内的定位精度只有 67.8%。通过实时采集的强度信息，利用 HMM 实现对指纹的更新，两种选择算法的定位精度(2 m 内)分别提高了 4.8% 和 6.4%，且更新前后基于信息熵选择算法的定位性能始终优于最大均值选择算法，再一次验证了依据信息熵增益选择 AP 的有效性。

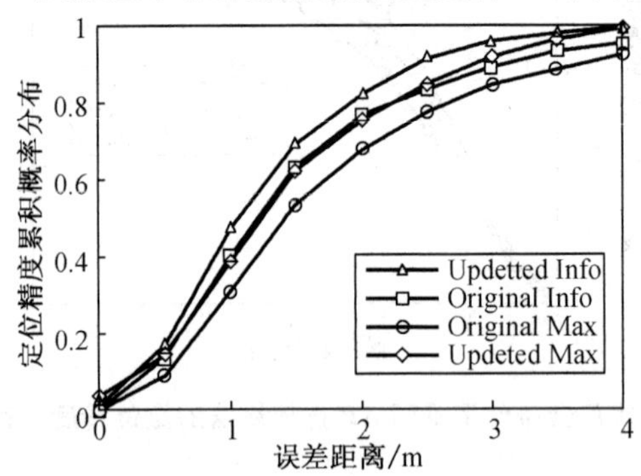


**图 5 – 6　两种 AP 选择算法的 Radio Map 更新前后的定位精度累积概率分布**

图 5 – 7 给出了更新算法中用户轨迹数目变化时，对更新结果及定位性能的影响。由图可见，定位性能随着更新轨迹数目的增加而提高。具体来说，参与更新的用户运动轨迹数目由 0 逐渐增加到 100 条时，基于 InfoGain 选择算法的性能始终最优，定位误差距离在 2 m 以内时的定位精度由 76.7% 提高到 82.4%；当参与更新的用户运动的轨迹数目等于 60 条时，定位精度能够达到 82.6%，此时的定位性能达到最好；继续增加更新的轨迹数目，带来的定位精度提高趋于稳定。究其原因，在于更新轨迹数量越多，则实时数据的测试时间越长，这会增加无线信号在室内环境中传播的波动，给更新操作带来困难，因而基于马尔可夫模型的 Radio Map 更新操作需满足实时性。

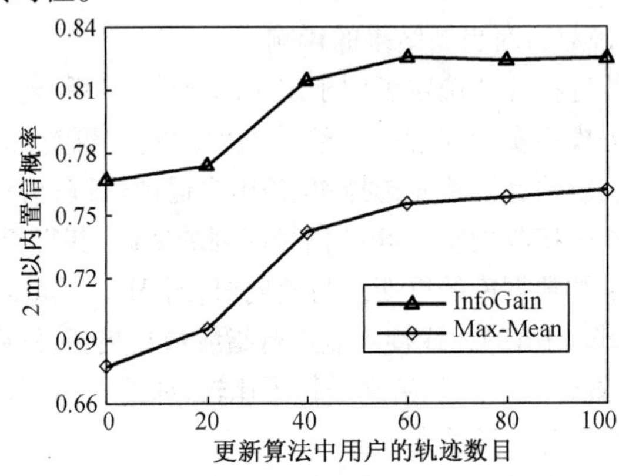


**图 5 – 7　两种 AP 选择算法的定位精度随用户轨迹数目变化曲线**

图 5－8 进一步给出了更新算法中移动用户轨迹数目变化时，对基于 InfoGain 选择算法定位性能的影响。从轨迹变化与不同误差距离累积概率分布关系曲线可以看出，利用移动用户的运动轨迹对位置指纹数据库进行更新，明显地提高了系统定位精度。随着更新轨迹数目增加，性能改善越明显，以轨迹数目为 60 条为例，更新后的定位精度在 1 m 内的置信概率为 42.5%，较更新前提高了 8.4%；3 m 内的定位精度可达 95.2%，比更新前 91.5% 的定位精度，提高了 3.7%。由此可见，更新后的指纹数据库不仅对于定位误差在亚米级内的小误差具有较高的精度，而且有效地解决了室内定位过程中，因指纹数据的实变性引起定位性能下降以及指纹数据的更新与重建所需繁重劳力问题。

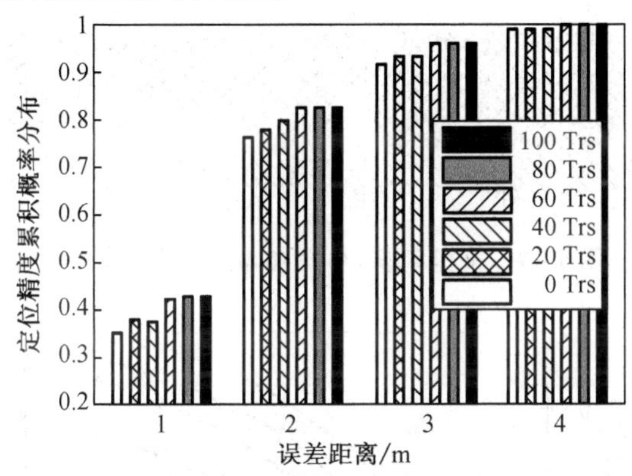


**图 5－8　定位精度的累积概率分布与用户轨迹数目关系曲线**

3. 参考点数目对定位结果的影响

定位区域参考点参数的布设是否合理，直接影响位置指纹数据库的结构，也是影响指纹定位算法的主要因素。前面我们已经对在定位区域内每隔 1 m 的距离，选取 120 个参考点的算法性能进行了分析，这里将构成这些参考点的位置集合定义为 $\boldsymbol{L}$。增大每个参考点的间距，即选取该区域的部分参考点作为指纹匹配的数据库，将保留的部分参考点位置记为 $\boldsymbol{L}_1 \subset \boldsymbol{L}$，余下的参考点位置记为 $\boldsymbol{L}_2$（$\boldsymbol{L}_2 = \boldsymbol{L} - \boldsymbol{L}_1$）。位置 $\boldsymbol{L}_1$ 处的指纹数据信息保持不变，而位置 $L_2$ 处的信息则为缺省状态，对应的位置指纹数据库为非完整状态，定义保留的参考点个数占全部参考点个数的比值为采样率：$r = |\boldsymbol{L}_1| / |\boldsymbol{L}|$。

通过减少参考点 $N_l$ 的数量，分析参考点变化对算法定位性能的影响，就是在总的参考点位置 $|\boldsymbol{L}| = 120$ 中，选择部分参考点 $|\boldsymbol{L}_1|$ 进行定位实验，当采样率 $r$ 的取值分别为 1/2，1/3 和 1/4 时，对应指纹数据库保留的参考点个数 $|\boldsymbol{L}_1|$ 分别为 60，40 及 30。采样率取值为 1/4 时，保留的 30 个参考点位置分布，如图 5－9 中蓝色方框所示，红色圆点则是原始参考点 $L$ 位置分布。采样率在不同取值情况下，对应着各自不完整的位置指纹数据库。图 5－10 给出了参考点数目从 120，依次减少为

60,40 及其 30,对应采样率的取值为 1/2,1/3 和 1/4 时,定位算法在不同的定位误差距离下的累积概率分布。从图中可以看出,算法的定位性能主要取决于离线阶段参考点的采集数目,采样率的取值越大,即定位区域布设的有效参考点越多,算法的定位性能越好,这与前面所提的基于半监督的 SDE 算法性能是一致的。

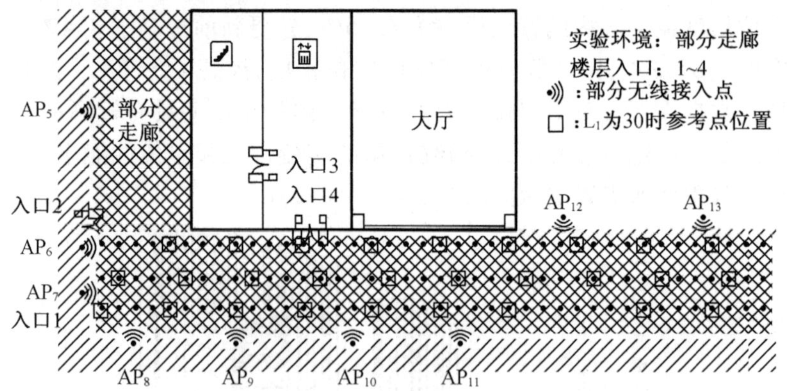


图 5-9 采样率取 1/4 时参考点的位置布局图

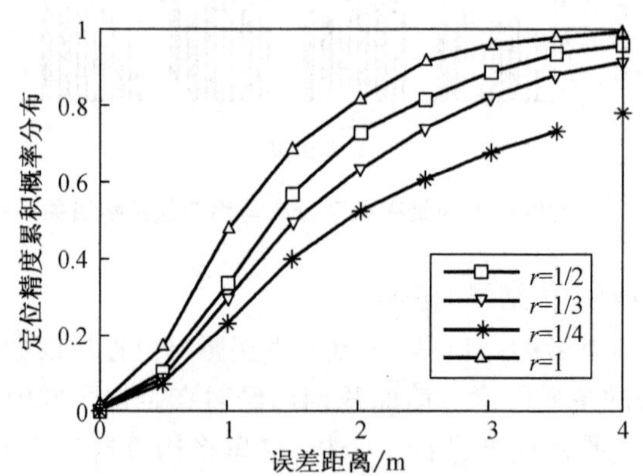


图 5-10 定位精度的累积概率分布与采样率关系曲线

## 5.5 本章小结

基于位置指纹的 WLAN 室内定位技术中,在线阶段的位置估计过程主要是,通过预先学习已知位置点的 RSS 信号强度信息与物理位置间的对应关系,然后利用实时接收的 RSS 信号进行物理位置坐标的解算过程。离线阶段为了更好地标示映射关系而构建的无线电地图,通常需要部署密集的参考点,并对参考点处接收到的无线射频信号进行多次测量,取测量结果统计均值作为位置指纹数据。指纹数据库的静态特性会影响定位精度,因而需要不定期的对其进行更新,这又将导致后期的校准耗费大量人力与物力。为了有效地减少对指纹数据库的校准而带来的数据重复采集工作量,本章提出了建立用户运动轨迹的隐马尔可夫模型 Radio Map 更新的方法。通过易于获得的移动用户运动轨迹和部分模型参数,将 RSS 值作为可观测的状态序列,用户的位置视为隐藏的状态序列,通过对 HMM 模型参数的优化,利用在信号空间观测的样本数据 RSS 值序列推断最可能的隐状态序列,实现对 Radio Map 的校准与更新。首先,研究并分析了隐马尔可夫模型的基本理论及其参数的学习算法,重点对参数学习算法中的最大期望 EM 算法进行了介绍。然后,通过分析用户运动轨迹与获取 RSS 信号之间存在的对应关系,建立基于 HMM 的轨迹运动模型,使用 EM 算法训练模型参数,实现对其隐含的位置信息自动进行更新,完成对指纹数据的更新与校准。实验结果表明,当使用 60 条轨迹数据对 Radio Map 进行更新,可以获得较好的更新结果,以 2 m 以内置信概率来看,定位精度有近 5% 的提高,满足人们对室内基于位置服务定位精度的需求。利用可观测的输出值,通过对马尔可夫模型参数的估计,实现对其内部隐藏状态的求解,完成对 Radio Map 中已知参考点的校准与更新,适当改变用于更新算法的轨迹数目,定位性能均有一定程度改善,证实了算法的有效性。

# 第 6 章　基于多信息融合的定位算法

近年来，随着高精度、小尺寸、微型的惯性传感器模块在智能终端的普及，并集成了加速度计、陀螺仪、磁力计等组件。室内移动终端用户可以通过利用便携的终端设备，借助智能设备自带的传感器组件来实现移动终端的辅助位置估计。针对室内用户的 WLAN 指纹定位技术，由于无线信号传播特性随时间变化波动而造成精度不高，且容易受到环境变动的影响。但基于 RSS 信号定位获得的各个位置信息之间相互独立、互不影响，持续定位误差不会累积。

基于惯性传感器定位的方法主要利用设备中的加速度计和陀螺仪对行人的进行定位。行人航位推算（PDR）定位是一种利用内置传感器，获取目标相对位置信息的定位计算方法。该定位过程由于传感器精度的限制，即航迹推算过程中基于传感器计算出的步长、航向会有偏差，且随着步行时间的增加，误差会累积增大。但在短时间内的定位中，其定位精度不受指纹数据库静态性、信号传播波动性的影响而导致的精度降低。首先由加速度传感器对行人进行检测步数并计算出步长，然后通过磁阻传感器和陀螺仪计算出行人的行走方向角，最后得到运动物体的相对初始点的位置，进而对目标定位。基于 PDR 技术的室内定位避免了额外的基础设施的建设，但由于传感器误差等原因造成的漂移误差具有累积效应导致定位结果不准确。

由于目前的室内定位技术具有各自的优缺点，仅仅依靠一种定位技术难以实现一个在精度、可靠性、成本等方面都满足的系统。因此多种技术融合以形成优势互补是未来室内定位的发展趋势。为此，本章将结合两种定位方式的优缺点，利用惯性传感器、室内地图、WLAN 无线信号，PDR 实现连续的位置估计，修正室内地图和地磁的偏差，同时 RSS 信号和地磁信号用于更新位置估计。实现优势互补，达到更可靠、精度更高的定位效果。

## 6.1　基于惯性传感器的定位技术

惯性传感器是检测和测量加速度、倾斜、冲击、振动、旋转和多自由度运动的传感器，包括了加速度传感器和角速度传感器（又称陀螺仪）和它们的单、双、三轴组合的惯性测量单元 IMU。随着近年来高精度、小尺寸、微型的惯性传感器模块在智能终端的普及，利用惯性传感器对行人进行定位相对于其他的室内定位技术而言，无需部署额外的设备，只需要具有惯性测量单元的手持设备即可，使得定位成本大大降低。

应用于行人的惯性导航技术又叫做行人航位推算 PDR。其基本原理是：根据行人行走时的步态特征，对惯性传感器采集到的数据进行分析，通过分析加速度计估计出行人的步数、步长，通过分析陀螺仪的数据估计出行人行走的方向，根据行人当前的位置即可推算出下一步的位置，在知道行人初始位置的条件下，可对行人进行定位。

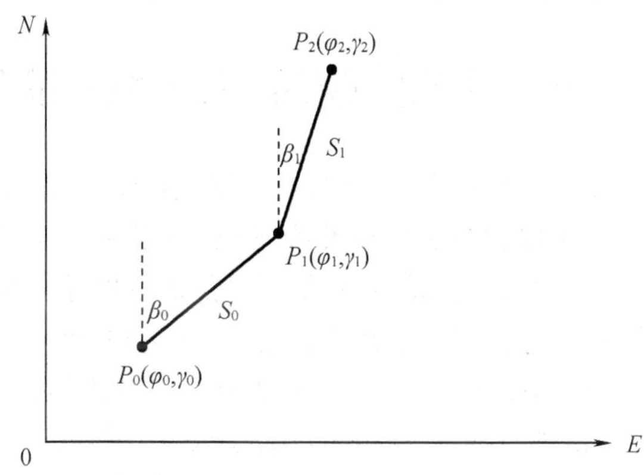


**图 6－1　航迹推算原理**

由图可见，在已知移动用户初始位置 $P_0$，利用传感器信息计算出步长 $S_0$ 和航向角 $\beta_0$ 之后，根据航迹推算公式 6－1，可获得行人下一步的坐标位置，以步为单元依次推算可最终得到行人轨迹信息。

航迹推算公式如下：

$$\begin{bmatrix} \varphi_{k+1} \\ \gamma_{k+1} \end{bmatrix} = \begin{bmatrix} \varphi_k + s_k \cos \beta_{k-1} \\ \gamma_k + s_k \sin \beta_{k-1} \end{bmatrix} \tag{6-1}$$

式中 $(\varphi_k,\gamma_k)$ 表示当前位置坐标，$(\varphi_{k+1},\gamma_{k+1})$ 表示推算出的下一步位置，$s$ 表示估计出的步长，$\beta$ 表示航向角，行人航位推算进行定位的算法步骤主要由步数检测、步长估计和航向估计三个部分组成。

1. 步数检测

步数检测在人行走时，其行走方向的加速度会随着每一次的跨步而呈现周期性的起伏，通过对行走方向上的加速度波形进行分析可估计出行走的步数，步数检测方法常见的有峰值检测、过零检测等。一般来说人行走的步数频率与行人的身高、体重以及行为习惯有关。

2. 步长估计

正常行人步行的步长一般在 0.5 m－0.8 m 之间变化，对单个行人可采用一个固定的步长作为估计步长。但一个人的步长在不同的环境下会有变化，尽管使用固定步长作为估计步长每一步的误差很小，在经过长时间的行走时，微小的误差会渐渐累积放大,且不同行人的步长有一定差别,所以通常需要对步长进行自适应的估计。

3. 航向角估计

通过对行人携带的手持设备中采集的陀螺仪数据进行积分,可计算出行人相对上一步偏向的航向角,累积前 $k$ 步所有的偏向角之和,即为当前行人的航向角。由于智能设备中的陀螺仪精度有限,存在着一些误差,因此航向角的误差具有累积效应。

## 6.2 基于惯性传感器的行人航迹推算

利用传感器的移动用户航迹推算方法,是依据人行走的步数和步长进行定位,定位效果比传统惯性传感器积分定位更准确,但是由于航迹推算方法根据人行走的位移与航向进行位置推算,定位精度依赖于计步效果和行人航向以及行人的步长等因素,因而随着行走时间增加,惯性传感器定位的误差也在不断累积。

行人行走的步数、航向以及步长,主要还是依靠来自传感器的数据采集,对这些数据进行分析,得到想要的结果,使用的移动终端传感器包括:加速度传感器、方向传感器。步数通过加速度传感器采集数据分析得到,航向可以通过方向传感器来获得,但是对于行人步长的估计,由于没有哪种传感器可以对行人的每一步长进行直接测量。由于行人行走的行为具有随机性和变化性,通过传感器数据分析得到的步数、步长和航向也都存在误差,因此长时间通过航迹推算方法得到的位置信息会产生误差累积,导致定位误差累计。为了提高位置信息的精确定位,可以从提高行人的步态检测准确率、航向估计精度以及步长的准确度几个方面因素来实现。

### 6.2.1 步态检测及步数估计

1. 概述

在 PDR 定位中,对行人轨迹进行推算是以步数为基础进行的,根据每一步的步长及航向推导出行人的当前位置。对于步态检测的准确性直接影响着后续步长估计及航向估计的精度,最终也对定位精度造成一定的影响,所以步态检测及步数估计显得较为重要。本文利用竖直方向加速度数据变化规律对人体行走步态的周期性进行检测,如图 6-2 所示。

人体步态检测主要涉及两个对象:人与加速度传感器。行人步态的周期性,即人从起步脚脚跟抬起到同一只脚下一次脚跟抬起之时即为一个复步。这种周期性的动作也是我们步态检测的基础。通过测得人行走时相应的传感器信号,反应到信号波形上也将呈现周期性,研究人员根据周期性的信号波形识别出对应的步行动作。使用移动终端内置的加速度传感器,该终端的坐标系统与惯性传感器的加速度传感器坐标系一致,如图 6-3 所示:智能手机终端加速度传感器坐标轴与人体行走的坐标系类似,水平放置终端Z轴正方向即为人体的竖直方向,Y轴正方向为人体前进方向。

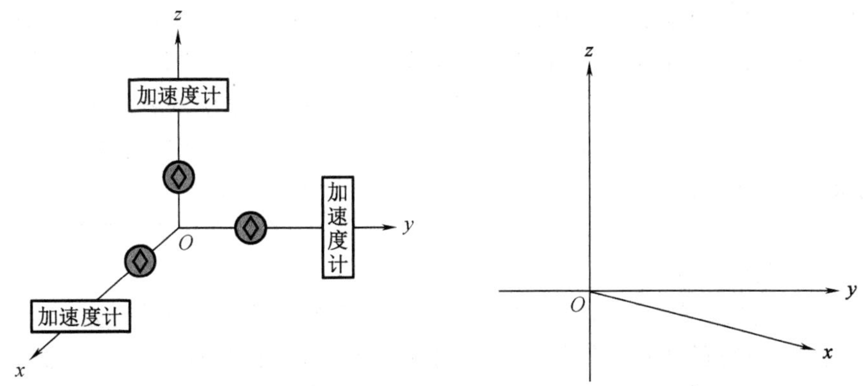


图6-2 惯性传感器坐标系

图6-3 移动终端加速度传感器坐标系

基于惯性传感器的定位技术中,采用过零检测法和峰值检测法用于移动用户的步态检测。人体行走时,采集加速度传感器竖直方向的变化数据进行人体行走的步态检测,需要考虑以下几个方面问题:

(1)人体迈步时,移动终端会出现轻微震动,有些震动也会产生类似于竖直方向加速度的变化规律,所以需要在人体步态检测过程中实时的剔除或者减弱人体轻微的震动造成的干扰;

(2)人体的行走具有随机性,如突然停止前进,静止一段时间后再次行走,如果静止期间可能也会包含了轻微的震动,会干扰正常的步态检测,所以需要检查出人体的静止状态,在步数统计过程中剔除这段静止状态的震动干扰;

(3)人体坐标系和加速度传感器的坐标系不会绝对吻合,在竖直方向上必然会存在偏角误差。但是由于步态检测主要是对竖直方向周期性规律的检测,而不是真实的加速度数值,所以只要保证在允许的偏角范围内,采集的加速度传感器竖直方向的加速度数值仍然会满足步态检测的周期性规律;

(4)移动终端的加速度传感器硬件系统,在完成加速度数值的读取时,也具有自己的周期,所以如果人体行走的一步的周期小于加速度传感器的读数周期,就会造成读数断流,对后期航迹推算方法造成影响。

2. 步态检测算法

移动用户的步态检测使用加速度数值精度来实现轻微震动检测以及行走过程中的突然静止状态。这两种状态下加速度传感器都会产生轻微震动。启动定位时加速度传感器会有轻微的抖动;行走中人体静止是相对的,虽然没有向前迈步,但是也会有一些其他的抖动或者震动,可以使用动态精度来检测出人体竖直方向的轻微震动,避免这些震动对步态检测造成干扰。因此竖直方向产生的轻微震动不能用来进行行人步态检测。

理想状态下,人体静止时竖直加速度数值为重力加速度。当人体迈步时,竖直方向的加速度数值会发生明显的数值变化,出现峰值与低谷;当人体静止时,即使出现轻微震动,竖直方向的加速度数值也只是在重力加速度附近波动,如果加速度数值变化很小,通常取值为 0.3,即重力加速度在 9.7 - 10.1 之间的波动数值被视为轻微震动,不计步数。时间窗口检测主要是基于行走一步的时间检测,由于人正常行走频率为 3 Hz 左右,行走一步的时间为 0.2 s ~ 2 s,因此如果连续两个迈步起点的时间差介于之间则进入峰值低谷检测,如果所述时间差小于 0.2 s 或者大于 2 s 则应取消该点为迈步起点重新开始计步。

(1)过零检测法是根据行人在行走时加速度在步态周期的不同时刻会发生变化,对应到加速度计测得的数据值会有正负变化,过零检测法依据这一特性,通过判断加速度值过零点时刻来判断步态。但由于行人在行走时手机位置的不固定,会出现抖动的情况,使用过零检测会造成步态检测不准确。

(2)峰值检测是根据人员走动时身体在一个步态周期中的惯性值总体呈现出由小到大,再由大到小的过程,即在一个周期中会出现峰值和谷值。我们只需检测出信号波形中的峰值或谷值,进而判断行人处于步态周期中对应的哪种状态。

依据加速度的峰值检测即依据判断加速度出现的峰值次数来估计行人的步数,如果行人与手机的位置相对固定,且手机朝向前进方向平端,那么只需对加速度计中 Y 轴(对应行人前进的方向)的数据进行分析检测。在真实场景中,行人与手机的位置并非固定不变,在前进的方向上还可能有 X 轴和 Z 轴的分量,因此仅采用单一轴的数据判断步态并不恰当。

为此采用了三个轴数据结合的方式进行步态的判定,因重力加速度的存在,首先需要去除掉重力加速度,然后根据公式:$Acc = \sqrt{x^2 + y^2 + z^2} - g$,计算出合成的三轴加速度值。

式中 $x$、$y$、$z$ 分别代表着加速度计在 $X$ 轴、$Y$ 轴、$Z$ 轴的分量,$g = 9.8\ \mathrm{m/s^2}$,表示重力加速度。通过对加速度曲线的分析,可以发现加速度曲线总体呈现出周期性,在每个波形周期中会出现最高值和最低值。但由于人行走过程中,手机相对于人的位置并不完全固定,导致脚在落地或提起时手机的位置会上下起伏抖动,这些抖动因此也会体现在加速度曲线中。这些直接导致加速度曲线上有一些小的毛刺出现,造成在一个周期波形中会出现多个峰值和谷值的现象,这对于峰值检测会产生较大的影响。为此,若仅使用峰值检测来判断行人步数,会出现较大的偏差。因手机的相对位置变化导致的步数检测偏差,可以通过动态步行持续时间约束和加速度值变化的大小约束来降低检测错误。

在检测波峰之前,我们首先需要对加速度信号进行滤波,以去除原始加速度信号中的高频噪声干扰。由于行人正常行走时的复步频率通常不会超过 3Hz,因此选择一个截止频率为3.5 Hz的低通数字滤波器。这样,经过低通滤波后的合成加速度曲线变得更加平滑,有效的去除了波形中的高频成分。但是,一些低频的抖动噪声依旧存在,这些抖动噪声与步态的周期信号相似,具有峰值和谷值,也会对步态的判别造成影响。因此,还需要其他方式对这一类的低频抖动加以识别,以提高步态识别的精准度。由于人在行走时步态具有连续性,每一步的持续时间与之前的步态时间有着一定的联系。行人速度的快慢变化导致其前后步态的持续时间周期不同,若仅采用固定值的时间约束并不能很好的适应行人的行走规律,将会导致步数估计不准确。

步态检测的完整流程如图6-4所示,对加速度信号低通滤波处理后,进行峰值检测与动态时间约束条件判断,为了更好的去除干扰波峰对步态检测的干扰,算法在时间约束的基础上进一步增加了两个峰值约束条件,其值大小取决于实测移动用户的行走动作。第一个峰值约束条件:当前峰值与前一个峰值的幅度差应小于给定阈值$\Delta h_1$,这一判定条件是依据行人行走时动作具有连续性,对应加速度的变化也具有前后连贯性。第二个峰值约束条件:若当前峰值之后存在着一个与当前峰值时间差小于$\frac{2}{5}\Delta t$的波峰,则当前波峰的峰值需大于之后的波峰峰值,否则判定当前波峰为干扰波峰。

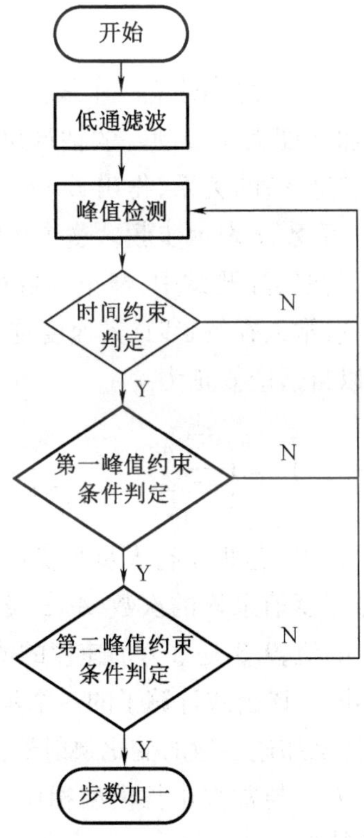


**图6-4　步态检测流程图**

### 6.2.2 步长估计

移动用户的步长除了与步态相关，还受到其身高、体重、情绪及行走的路面情况等因素的影响。因此，对其步态检测后，对其实时的步长进行估计有很强的随机性，也跟他行走时的加速度步频或者其他一些统计数值有关系。参考有关文献可知，常用的步长估计模型包括常数步长模型、线性步长模型及人工智能步长模型。

1. 常数模型

根据相关统计，行人步行时的步长为0.5～0.8 m。基于常数模型的步长估计根据行人的体态特征、通过对行人多次步长测量的结果取一个经验值作为行人的固定步长。常数步长模型是最简单的步长模型，初始值为预先定义或者参考不同的因素来设定，可以使用查表法，表中存储用户在不同速度下对应的步长，但是实际用户的步长应该根据用户的运动模型、每步持续的时间等因素来决定；常数步长估计模型在运用中不需额外计算，操作简单，对定位精度要求不高的场合较为适用。但在实际场景中，行人步长会受到速度、环境等因素的影响，由于固定步长模型不能反应出步长变化的特性，因此定位精度较差。

2. 线性步长模型

线性步长模型是在步频和步长之间建立一个线性的估计模型。主要依据行人行走时的一些特性如步频、加速度大小等动态的估计出步长。通过对同一个人在不同的步行速度下，其步长与步频的关系，得出 $L = cf$，式子中 $L$ 表示估计出的步长，$c$ 表示根据不同人的修正系数，$f$ 表示步频。这个公式反映了步长与步态频率之间的正相关的线性关系，但在实际测试中，修正系数很难准确的计算出来，且公式本身存在一定的误差。一般常人在行走时，其速度越快，每一步迈进的距离也就越远，基于此的步长估计可以自适应修正为

$$L = 1.07 + \left( \frac{\sum_{n=1}^{k} Acc_n}{k} - 9.8 \right) * a \tag{6-2}$$

式中 $L$ 表示估计的步长，1.07 是根据行人步行步长的经验值；$k$ 表示在上一步到当前步时刻之间对合成加速度值采样的次数，$Acc_n$ 表示上一步到当前步时刻之间对合成加速度第 $n$ 次采集的值，9.8 是重力加速度的值，$a$ 为自适应调节系数，该系数对不同体态的人取值不同。该公式计算了的一个步态中行人加速度值均值的大小，通过自适应调节系数将该加速度值的变化映射到行人步长的变化上，调节系数的设定可适应不同体态的人。与常数步长模型相比，该线性自适应模型能够更好的反映出行人步长差异的特性。

3. 人工智能步长估计模型

人工智能步长估计模型无需考虑步长与速度和其他统计变量之间的关系，使用人工神经网络估计步数，利用输入的已知参数，如步频、每步加速度方差和地形的斜率来获得当前的步长。常数步长无法体现人体行走过程中的速度变化；线性步长模型虽然得到了步长的模型估计，但是没有任何明确的理论依据证明人体行走步长一定是按照特定的模型来行走的，该模型除了受速度，加速度等特征变量数值影响外，也不能体现出步长的随机性；人工智能步长估计已经得到了不错的检验和认证，但是人工智能步长估计模型需要提前花费大量的实验训练，不适宜应用到广泛的不同种类的室内环境和不同形态的行人。

### 6.2.3　航向估计与纠正

完整的 PDR 系统需将每一步的步长和航向信息结合起来推断出下一步的位置，所以航向的估计是 PDR 定位的重要组成部分。人在行走中，手机的朝向可能与用户前进的方向不同，这被称为“设备航向偏移”。且在行走过程中，手机的位置会因为行人的动作例如打电话、玩游戏等产生变化，因此可靠的航向估计是一个很困难的任务，目前还没有可靠的解决办法。

在本文中假设行人与手机的位置相对固定，即在实验过程中行人水平握着手机，且手机朝向行人前进的方向。在假定手机与人的位置相对固定的条件下，可通过计算手机的偏向角得到行人的航向。在行人步行时，通过对手机中陀螺仪的角速度数据进行积分的方式，计算出航向角度。具体计算公式：$\theta = \sum_{i=1}^{k} \varphi_i + \theta_0$，式中 $\theta$ 为当前航向角的估计值，$\theta_0$ 表示初始时的航向角，$\varphi_i$ 表示前 $k$ 步中第 $i$ 步的偏向角。由于在航向测试过程中，手机的位置水平向前，因此对陀螺仪 Y 轴方向的数据进行积分即可。

如图 6－5 所示，当行人从 $A$ 点行走至 $B$ 点时，行人在 A 点的初始航向角为 $\theta_0$，经过两步到达 B 点时，其航向角为前几步航向角的累加和：$\theta = \theta_0 + \varphi_1 + \varphi_2$。在后续行走过程中依次累加之前所有步的偏向角即为当前航向角。

尽管对单一轴的角速度积分的结果大致符合行人转向规律，但在行走过程中每一步的航向角都是由之前所有步的偏向角的累积，由于手机中传感器精度的限制，无法保证每一步积分后的偏向角绝对准确，在长时间的行走中，航向角的误差具有累积效应，并且累积误差不断放大，最终造成航向的偏离。为了使长时间行走的航向保持准确，需在行进过程中加以修正，即利用 WLAN 定位技术中的 RSS 信号对航迹推算进行修正，弥补航迹算法带来的累积误差对定位精度的影响。

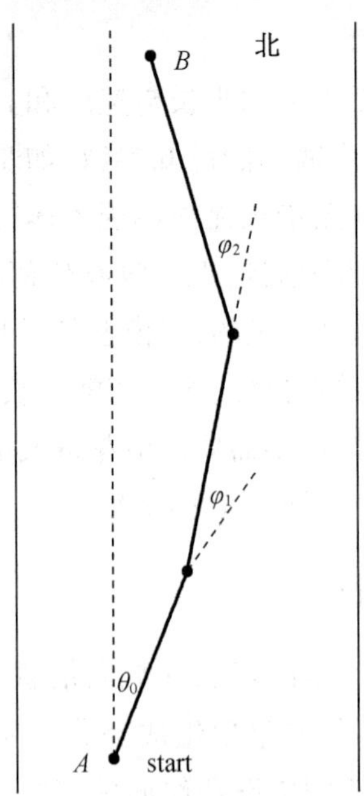


图 6-5 航向累积推算原理图

## 6.3 信息融合技术

广泛而深刻的信息融合,是人类能够高效准确地处理各种信息一大特点。在日常生活中,我们无时无刻不在进行着信息的融合。例如,工作或娱乐中对感兴趣的资料进行收集、汇总;浏览商品时,对所见、所闻并结合自己的经验对是否购买进行决策;在听取别人意见时,采用“兼听则明”的办法,综合判断等等。总之,人们时时刻刻都在有意无意地用各种方式、对来自各个方面的信息进行着综合,以做出尽可能准确的判断和决策。当代计算机应用技术中,信息融合技术泛指各种综合处理和运用多种数据、以发现规律、改进决策的理论和方法。信息融合技术不仅有广泛的实际应用,而且涉及当前计算机应用基础研究的很多重要部分。

按照信息处理深度的不同,常见的信息融合技术大致可以分成三类:数据融合、特征融合和决策融合。数据融合是从形式上将数据统一到便于处理的状态。这种统一化操作包括数据类型转换、数据变化范围及绝对值的统一、离群点和异常点的处理等等。数据融合往往是综合分析多模态信息的第一步。特征融合就是运用特征的物理含义,在特征层次进行的信息融合。即在对信息内容分析的过程不直接建立在原始数据之上,而是建立在原始数据的特征之上,这里的特征指的是具有一定物理含义的对原始数据的描述。特定信息内容的分析往往可以运用各种不同的方法、基于大量不同的特征进行；如果将这些分析的结果进行融合，则称为决策融合，信息融合的三个层次如下图所示：

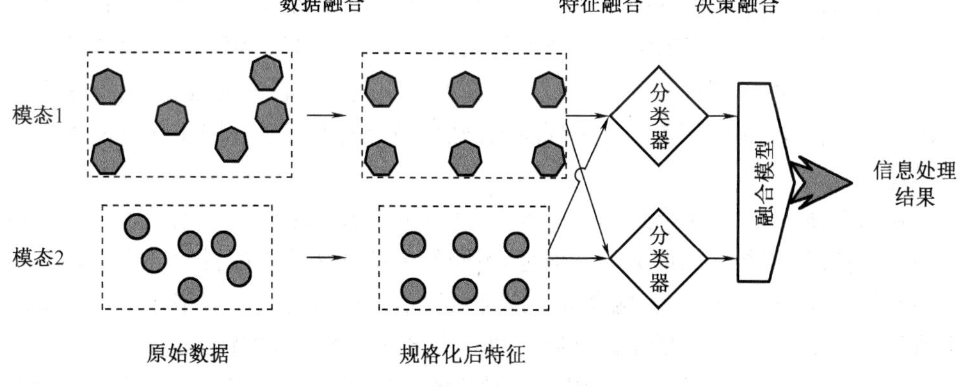


图 6－6　信息融合的三个层次

在信息融合的三个层次中，决策融合是应用比较广，也是研究比较深入的层次。决策融合在机器学习领域内主要围绕分类器融合方法的研究展开，并在计算机视觉、文本检索、图像和信息等领域有广泛的应用。特征融合主要涉及如何选择特征，如何结合不同的特征的问题，与具体应用十分相关。特征融合在自动控制、计算机视觉、多媒体内容分析领域应用很普遍。数据层次的融合主要指数据准备技术。从一般意义上看，数据准备包括数据正式建模前所有数据收集和整理工作，是信息融合的最初阶段，也是影响后续数据建模的重要环节。

### 6.3.1　决策融合概述

决策融合泛指各种对决策结果进行综合的过程。选举就是一种典型的决策融合过程，该过程通过投票对所有个人的决策结果进行融合来找到能够代表整个群体意愿的决策。元搜索技术通过综合多个搜索引擎的搜索结果来获得更准确或更全面的结果，也是一种决策融合技术。在机器学习领域，分类器结果的融合就是典型的决策融合。

序融合是对以序的形式表达的决策结果的融合，是一类常见的决策融合方法。在上述的投票、元搜索、多分类器结果融合等领域就广泛应用了序融合的方法。我们称判断结果可以表示为 0 或 1 的决策为二类决策。例如，如果在选举中，投票人对每个候选人只能投“赞成”与“反对”两种票，这时的每个投票人的决策就是一种二类决策。不论在理论上还是在应用上，二类决策都是多类决策的基础。为此，以二类决策为基础，讨论决策融合中的序融合方法的原理及其改进，进而为定位信息融合的决策提供算法研究基础。

### 6.3.2 决策融合的三个层次

通常,对决策结果的融合可以在“类”“序”和“值”三个层次上进行。这三个层次所包含的信息量逐步增加,而融合的技术特点与效果各不相同。在“类”的层次上,决策结果仅以类别标号的形式表示。这种表示通用于各种决策方法,但是其包含的信息量较少,而且依赖于决策判断的阈值;融合的方式也仅限于交、并、差等集合运算。

在“值”的层次上,决策结果以置信度的形式表示。这种表示包含了丰富的信息,而且与决策判断的阈值无关。但是,不同的决策方法给出的置信度实际含义一般各不相同,不能直接比较;融合前一般须对置信度进行适当的规格化。由于实际中值的意义千差万别,一般难以有通用的规格化方法和融合方法。

在“序”的层次上,决策结果以决策对象的有序列表的形式表示。这种表示不仅包含有远比类别标号丰富的信息,而且对于各种决策方法具有一致的形式和意义。同时,序表示的决策结果还与具体的决策阈值无关,并对产生序的值(某种置信度或分值)具有平移、缩放不变、对小干扰鲁棒的特性。所有这些特点都决定了序融合潜在的有效性和广泛的适应性,所以序融合的方法受到来自机器学习、计算机视觉、信息检索和多媒体等众多领域研究者的广泛重视。

### 6.3.3 二类决策结果的序融合

二类决策不仅可以概括实际应用中的一大类决策问题,而且在理论上,二类决策还是多类决策的基础,因此讨论二类决策的序融合问题,具有重要的理论和应用意义。在二类决策背景下,序融合的最主要和最根本的问题就是:序融合如何实现二类决策问题的改善效果。这个问题在序融合的理论与应用研究中讨论较少。由于对此问题缺乏基本的认识,现在常见的序融合方法大多是启发式方法。

1. 序融合问题的描述

假设一个二类决策问题的讨论域为对象集 $S$,$S$ 由两个子集 $S_0$、$S_1$ 构成,我们称 $S_1$ 为正例子集,$S_0$ 为负例子集;$S_1$ 中的元素称为正例对象,$S_0$ 中的元素称为负例对象。其个数分别为 $N_1$ 和 $N_0$,对象的总数 $N = |S| = N_1 + N_0$。

而决策结果假定为 $J$ 组,即经过对集 $S$ 的决策,一共有 $J$ 个关于 $S$ 中对象的列表 $\tau_j = (s_1^j, s_2^j, \cdots, s_N^j)$,其中 $j = 1, 2, \cdots, J$。从直观上来看,二类决策结果的性能,取决于列表中正例对象是否尽可能地排在列表的前面。序融合的目标也就是要综合各个列表提供的信息,得到一个列表 $\sigma$,使得 $\sigma$ 中的正例对象尽可能地靠前。在信息检索中,二类决策结果的性能一般用平均准确率来度量。

2. 基于分值的序融合

以 Borda 方法为代表的基于分值的序融合策略直接给出序融合的操作方式,

即简单地对列表的各个序位评分，然后根据对象在各个列表中的综合得分，排序得到融合的结果。我们称这类操作方式为“平均序”的操作方式。例如，Borda 方法对列表的各个序位按线性评分，即列表 $\tau_j$ 中对象 $i$ 的评分为：$B^j(i) = -\tau_j(i)$，式中 $\tau_j(i)$ 是列表 $\tau_j$ 的序位函数，表示对象 $i$ 在列表 $\tau_j$ 中的序位。例如，若 $i$ 排在列表 $\tau_j$ 之首，则 $\tau_j(i)=1$，等等。这里分值前的负号仅仅为了使序位靠前的对象分值较大。$J$ 个列表融合时，Borda 方法所确定对象 $i$ 的总分为

$$B(i) = \sum_{j=1}^{J} B^j(i) \tag{6-3}$$

其中 $B^j(i)$ 为第 $j$ 个列表给对象 $i$ 的分值。序融合的结果就是按上式(6－3)所得的总分值的大小顺序排列得到的。在实际应用中，考虑到不同列表性能的差异，加权的 Borda 方法被广泛用于序融合排序中，即

$$B^W(i) = \sum_{j=1}^{J} w_j B^j(i) \tag{6-4}$$

常见的加权方式包括：基于列表平均准确率的线性加权、按平均准确率的指数函数加权。从几何意义上看，如果将参与融合的每一个列表看成给对象打分的一个维度，则所有列表的打分就形成了一个 $J$ 维的分值空间。Borda 方法用一组平行的超平面将分值空间划分为一系列的等序位区域，各个对象的序位就取决于其在分值空间中所处的等序位区域。从这个角度看，加权的 Borda 方法，就是通过调整这一组超平面的方向，来寻求更好的等序位区域的划分办法。

除了线性的求和以外，非线性的极值函数也被用于对对象的排序。最高序位法来决定对象的总分的方式为

$$B^{HR}(i) = \max_{j \in \{1,2,\cdots,J\}} \{B^j(i)\} \tag{6-5}$$

从几何角度看，以两个列表的融合为例，最高序位法 HR 划分等序位区域所用的是与坐标轴平行的一系列 $L$ 形折线。作为对最高序位方法的一种改进，Melnik 等人提出了 MGR 方法，该方法中对象的总分，由列表集的各个子集上、对象最高序位的评分加权得到

$$B^{MGR}(i) = \sum_{A \subset \{1,2,\cdots,J\}} w_A \max_{j \in A} \{B^j(i)\} \tag{6-6}$$

这种改进方法，使得划分等序位区域的 $L$ 形折线的方向和张角可以根据实际数据调整。当张角为 $\pi$ 时，上述的两种方法等效。从操作方式上看，基于最高序位方法(6－5)及 MGR 方法(6－6)在实际实验中取得了一定的效果。另外，从式(6－6)可以看到，MGR 方法所需确定的参数是参与融合的列表个数的指数函数($2^J-1$)，这使得此方法只适用于很少量列表的融合。

基于分值的方法简单，计算复杂性很小，而且在实际应用中取得了一定的效果。但是这类方法存在一个普遍的问题，那就是融合的物理含义不明确。因此，这类方法的适用范围、改进办法、融合效果的理论分析等问题就都难以明确回答。

3. 基于二元关系的序融合

以 Condorcet 方法为代表的基于二元关系的序融合方法中,序(或列表)被看成是二元关系。也就是说,序被打散成了对象之间"捉对"的二元比较关系。例如序 $(a,b,c)$ 被认为是二元关系 $\{a>b,a>c,b>c\}$,这样,序融合就成为多个二元关系的组合。Condorcet 方法所给出的融合的序,就是这种两两相比的关系对被输入列表支持得最多的序。

Condorcet 方法的思想,可以表述成序间 Kendall tau 距离的优化,即两组排列中相对顺序不同的数对的数目。两个列表 $\tau_1$ 和 $\tau_2$ 之间的 Kendall tau 距离定义为

$$D(\tau_1,\tau_2) = \left|\{(i,i') \in S \times S \mid i < i',[\tau_1(i) - \tau_1(i')][\tau_2(i) - \tau_2(i')] < 0\}\right| \tag{6-7}$$

则 Condorcet 序融合就是寻找一个序 $\sigma$,使得 $\sum_{j=1}^{J} D(\sigma,\tau_j)$ 最小化。此值就是融合距离。研究表明,在 Kendall tau 意义下,寻找最小融合距离的优化问题是 NP - hard 的。在实际应用中,为了解决基于二元关系的方法的计算复杂性问题,研究者从两个方面进行了尝试。一方面是通过适当改变序间距离的定义,以获得可快速求解的原问题的近似解。Dwork 等研究者发现,在 Spearman's Footrule 距离的意义下优化 $\sum_{j=1}^{J} D(\sigma,\tau_j)$ 的计算复杂性为 $O(n^{5/2})$,而且得到的最优列表在 Kendall tau 意义下的融合距离不会高于 Condorcet 解的两倍。然而,Dwork 等人同时指出,对于部分列表,在 Spearman's Footrule 距离的意义下优化融合距离的问题仍然是 NP - hard 的。

改善计算复杂性的另一类方法则放弃求对融合距离的优化。如果不考虑融合后线性序关系所必须的传递性,则优化融合距离时,对于每一对元素,简单取其优先关系支持较多的一组方向即可。然而,这样得到的二元关系往往不满足传递性。用有向图表示时,不满足传递性意味着二元关系对应的图中存在回路。我们把二元关系的有向图中出现回路的现象称作序融合中的纠缠现象。

### 6.3.4 二类决策结果序融合的问题

1. 基于二元关系方法的局限

计算复杂性过高是基于二元关系序融合方法在原理上存在的主要问题。二类决策中序融合的目标,是使正例对象在列表中尽可能靠前,即正例尽可能排在负例的前面。至于正例对象之间的次序,或者负例对象之间的次序,则与融合目标无关。然而,基于二元关系的方法考虑的则是"所有关系对"之间的全部次序,也就是说,对融合距离的优化不仅不意味着对二类决策目标的优化,在很多情况下甚至是在误导二类决策的序融合。

此外，为了降低计算复杂性，Montage 等人忽略列表融合所带来的二元关系中的纠缠的做法也存在较大的问题，因为当列表长度稍长时，绝大多数对象会纠缠到一起，以至于忽略纠缠内部对象之间的顺序几乎等于放弃序融合。下面的随机二元关系的模拟实验反映了大范围纠缠现象的严重性。

我们任取一个给定长度的列表，将其看成二元关系，并对其中每一对元素之间次序关系，以概率 $1-p$ 加以翻转，然后分析元素之间次序的纠缠情况。我们选择"有向图中最大回路所包含的结点占结点总数的比例"来度量一个有向图对应的二元关系的纠缠程度，并称这个比例为最大纠缠覆盖率。重复这种实验 $n$ 次取最大纠缠覆盖率的平均值，得了到给定长度和翻转概率情形下，随机二元关系的平均纠缠程度。

在实际的序融合中，参加融合列表之间的"不一致"对应于上述实验中的随机干扰。一般情况下，列表之间的不一致会非常明显，相当于随机模拟中的干扰较大的情形；可以推测，在实际条件下，忽略序融合中纠缠现象的做法将使序融合退化为仅仅依赖于初始状态的平凡排序，实际上也就是放弃了序融合。

2. 基于分值方法的局限

基于分值的方法虽然简便且有一定效果，但是缺乏有效的理论支持和物理解释。这种对其背后机理认识的缺乏，具体表现在单个分值意义不明确和计算总分的意义不明确两个方面。

一方面，式 $B^j(i)=-\tau_j(i)$ 所定义的线性评分方式可能不太合理。例如，直观感觉告诉我们，在体育比赛中，关于名次的重要性，第 1 名与第 2 名的区别，要大于第 11 名与第 12 名之间的区别。这样看，对序位进行的线性评分意义就不明确了。另一方面，总分计算的意义也有问题。以加权求和为例，一般情况下，(6－4)式中的权值可以看出是分值空间的一个方向，根据对象在此方向上投影的长度来决定融合后的序。然而，按序位线性打分所形成的空间中，样本点并不具备独立性。当融合问题中增加一个新的对象时，一些原有对象在分值空间中的位置可能会改变。在 Borda 方法的框架下，对序位分值意义模糊、相互关联的情况下，权值代表的方向意义难以确定；直接从训练数据推广到测试数据的延伸难以完成。

总之，从当前的研究看，我们对基于分值的方法缺乏基本的理解和改进依据，对其可能达到的效果无法估计，也对其适用范围和在测试集上的推广能力缺乏了解。但是，基于分值的方法的计算复杂性低，而且在实际应用中也取得了一定的效果，这也反映了这类方法存在一定的合理性；从另一个角度看，前述的局限性也显示了基于分值的方法很可能具有较大的改进余地。

综上所述，二类决策结果的序融合问题主要是结果的序及其序融合的物理或概率意义；序融合如何改善二类决策的结果及如何进行二类决策问题有效的序融合。

## 6.4 基于 WLAN 的信息融合定位算法

多信息融合定位又称组合定位,是通过测量多个信息源的信息并根据一定的方法分析和处理,最终确定移动终端用户位置目标的技术。融合定位策略可以结合单一信息定位的优点,实现优势互补,有效提高定位的精度、可靠性。数据融合的方式按照数据抽象的层次从低到高可分为数据层融合、特征层融合和决策层融合三种。

数据层融合是在信息收集阶段,对多种信息数据进行组合分析,从而得到最终结果。该方式属于最底层的融合,最终得到的结果也最准确,但这种方式处理较为复杂,计算量大,不具实时性。由于移动用户终端的计算能力有限,因此该方式不太适合。特征层融合是在原始数据提取之后的信息处理阶段进行组合分析,通过不同信息的特征影响其他信息的决策处理,最后得到组合处理的结果。例如可以通过用户航迹推算定位中的步长估计来影响 WLAN 指纹匹配中的参考点的选取,以达到更准确的参考点映射,实现位置精确估计。特征层融合方式属于中间层数据的融合,比数据层融合方式处理复杂度低,提高了定位的实时性。

决策层融合是在各个信息源处理之后,对各自得到的定位结果进行融合,属于最高层的融合。在数据处理阶段,每个信息源的处理方式相互独立,互不影响。鉴于在实际定位场景中,可能在某个时刻或位置存在着信息源的缺失,例如本文中的 RSS 信息和传感器信息融合定位时,若行人行走至一个 WLAN 信号覆盖不到的区域造成部分 RSS 信息的缺失,此时若在数据层或特征层进行融合会因信息不全而无法定位。本文中采用决策层融合的方式进行组合定位,即根据各自的定位技术,实现移动终端位置估计,然后对估计的结果进行融合。一旦某个信息缺失,则可采用另外的信息源定位的结果作为最终的位置估计结果。

### 6.4.1 卡尔曼滤波

1. 基本卡尔曼滤波

单一的定位技术往往难以到达理想的定位效果,如 WLAN 定位易受到环境干扰导致定位精度有限,PDR 定位可在一定的距离内可以达到很好的定位效果,但由于传感器的误差,超过一定距离的定位误差明显。因此结合多种信息源进行定位,实现优势互补,以获得优于单一信息源定位的系统性能很有必要。卡尔曼滤波 KF 是 Kalman 在 1960 年提出的一种最优估计方法,该方法基于线性最小均方差估计采用递推形式计算出每一步的最优估计,卡尔曼滤波在工程领域已经得到广泛应用。

假设在一个线性系统中,系统的状态差分方程和测量方程如下:

$$\begin{cases} x_k = Ax_{k-1} + Bu_{k-1} + w_{k-1} \\ z_k = Hx_k + v_k \end{cases} \tag{6-8}$$

其中，状态方程左边的 $x_k$ 是系统的状态向量，$A$ 是转换矩阵，$u$ 为系统的输入值向量，$B$ 是转换矩阵，作用是将系统输入转换成系统状态，$w$ 是系统的噪声。测量方程中，$z$ 表示测量值，$H$ 是将状态变量转换成测量值的矩阵，$v$ 表示测量噪声。噪声 $w$、$v$ 为服从高斯分布的白噪声，且相互独立。噪声变量的协方差矩阵 $Q$ 及 $R$ 为

$$\begin{cases} p(w) \sim N(0,Q) \\ p(v) \sim N(0,R) \end{cases} \tag{6-9}$$

卡尔曼递推过程大致可分为预测和更新两部分，递推流程如图 6－7 所示：图中 $P_k^-$ 预测值和真实值之间误差协方差矩阵，$K$ 为卡尔曼滤波增益，$I$ 表示单位阵，$\hat{x}_k$ 为最终的估计值。

从图中可以看出，在预测部分，根据系统的状态差分方程由上一步的状态量 $\tilde{x}_{k-1}$ 推算出当前状态量 $\tilde{x}_k$，并计算出对应的预测值与真实值之间的协方差矩阵 $P_k^-$。在更新部分，当获得包含有一定的误差的测量值之后，根据计算出的卡尔曼增益 $K_k$，卡尔曼滤波将预测出的状态量与观测值进行加权平均，得到最新的估计值 $\hat{x}_k$。同时更新误差协方差矩阵 $P_k$。

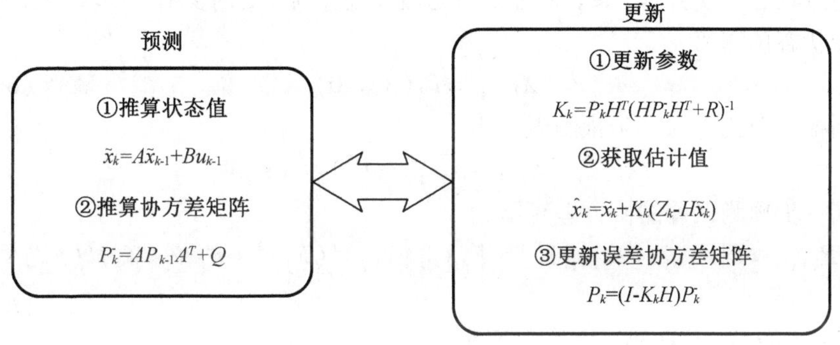


**图 6－7　卡尔曼滤波迭代流程**

2. 扩展卡尔曼滤波

卡尔曼滤波器属于自适应滤波器，一般适用于线性系统的状态估计。对于许多非线性系统，基本的卡尔曼滤波器是不适合做这些系统的状态估计。其中，对非线性系统中的状态方程或量测方程做线性处理，做出次优的近似估计方法是一个可行办法。其中扩展卡尔曼滤波就是典型的次优估计方法。扩展卡尔曼滤波是对系统中的非线性方程进行泰勒级数展开，根据泰勒展开的级数可分为一阶 EKF 算法和二阶 EKF 算法。

离散时间非线性系统的状态方程以及观测方程如下：

$$X_{k+1} = F_k(X_k, W_k)$$
$$Z_k = H_k(X_k, V_k) \tag{6-10}$$

$k$ 时刻滤波得到的系统状态估计和对应的误差协方差为 $X_{k|k}$ 和 $P_{k|k\backslash}$，同时对系统状态转移方程以及测量方程做一阶泰勒展开，得

$$X_{k+1} = F(X_k, W_k) \approx F_k(X_{k|k}, 0) + F_k^X X_{k|k} + F_k^W W_k \tag{6-11}$$

$F_k^X$、$F_k^W$ 为状态转移方程的雅克比矩阵，其中

$$F_k^X = \left.\frac{\partial F_k(X_k,0)}{\partial X_k}\right|_{X_k = X_{k|k}} = \begin{pmatrix} \frac{\partial F_k^1(X_k,0)}{\partial x_1} & \vdots & \frac{\partial F_k^1(X_k,0)}{\partial x_n} \\ \vdots & & \vdots \\ \frac{\partial F_k^n(X_k,0)}{\partial x_1} & \vdots & \frac{\partial F_k^n(X_k,0)}{\partial x_n} \end{pmatrix}_{X_k = X_{k|k}} \tag{6-12}$$

$$F_k^W = \left.\frac{\partial F_k(X_k,0)}{\partial W_k}\right|_{X_k = X_{k|k}} = \begin{pmatrix} \frac{\partial F_k^1(X_k,0)}{\partial w_1} & \cdots & \frac{\partial F_k^1(X_k,0)}{\partial w_n} \\ \vdots & & \vdots \\ \frac{\partial F_k^n(X_k,0)}{\partial w_1} & \cdots & \frac{\partial F_k^n(X_k,0)}{\partial w_n} \end{pmatrix}_{W_k = 0} \tag{6-13}$$

通过状态转换方程，基于 $k$ 时刻的滤波状态对 $k+1$ 时刻作一步状态预测，得到一步状态预测值

$$X_{k+1|k} = F_k(X_{k|k}, 0) \tag{6-14}$$

则根据上式得到一步预测误差为

$$X_{k+1|k} = X_{k+1} - X_{k+1|k} \approx F_k^X X_{k|k} + F_k^W W_k \tag{6-15}$$

其一步预测误差的协方差矩阵为

$$P_{k+1|k} = E[X_{k+1|k}(X_{k+1|k})^{\mathrm{T}}] \approx F_{\underset{k}{X}} X_{k|k}(X_{k|k})^{\mathrm{T}}(F_{\underset{k}{X}})^{\mathrm{T}} + F_{\underset{k}{W}} W_k(W_k)^{\mathrm{T}}(F_{\underset{k}{W}})^{\mathrm{T}} \tag{6-16}$$

其中矩阵 $F_k$ 的值为

$$F_k = \begin{pmatrix} I_{3\times3} & 0_{3\times3} & 0_{3\times3} \\ 0_{3\times3} & I_{3\times3} & \Delta t \cdot I_{3\times3} \\ -\Delta t \cdot S_k & 0_{3\times3} & I_{3\times3} \end{pmatrix} \tag{6-17}$$

与状态转移方程类似，对观测方程作近线性化处理得

$$Z_{k+1} = H_{k+1}(X_{k+1}, V_{k+1}) \approx H_{k+1}(X_{k+1|k}, 0) + H_{k+1}^X X_{k+1|k} + H_{k+1}^V V_{k+1} \tag{6-18}$$

公式中 $H_{k+1}^X$ 和 $H_{k+1}^V$ 的值分别为

$$H_{k+1}^{X}=\left.\begin{pmatrix}\frac{\partial H_{k+1}^{1}(X_{k+1},0)}{\partial x_1} & \cdots & \frac{\partial H_{k+1}^{1}(X_{k+1},0)}{\partial x_n}\\ \vdots & & \vdots\\ \frac{\partial H_{k+1}^{n}(X_{k+1},0)}{\partial x_1} & \cdots & \frac{\partial H_{k+1}^{n}(X_{k+1},0)}{\partial x_n}\end{pmatrix}\right|_{X_{k+1}=X_{k+1|k}} \tag{6-19}$$

$$H_{k+1}^{V}=\left.\begin{pmatrix}\frac{\partial H_{k+1}^{1}(X_{k+1|k},V_{k+1})}{\partial v_1} & \cdots & \frac{\partial H_{k+1}^{1}(X_{k+1|k},V_{k+1})}{\partial v_n}\\ \vdots & & \vdots\\ \frac{\partial H_{k+1}^{n}(X_{k+1|k},V_{k+1})}{\partial v_1} & \cdots & \frac{\partial H_{k+1}^{n}(X_{k+1|k},V_{k+1})}{\partial v_n}\end{pmatrix}\right|_{V_{k+1}=0} \tag{6-20}$$

根据 $k$ 时刻的系统状态以及量测方程得到 $k+1$ 时刻两侧之的一步预测值

$$Z_{k+1|k}=H_{k+1}(X_{k+1},0) \tag{6-21}$$

相应的预测误差为

$$Z_{k+1|k}=Z_{k+1}-Z_{k+1|k}\approx H_{k+1}^{X}X_{k+1|k}+H_{k+1}^{V}V_{k+1} \tag{6-22}$$

则量测预测误差得协方差矩阵为

$$R_{Z_{k+1|k}Z_{k+1|k}}=E[Z_{k+1|k}(Z_{k+1|k})^{\mathrm{T}}]=H_{\substack{X\\k+1}}P_{k+1|k}(H_{k+1}^{X})^{\mathrm{T}}+H_{k+1}^{V}R_{k+1}(H_{k+1}^{V})^{\mathrm{T}} \tag{6-23}$$

状态预测误差以及量测预测误差的互协方差阵为

$$R_{X_{k+1|k}Z_{k+1|k}}=E[X_{k+1|k}(Z_{k+1|k})^{\mathrm{T}}]\approx X_{k+1|k}(X_{k+1|k})^{\mathrm{T}}(H_{k+1}^{X})^{\mathrm{T}}=P_{k+1|k}(H_{k+1}^{X})^{\mathrm{T}} \tag{6-24}$$

根据上式,得到 $k+1$ 时刻的 Kalman 增益矩阵:

$$K_{k+1}\approx P_{k+1|k}(H_{k+1}^{X})^{\mathrm{T}}[H_{k+1}^{X}P_{k+1|k}(H_{k+1}^{X})^{\mathrm{T}}+H_{k+1}^{V}R_{k+1}(H_{k+1}^{V})^{\mathrm{T}}]^{-1} \tag{6-25}$$

在获得 $k+1$ 时刻的量测值 $Z_{k+1}$,对一步预测值进行更新,得到更新后的结果:

$$X_{k+1|k+1}=X_{k+1|k}+K_{k+1}(Z_{k+1}-H_{k+1}^{X}X_{k+1|k}) \tag{6-26}$$

$$P_{k+1|k+1}=P_{k+1|k}-K_{k+1}HP_{k+1|k} \tag{6-27}$$

### 6.4.2　融合定位系统结构

基于 WLAN、PDR 及地磁定位技术,三者都可以由移动用户作为手持终端,在普通的智能手机上实现定位,成本低,易推广。但这三种定位技术特点各异:

第一,基于 WLAN 室内定位具有标签性,在大范围内定位时,距离较远的位置一般较容易区分,定位误差无累积。但 RSS 定位的平均精度在 3 m 左右,定位误差受环境干扰波动大。

第二,PDR 是相对定位,定位误差会随行走距离累积,但 PDR 技术在短距离内的定位误差小,因此适宜与其他定位技术相融合。

第三,地磁矢量只有三维,以地磁作为位置指纹定位会存在指纹不唯一的问题,致使定位误差较大。当在小范围内地磁指纹唯一性较高时,可以实现平均误差较小的定位。因此,地磁定位可以与其他定位方法相融合来缩小匹配范围,以降低地磁指纹不唯一造成指纹误匹配率较高的问题。

通过对以上三种定位方法特点的分析,发现三者可以通过融合来进行优势互补。通过卡尔曼滤波来进行三者的融合,并直接利用 RSS 定位来限定地磁匹配范围,由于 RSS 更新频率低且误差波动大,不利于准确且最大程度的减小地磁匹配范围。本文利用基于 Unscented 变换的改进卡尔曼滤波器来融合 RSS 与 PDR 位置估计结果,并利用该融合结果及 WLAN 定位来共同限定地磁的匹配范围,这样的结构可以在 RSS 采样尚未更新时,利用 PDR 的结果来限定地磁的匹配范围,其次 WLAN 定位的精度低于二者融合定位的精度,由后者来限定地磁的匹配范围会比 WLAN 定位来限定更加准确。

上述的融合定位算法可以分为两个过程:首先利用卡尔曼滤波器进行 RSS 与 PDR 的定位融合,简称该融合算法为 RP 算法;然后,将第一步的定位结果与地磁定位进行融合并得出最终定位结果,简称 RPM 算法。融合定位系统的结构如图 6-8 所示,主要分为 RSS 定位、PDR、卡尔曼滤波器和地磁定位四个模块。

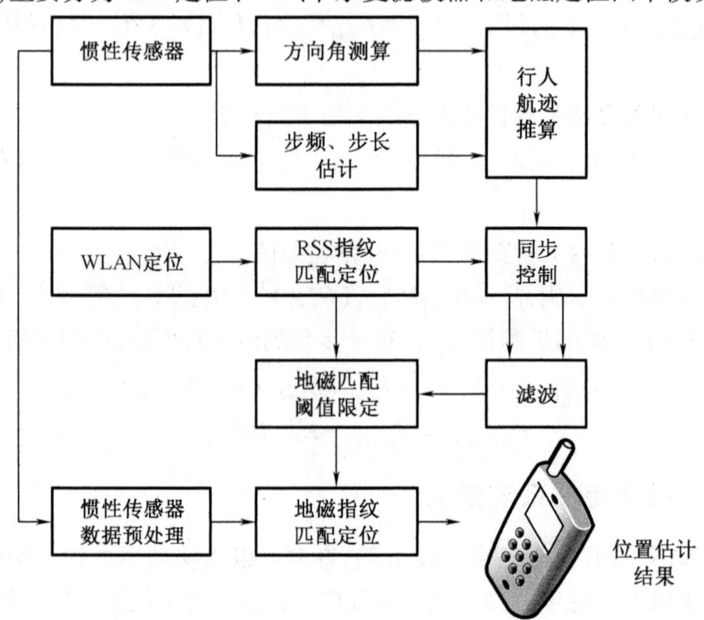


**图 6-8　融合定位系统结构图**

从图中可以看出,整个系统从时间先后顺序分为信息采集、信息处理、模块定位、卡尔曼滤波融合及位置估计模块。从信息的处理过程可分为基于惯性传感器和基于 WLAN 的信息处理模块,这两个分别利用传感器信息和 RSS 信息进行位置的估计，最后通过扩展的卡尔曼滤波对各自的定位结果进行融合得到最终的估计位置。具体工作流程如下：

①初始时，利用 WLAN 定位技术，依据预先采集的静态指纹库与实时接收的 RSS 信息进行定位，作为行人的起始位置。

②随着移动用户位置的移动，其手持终端设备 - 手机中的数据采集软件开始对加速度计和陀螺仪的数据以 50 Hz 的频率进行采样。

③对前两步采集的加速度数据进行滤波、步态检测，当检测到一个完整步态时相应增加一个步数。当累计步数到达 3 步时，对 RSS 信息进行一次采样，同时将采集到的传感器信息送入下一步的信息处理，并将累积步数清零。

④在信息处理过程，根据一个步态周期采集到的加速度和陀螺仪数据分别进行步长估计和航向角的估计。同时根据采集的 RSS 信息进行指纹匹配。

⑤采用上一步估计出的步长和航向角信息通过航位推算出当前位置，同时根据指纹匹配的结果计算出 WLAN 定位的位置。随后将这两个结果作为卡尔曼滤波算法的输入参数，进行数据融合。

⑥利用扩展卡尔曼滤波融合 PDR 和 WLAN 的定位结果，估计出移动用户的位置。将估计出的位置作为当前起始位置，已进行下一次迭代，直到完成对移动用户的位置估计。

⑦将融合后定位结果与地磁定位进行融合，并得出最终定位结果。

通过上述过程即可完成对行人位置的估计，在这个过程中我们首先利用 WLAN 定位得到了移动用户的初始位置，解决了 PDR 定位的起点无法确定的问题。同时通过 RSS 信息和 PDR 定位的结合，对 PDR 推算过程中的航向偏离及步长的累积误差予以即时的修正，而短距离内，依靠 PDR 定位的短距离、精度高的优点进行定位。这种融合方式即弥补了两者定位的不足之处，又凸显了两者的优点，在实现中仅利用手机已有的传感器和 WLAN 网络模块，无需额外的设备辅助，因而具有较好的实时性。

### 6.4.3　扩展卡尔曼滤波模型

卡尔曼滤波常用于线性系统的最优估计，而在定位导航系统中，状态方程为非线性形式。因此，我们选择可用在非线性系统中的扩展卡尔曼滤波作为多信息源融合的工具。扩展卡尔曼滤波(EKF)方法相关理论在前面已有介绍，根据 PDR 定位推算方式和 WLAN 定位的流程，对移动用户的运动状态进行状态方程建模，状态转移公式如下：

$$X_k=\begin{bmatrix}x_{k-1}\\ y_{k-1}\\ \theta_{k-1}\end{bmatrix}+L_k\begin{bmatrix}\cos\theta_{k-1}\\ \sin\theta_{k-1}\\ \dfrac{\Delta\theta_k}{L_k}\end{bmatrix}+W_{k-1} \tag{6-28}$$

其中 $X_k$ 表示当前状态，也就是移动用户的当前位置状态，可用向量$[x_k, y_k, \theta_k]^T$ 表示。$\theta_{k-1}$表示上一个状态时刻的航向角，$x_{k-1}$、$y_{k-1}$分别表示上一个状态移动用户所处位置的横、纵坐标值，$L_k$、$\Delta\theta_k$ 分别表示从上一状态转移到当前状态的估计步长和估计偏向角，$W_{k-1}$表示系统噪声，可表示为 $W_{k-1}=[w_x, w_y, w_{\Delta\theta}]^T$。

PDR 推算过程建模为系统的状态转移过程，对于系统测量方程使用 WLAN 定位的结果作为测量值，测量方程如下：

$$Z_k=H_k\begin{bmatrix}x_k\\ y_k\end{bmatrix}+V_k \tag{6-29}$$

式中，$Z_k$ 为系统观测值向量，可用向量$[\tilde{x}_k, \tilde{y}_k]^T$ 表示。$H_k$ 为测量转移矩阵，是一个二阶的单位方阵。$V_k$ 为测量噪声可表示为 $V_k=[v_x, v_y]^T$。

对于系统中的系统噪声 $W$ 和测量噪声 $V$，我们设定其噪声变量协方差矩阵 $Q$ 及 $R$，分别如下：

$$Q=\begin{bmatrix}0.036 & 0 & 0\\ 0 & 0.036 & 0\\ 0 & 0 & 0.01\end{bmatrix} \tag{6-30}$$

$$R=\begin{bmatrix}0.25 & 0\\ 0 & 0.25\end{bmatrix} \tag{6-31}$$

在矩阵 $Q$ 中，设定叠加在横纵坐标上的系统噪声方差均为 0.036，叠加在偏向角估计上的系统噪声方差为 0.01，它们之间的协方差为 0，即认为噪声之间相互独立。测量噪声变量协方差矩阵 $R$ 中，我们设定叠加在测量坐标值上的测量噪声方差为 0.25，各噪声间无关联。

## 6.5 基于 EKF 的 WLAN、PDR 融合定位算法

### 6.5.1 同步控制

EKF 的输入参量可能存在数据滞后的问题，但只要确保输入参量对应于相同的有效时间即可。由于 WLAN 定位结果的更新频率与 PDR 输出数据的更新频率不同，导致二者输入到 EKF 的数据步调不一致。因此，当 WLAN 的定位结果更新后，以最接近该结果更新时间的 PDR 数据和该 RSS 数据作为一组参量同时输入

EKF。在 RSS 数据更新间隙，只以 PDR 数据作为观测数据更新步长和方位角，预测坐标和误差协方差矩阵只进行预测、不进行更新。

## 6.5.2　状态方程和观测方程的建立

移动用户在室内行走时，一般走直线路程多于转弯，另外在走直线时大部分情况下，当前步长及方向与上一步的步长及方向变化不大，依此特点建立 PDR 的状态预测方程，该模型在转弯时的误差利用文中所提的误差补偿方法及 EKF 的更新过程进行校正。

EKF 的状态方程为

$$\hat{X}_k^- = \begin{bmatrix} \hat{x}_k^- \\ \hat{y}_k^- \\ \hat{S}_k^- \\ \hat{\theta}_k^- \end{bmatrix} = \begin{bmatrix} \hat{x}_{k-1}^+ + \hat{S}_{k-1}^+ \cos(\hat{\theta}_{k-1}^+ + \Delta_k) \\ \hat{y}_{k-1}^+ - \hat{S}_{k-1}^+ \sin(\hat{\theta}_{k-1}^+ + \Delta_k) \\ \hat{S}_{k-1}^+ \\ \hat{\theta}_{k-1}^+ + \Delta_k \end{bmatrix} \tag{6-32}$$

上式中各变量右上角的“-”、“+”分别代表先验值和后验值。$k$ 时刻的状态由 $k-1$ 时刻的相关信息确定。$x$,$y$ 代表位置坐标状态值，$S$ 代表移动用户的步长，$\theta$ 代表行走方向角，$\Delta_k$ 为 $k$ 时刻的预测角度补偿值。

而观测方程为

$$Z_k = \begin{bmatrix} X_k^Z \\ Y_k^Z \\ S_k^Z \\ H(\hat{\theta}_k^-, \theta_k^Z) \end{bmatrix} \tag{6-33}$$

$X_k^Z$、$Y_k^Z$ 分别是 WLAN 定位的横纵坐标。$S_k^Z$ 是由 PDR 计算的步长，$H(\hat{\theta}_k^-, \theta_k^Z)$ 是由 $k$ 时刻的预测方向角 $\hat{\theta}_k^-$ 与实测方向角 $\theta_k^Z$ 通过 $H$ 函数转化后的观测角度。

## 6.5.3　预测角度补偿值的计算

定位过程中导致实测方向角发生变化的原因，可能是因为测量误差，也可能是因为移动用户自身的转向。由于状态方程的建立，对方位角的预测是保持与上一步的方位角相同，如果移动用户在行走的过程中，发生大角度的位置变化，就会导致大的预测误差，降低最终的位置估计结果精度。为了增强预测方位角对移动用户转向的跟踪性能，同时避免因测量误差而带来的错误补偿，可以通过计算 PDR 当前方位角与上一步方位角之差的转化值，并在该值达到一定门限时，对预测方位角进行相应的补偿。

设 $k$、$k+1$ 时刻的实测方向角 $\theta_k^Z$、$\theta_{k-1}^Z$ 之差为 $\Delta\theta=\theta_k^Z-\theta_{k-1}^Z$，然后将 $\Delta\theta$ 带入补偿公式，计算其转化后的角度差 $l(\Delta\theta)$，同时设定 3 个门限值，以及与门限值对应的补偿角度值，完成对计算所得预测角度的补偿：

$$\Delta_k=\begin{cases}\dfrac{\Delta\theta}{|\Delta\theta|}\theta c1 & \text{thr1}\leqslant|l(\Delta\theta)|<\text{thr2}\\ \dfrac{\Delta\theta}{|\Delta\theta|}\theta c2 & \text{thr2}\leqslant|l(\Delta\theta)|<\text{thr3}\\ \dfrac{\Delta\theta}{|\Delta\theta|}\theta c3 & |l(\Delta\theta)|\geqslant\text{thr3}\end{cases} \tag{6-34}$$

当 $l(\Delta\theta)<\text{thr1}$ 时，导致实测方向改变的原因中，方向测量误差的比重一般会大于移动用户位置实际转向的比重，因而角度预测会偏向于移动用户走直线状态，所以不进行角度补偿。

## 6.6 基于地磁相融合的定位方法

为了进一步提高室内定位精度，利用移动终端的多信息融合，可在惯导传感 WLAN 定位的基础上融入了地磁定位。有实验分析证实，基于 EKF 的 RSS、PDR 融合定位的误差近似服从高斯分布。根据拉依达准则，服从高斯分布的随机数值在区间$(\mu-2\sigma,\mu+2\sigma)$中的概率为 $P=0.954\ 4\partial$，在区间$(\mu-3\sigma,\mu+3\sigma)$中的概率为 $P=0.997\ 4$，凡超出 $3\sigma$ 范围的属于粗差。如果以定位误差的 $3\sigma$ 作为地磁匹配范围的半径，就会导致匹配范围过大，不利于解决地磁指纹不唯一的问题。

动态地磁匹配范围算法是以前述的融合算法定位结果为中心，当 $k$ 时刻 WLAN 定位结果距离上次地磁融合算法定位结果的距离 $d_k<12$ m 时，以基于 EKF 的定位结果的纵、横坐标误差的 $2\sigma$ 分别作为地磁匹配范围的纵、横半径；$d_k\geqslant12$ m 时，后面连续两次地磁定位都以 EKF 定位结果的纵、横坐标误差的 $3\sigma$ 分别作为地磁匹配范围的纵、横半径。在 RSS 尚未更新期间，以 EKF 输出的定位结果后验误差的 $3\sigma$ 来限定地磁匹配范围。

另外，所计算的匹配范围要减去非采样区域，以施加地图约束。动态地磁匹配范围算法设置 $d_k$ 参数的目的是增强该算法的鲁棒性。对其值取为 12 m 的门限，是依据 RSS 定位误差的分布所给出的经验值，该值还可依据实际的定位情况进行动态的调整。

## 6.7 融合定位的实验结果及分析

本节的实验与分析是构建在典型的 WLAN 室内定位环境下，即前述的办公区域的一部分，该环境为多墙的室内和空旷的走廊环境，布局与结构如图 2 - 2 所示。

融合定位算法的初始位置由 WLAN 定位给出,初始方向角由 PDR 中方向模块实测获得,初始步长设为实验者正常行走平均步长。参数设置如下:

初始误差协方差矩阵设为 $P_0 = \mathrm{diag}[1 \quad 1 \quad 0.0003 \quad 9]$;

过程噪声协方差阵设为 $W_0 = \mathrm{diag}[0.015 \quad 0.015 \quad 0.0004 \quad 16]$;

测量噪声设为 $V_0 = \mathrm{diag}[9 \quad 7 \quad 0.003 \quad 236]$;

角度补偿门限:$\begin{bmatrix} thr1 & thr2 & thr3 \\ \theta c1 & \theta c2 & \theta c3 \end{bmatrix}^{\mathrm{T}} = \begin{bmatrix} 40 & 60 & 90 \\ 10 & 25 & 45 \end{bmatrix}^{\mathrm{T}}$。

在图 6－9 所示的实验环境中,任选了 4 条路径,共 828 个定位点进行定位指标统计。图中给出了其中的一条路径的定位数据,在该条路径上,移动用户共走 256 步。基于 WLAN 的 RSS 定位、行人航迹推算定位及融合信息定位的定位结果比较如图所示。从图 6－9 可见,基于 WLAN、航迹推算融合的地磁指纹匹配的实时定位结果最接近移动用户的位移轨迹,而其他单独定位的技术,或者由于无线信号传播特性容易受到环境变动的影响,带来的随时间变化波动而造成精度不高;或者受限于传感器的精度,导致推算参数误差而随着步行时间的增加,误差会累积增大,使得对移动用户行走轨迹的估计与实际路径有较大的偏差。

融合算法的定位误差比较结果如图 6－11 所示,从图中可以看出,RSS、PDR 定位误差波动较大,融合算法的定位误差波动基本在 4 m 以内。融合算法 2 并不是所有点都比融合算法 1 的定位精度高,这是因为地磁测量误差、地磁指纹不唯一、地磁匹配范围中未包含行人真实位置造成的定位误差加大。

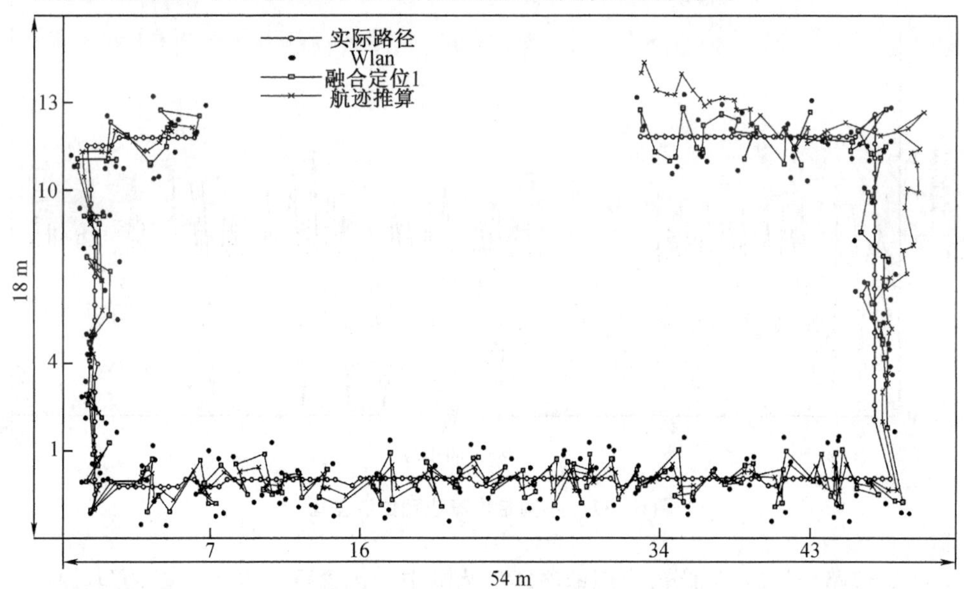


**图 6－9　融合算法 1 定位效果比较**

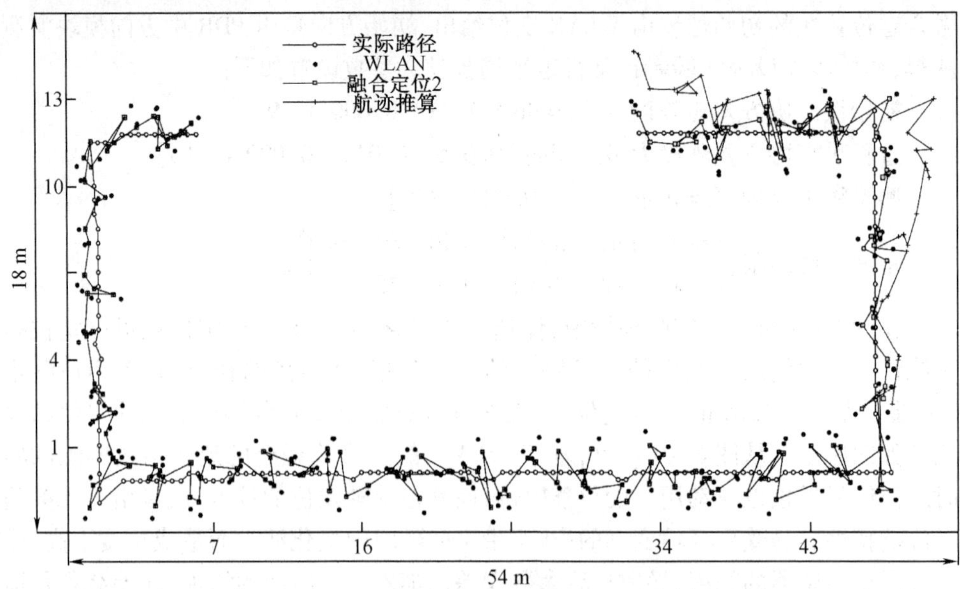


图 6-10　融合算法 2 定位效果比较

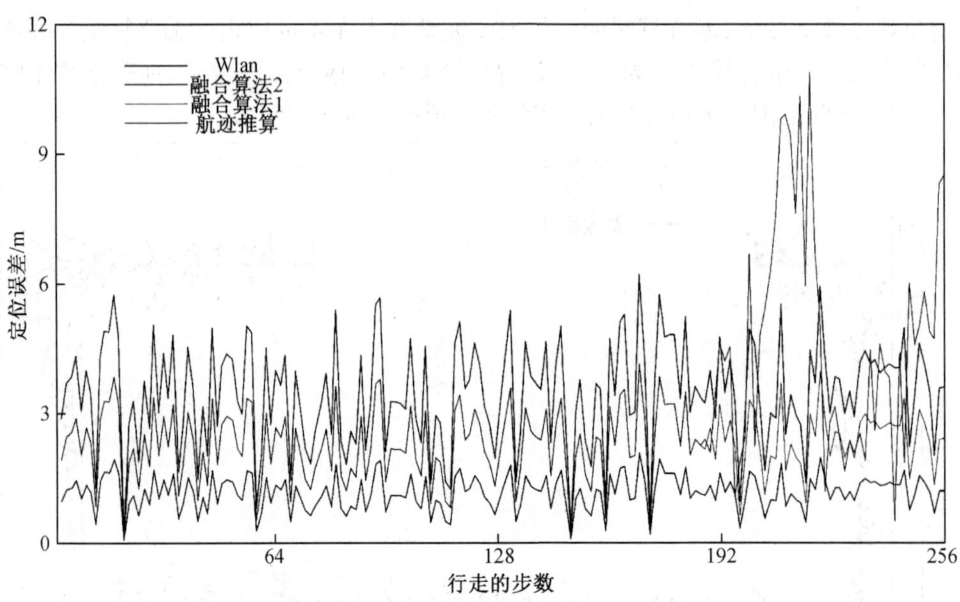


图 6-11　不同定位算法定位误差比较

定位路径的后半部分,出现地磁匹配范围中未包含行人真实位置,究其原因主要是由于融合定位误差大于其两倍的后验误差标准差。动态地磁匹配范围算法以拉依达准则为核心,同时后验误差标准差也是对真实误差标准差的估计,这两点决定了动态地磁匹配范围算法所给出的匹配范围很难保证完全包含移动用户的实时真实位置。

表 6－1 和图 6－12 对各种定位算法误差的大小和累积分布进行了对比：融合定位算法 2 相比其他算法，定位精度有明显的提高，平均定位误差低至 1.8 米，所以基于 RSS 和 PDR 的融合定位算法是有效的，能够充分利用 RSS、PDR 及地磁各自在定位中的优势。同时，以加权 $k$ 近邻映射算法作为匹配算法的 RSS 定位相比以普通最大似然估计法作为匹配算法的 RSS 定位，平均定位误差有所降低。通过比较上述实验结果，可以发现本文提出的融合定位方法得到的定位结果优于使用单一 RSS 定位的结果。且在长时间长距离的定位过程中，融合定位方法结合了 WLAN 定位和 PDR 定位的优点，消除了累积误差的影响，比单一的 PDR 定位更加准确。

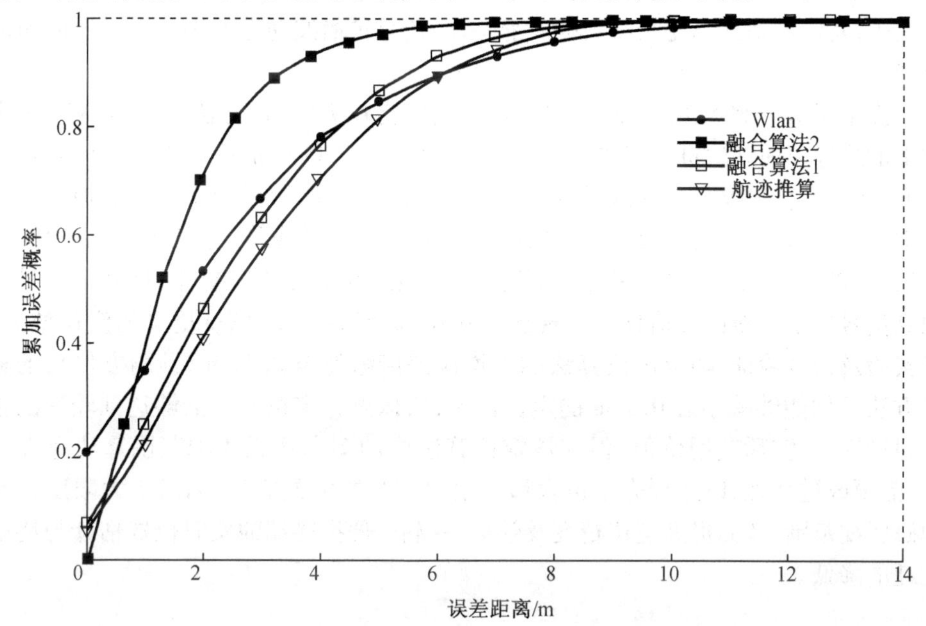


图 6－12　不同定位算法定位误差累积分布曲线

表 6－1　各算法定位精度比较　　单位：m

| 算法 | 平均误差 | 均方根误差 | 最大误差 |
| --- | --- | --- | --- |
| WLAN（最近邻） | 5.45 | 6.33 | 8.46 |
| WLAN（$k$ 近邻） | 4.78 | 5.43 | 6.08 |
| 航迹推算 | 6.89 | 6.87 | 11.16 |
| 融合算法 1 | 3.53 | 2.91 | 3.88 |
| 融合算法 2 | 2.41 | 2.64 | 2.82 |

## 6.8 本章小结

针对目前的室内定位技术具有各自的优缺点,仅仅依靠一种定位技术难以实现一个在精度、可靠性、成本等方面都满足的系统。因此多信息融合技术以形成优势互补是未来室内定位的发展趋势。为此,本章利用 WLAN 定位技术的易于实现、获得的各个位置信息之间相互独立、互不影响,持续定位误差不会累积;以及行人航位推算定位法,通过利用内置传感器,获取目标相对位置信息的定位计算方法。该定位过程由于传感器精度的限制,即航迹推算过程中基于传感器计算出的步长、航向会有偏差,且随着步行时间的增加,误差会累积增大。但在短时间内的定位中,其定位精度不受指纹数据库静态性、信号传播波动性的影响而导致的精度降低。

提出了基于 RSS、PDR、地磁相融合的室内定位方法,该方法首先对 WLAN 定位中的最近邻估计法进行了加权改进,然后根据行人的行走特点改进了原有行为模型,在原有行为模型中加入了预测方位角的补偿算法,最后提出了动态地磁匹配范围算法。将结合两种定位方式的优缺点,利用惯性传感器、室内地图、WLAN 无线信号,PDR 实现连续的位置估计,修正室内地图和地磁的偏差,同时 RSS 信号和地磁信号用于更新位置估计。实现优势互补,达到更可靠、精度更高的定位效果。经实验及仿真验证,融合定位算法的平均误差能够低至 2.41 m,预测方位角的补偿方法平均能够减小近 0.1 m 的定位误差,所以融合定位方法能够达到较好的精度,具有一定实际应用价值,但在该定位算法中的动态地磁匹配范围算法存在不足,需要改进加强,以达到完全包含移动用户实时的位置信息,同时最大限度缩小地磁匹配范围,从而提高定位精度及效率,有利于便携终端的实时位置估计与终端能耗的降低。

# 参考文献

[1] XIA, ZHANG Z Z, MA L. Radio map updated method based on subscriber locations in indoor WLAN localization [J]. Journal of Systems Engineering and Electronics, 2015, 26(6): 1202 - 1209.

[2] XIA Y, ZHANG Z Z, WANG Y. Semi-supervised positioning algorithm in indoor WLAN environment [C]. 2015 IEEE 81st Vehicular Technology Conference: VTC2015-Spring, Glasgow, United Kingdom, 2015.

[3] XIA Y, ZHANG Z Z, et al. Adaptive indoor positioning algorithm based on hybird clustering and feature selection [J]. Journal of Information and Computational Science, 2014, 11(12): 4329 - 4338.

[4] 夏颖,马琳,张中兆,等. 基于半监督流形学习的 WLAN 室内定位算法[J]. 系统工程与电子技术,2014,36(7): 1422 - 1427.

[5] XIA Y, ZHANG Z Z, et al. Semi-supervised clustering fingerprint positioning algorithm based on distance constraints [J]. Journal of Harbin Institute of Technology, 2015, 22(6): 55 - 61.

[6] 夏颖. 基于指纹匹配的 WLAN 室内定位技术研究[D]. 哈尔滨: 哈尔滨工业大学, 2016.

[7] 张中兆, 夏颖, 马琳,等. 基于半监督 SDE 算法的 WLAN 室内定位方法[P]. 201510020485.5.

[8] 张中兆,夏颖,马琳,等. 基于距离约束的半监督 APC 聚类算法的 WLAN 室内定位方法[P]. 201510063947.1.

[9] 马琳, 邹贵, 张中兆, 等. 基于信息熵的 WLAN 室内定位 Radio Map 更新方法[P]. 201410198645.0.

[10] HUANG C T, WU C H, LEE Y N, et al. A novel indoor RSS-based position location algorithm using factor graphs [J]. IEEE Transactions on Wireless Communications, 2009, 8(6): 3050 - 3058.

[11] 蔡昌听, 皮亦鸣. 高灵敏度 GPS 技术的研究进展[J]. 全球定位系统, 2006 (2): 1 - 4.

[12] 关止, 赵凯, 宋冬生. GPS 软件接收机中 C/A 码信号捕获的圆周相关算法[J]. 吉林大学学报(理学版), 2006, 44(2): 229 - 232.

[13] TAGASHIRA S, KANEKIYO Y, ARAKAWA Y, et al. Collaborative filtering

for position estimation error correction in WLAN positioning systems[J]. IEICE Transactions on Communications, 2011, 94.(3): 649 - 657.

[14] 张德干. 移动计算[M]. 北京:科学出版社, 2009.

[15] AGIWAL A, KHANDPUR P, SARAN H. LOCATOR: location estimation system for wireless LANs[C]. Proceedings of the Second ACM International Workshop on Wireless Mobile Applications and Services on WLAN Hotspots, United states: Philadelphia, PA, 2004: 102 - 109.

[16] MJOLSNESS E, DECOSTE D. Machine learning for science: state of the art and future prospects[J]. Science, 2001, 293(5537): 2051 - 2055.

[17] GRISWOLD W G, SHANAHAN P, BROWN S W, et al. Active campus: experiments in community-oriented ubiquitous computing[J]. IEEE Computer Society, 2004, 37 (10): 73 - 81.

[18] B, BUNNINGEN A V, MUTHUKRISHNAN K. Geographic hypermedia concepts and systems[M]. Berlin: Springer Berlin Heidelberg, 2006.

[19] 戴少锋, 王明亮. 无线局域网安全技术研究[J]. 电脑知识与技术, 2006 (35): 27 - 28.

[20] ZHU X. Semi-supervised learning literature survey[R]. Technical Report 1530, Department of Computer Sciences, University of Wisconsin-Madison, 2008.

[21] CHO Y J, SHIN Y S, PARK S O. Internal PIFA for 2.4/5 GHz WLAN applications [J]. Electronics Letters, 2006, 42(1): 8 - 10.

[22] YOO J W, PARK K H. A cooperative clustering protocol for energy saving of mobile devices with WLAN and bluetooth interfaces[J]. IEEE Transactions on Mobile Computing, 2011, 10(4): 491 - 504.

[23] JAZZAR S A, CAFFERY J, YOU H R. A scattering model based approach to NLOS mitigation in TOA location systems [J]. IEEE Vehicular Technology Conference,2002: 861 - 865.

[24] YAMASAKI R, OGINO A, TAMAKI T, et al. TDOA location system for IEEE 802.11b WLAN[C]. 2005 IEEE Wireless Communications and Networking Conference: Broadband Wirelss for the Masses-Ready for Take-off. United states: New Orleans, LA, 2005, 4: 2338 - 2343.

[25] XIE Y Q, WANG Y, ZHU P C, et al. Grid search based hybrid TOA/AOA location techniques for NLOS environments[J]. IEEE Communications Letters, 2009, 13(4): 254 - 256.

[26] 周斌. 无线局域网技术管窥[J]. 现代电信科技, 2002, (11): 9 - 12.

[27] HE S N, CHAN S H G. Wi-fi fingerprint-based indoor positioning: recent advance

and comparisons[J]. IEEE Communications Surveys & Tutorials, 2016, 18(1): 466 – 490.

[28] TALVITIE J, RENFORS M, LOHAN E S. Distance-based interpolation and extrapolation methods for RSS-based localization with indoor wireless signals[J]. IEEE Transactions on Vehicular Technology, 2015, 64(4): 1340 – 1353.

[29] WANG B, ZHOU S L, LIU W Y, et al. Indoor localization based on curve fitting and location search ising received signal strength[J]. IEEE Transactions on Industrial Electronics, 2015, 62(1): 572 – 582.

[30] CHEN L H, WU E H K, JIN M H, et al. Homogeneous features utilization to address the device heterogeneity problem in fingerprint localization[J]. IEEE Sensors Journal, 2014, 14(4): 998 – 1005.

[31] ARYA A, GODLEWSKI P, CAMPEDEL M, et al. Radio database compression for accurate energy-efficient localization in fingerprinting systems[J]. IEEE Transactions on Knowledge and Data Engineering, 2013, 25(6): 1368 – 1379.

[32] ATIA M M, NOURELDIN A, KOEENBERG M J. Dynamic online-calibrated radio maps for indoor positioning in wireless local area networks[J]. IEEE Transactions on Mobile Computing, 2013, 12(9): 1774 – 1787.

[33] CASTRO P, CHIU P, KREMENEK T, et al. Ubicomp 2001: ubiquitous computing[M]. Heidelberg, Berlin: Springer Berlin Heidelberg, 2001.

[34] KUO S P, TSENG Y C. A scrambling method for fingerprint positioning based on temporal diversity and spatial dependency[J]. IEEE Transactions on Knowledge and Data Engineering, 2008, 20(5): 678 – 684.

[35] WANT R, HOPPER A, FALCAO V, et al. The active badge location system[J]. ACM Transactions on Information Systems, 1992, 10(1): 91 – 102.

[36] 周志华，杨强. 机器学习及其应用[M]. 北京：清华大学出版社，2011.

[37] 周志华，王珏. 机器学习及其应用[M]. 北京：清华大学出版社，2007.

[38] PARSONS L, HAQUE E, LIU H. Subspace clustering for high dimensional data: a review[J]. ACM SIGKDD Explorations Newsletter, 2004, 6(1): 90 – 105.

[39] WAGSTAFF K, CARDIE C. Clustering with instance-level constraints[C]. Proceedings of International Conference on Machine Learning, 2000: 1103 – 1110.

[40] WAGSTAFF K, CARDIE C, ROGERS S, et al. Constrained k-means clustering with background knowledge[C]. Proceedings of International Conference on Machine Learning, 2000: 577 – 584.

[41] ZHANG Y, LIU W, FANG Y, et al. Secure localization and authentication in ultra-wideband sensor networks[J]. IEEE Journal on Selected Areas in

Communications, 2006, 24(4): 829 - 835.

[42] AHMAD U, GAVRILOV A V, LEE S, et al. A modular classification model for received signal strength based location systems[J]. Neurocomputing, 2008, 71(13/15): 2657 - 2669.

[43] BRUMITT B, MEYERS B, KRUMM J, et al. Easyliving: technologies for intelligent environments [C]. 2nd International Symposium on Handheld and Ubiquitous Computing, United kingdom: Bristol, 2000, 1927: 12 - 29.

[44] 高守玮, 吴灿阳. ZigBee 技术实践教程——基于 CC2430/31 的无线传感器网络解决方案[M]. 北京: 北京航空航天大学出版社, 2009.

[45] HASEGAWA T, IWAMOTO Y, OMIYA M. Simulation method of wireless LAN indoor propagation using FDTD technique and MATLAB/Simulink[C]. 2007 IEEE Antennas and Propagation Society International Symposium, United states: Honolulu, HI, 2007: 4132 - 4135.

[46] WANG Y, JIA X, LEE H K, et al. An indoor wireless positioning system based on wireless local area network infrastructure [C]. The 6th International Symposium on Satellite Navigation Technology Including Mobile Positioning & Location Services. Australia: Melbourne, 2003: 1 - 13.

[47] DING H P, XU Z Y, SADLER B M. A path loss model for non-line-of-sight ultraviolet multiple scattering channels [J]. EURASIP Journal on Wireless Communications and Networking, 2010: 1 - 12.

[48] 凡高娟, 王汝传. 基于 RSSI 的无线传感器网络环境参数分析与修正方案[J]. 南京邮电大学学报(自然科学版), 2009, 29(6): 54 - 57.

[49] MAZUELAS S, LAGO F A, GONZALEZ D, et al. Dynamic estimation of optimum path loss model in a RSS positioning system[C]. 2008 IEEE/ION Position, Location and Navigation Symposium, United states: Monterey, CA, 2008: 679 - 684.

[50] SRINIVASA S, HAENGGI M. Path loss exponent estimation in large wireless networks[C]. Information Theory and Applications Workshop, United states: San Diego, CA, 2009: 124 - 129.

[51] 孙永亮. 基于位置指纹的 WLAN 室内定位技术研究[D]. 哈尔滨: 哈尔滨工业大学, 2013.

[52] PRASITHSANGAREE P, KRISHNAMURTHY P, CHRYSANTHIS P. On indoor position location with wireless LANs[C]. 13th IEEE International Symposium on Personal, Indoor and Mobile Radio Communications, Portugal: Lisboa, 2002, 2: 720 - 724.

[53] YOUSSEF M, AGRAWALA A. Handling samples correlation in the horus system

[C]. Twenty-Third Annual Joint Conference of the IEEE Computer and Communications Societies, China: Hongkong, 2004, 2: 1023 -1031.

[54] YOUSSEF M. Horus: A WLAN-based indoor location determination system[D]. MD, United States: University of Maryland, 2004.

[55] YOUSSEF M, AGRAWALA A. The horus location determination system[J]. Wireless Networks, 2008, 14(3): 357 -374.

[56] KUSHKI A, PLATANIOTIS K N, VENETSANOPOULOS A N. Kernel-based positioning in wireless local area networks[J]. IEEE Transactions on Mobile Computing, 2007, 6(6): 689 -705.

[57] PAN J J, YANG Q. Co -localization from labeled and unlabeled data using graph laplacian[C]. 20th International Joint Conference on Artificial Intelligence. India: Hyderabad, 2007,62(2): 2166 -2171.

[58] FANG S H, LIN T N. Principal component localization in indoor WLAN environments [J]. IEEE Transactions on Mobile Computing, 2012, 11(1): 100 -110.

[59] LEE M Y, HAN D S. Voronoi tessellation based interpolation method for Wi-Fi radio map construction[J]. IEEE Communications Letters, 2012, 16(3): 404 -407.

[60] FANG S H, LIN T N, LIN P C. Location fingerprinting in a decorrelated space [J]. IEEE Transactions on Knowledge and Data Engineering, 2008, 20(5): 685 -691.

[61] BENSKY A. Wireless positioning technologies and applications[M]. Boston, London: Artech House, 2008.

[62] GOLDSMITH A. Wireless communications[M]. Cambridge: Cambridge University Press, 2005.

[63] D'ALESSANDRO S, MORET N, TONELLO A M. Green hybrid FMT for WLAN applications[C]. 2010 IFIP Wireless Days, Italy: Venice, 2010: 1 -5.

[64] MILIOTIS V, APOSTOLARAS A, KORAKIS T, et al. New channel allocation techniques for power efficient Wi -i networks[C]. 2010 IEEE 21st International Symposium on Personal, Indoor and Mobile Radio Communications Workshops, Turkey: Istanbul, 2010: 347 -351.

[65] MARSAN M A, CHIARAVIGLIO L, CIULLO D, et al. A simple analytical model for the energy-efficient activation of access points in dense WLANs[C]. 1st International Conference on Energy-Efficient Computing and Networking. Germany: Passau, 2010: 159 -168.

[66] JARDOSH A P, IANNACCONE G, PAPAGIANNAKI K, et al. Towards an energy-star WLAN infrastructure[C]. 8th IEEE Workshop on Mobile Computing Systems

and Applications. United States: Tucson, AZ, 2007: 85 -90.

[67] CHEN Y Q, YAN Q, Yin J, et al. Power-efficient access-point selection for indoor location estimation[J]. IEEE Transactions on Knowledge and Data Engineering, 2006, 18(7): 877 -888.

[68] FANG S H, LIN T N. Projection-based location system via multiple discriminant analysis in wireless local area networks [J]. IEEE Transactions on Vehicular Technology, 2009, 58(9): 5009 -5019.

[69] FANG S H, WANG C H. A dynamic hybrid projection approach for improved Wi-Fi location fingerprinting[J]. IEEE Transactions on Vehicular Technology, 2010, 60(3): 1037 -1044.

[70] DUDA R O, HART P E, STORK D G. Pattern classification, Second edition [M]. Hoboken, New Jersey, United States: John Wiley & Sons, 2000.

[71] JOLLIFFE I T. PRINCIPAL component analysis, Second edition[M]. United States: Springer-Verlag New York, Inc, 2002.

[72] FUKUNAGA K. Introduction to statistical pattern recognition, second edition [M]. Pittsburgh, United States: Academic Press, 1990.

[73] COX T, COX M A A. Multidimensional scaling, Second edition[M]. Abingdon Oxford: Chapman and Hall/CRC, 2000.

[74] SCHOLKOPF B. Nonlinear component analysis as a kernel eigenvalue problem[J]. Neural Computation, 1998, 10(5): 1299 -1319.

[75] KEGL B, KRZYZAK A, LINDER T, et al. Principal curves: learning and convergence [C]. 1998 IEEE International Symposium on Information Theory. United States: Cambridge, MA, 1998, 387.

[76] BANFIELD J D, RAFTERY A E. Ice floe identification in satellite images using mathematical morphology and clustering about principal curves[J]. Journal of the American Statistical Association, 1992, 87(417): 7 -16.

[77] KOHONEN T. Self-organizing maps[M]. Berlin: Springer-Verlag, 2001.

[78] TENENBAUM J B, SILVA V, LANGFORD J C. A global geometric framework for nonlinear dimensionality reduction[J]. Science, 2000, 290(5500): 2319 -2323.

[79] ROWEIS S T, SAUL L K. Nonlinear dimensionality reduction by locally linear embedding[J]. Science, 2000, 290(5500): 2323 -2326.

[80] BELKIN M, NIYOGI P. Advances in neural information processing systems 14 [M]. Massachusetts, United States: MIT Press, 2001.

[81] BELKIN M, NIYOGI P. Laplacian eigenmaps for dimensionality reduction and data representation[J]. Neural Computation, 2003, 15(6): 1373 -1396.

[82] HE X F, CAI D, YAN S C, et al. Neighborhood preserving embedding[C]. Proceedings of the IEEE International Conference on Computer Vision. China: Beijing, 2005: 1208 - 1213.

[83] HE X, NIYOGI P. Locality preserving projections[C]. 17th Annual Conference on Neural Information Processing Systems. Canada: Vancouver, BC, 2003: 1 - 8.

[84] BINGHAM E, MANNILA H. Random projection in dimensionality reduction: applications to image and text data [C]. Proceedings of the Seventh ACM SIGKDD International Conference on Knowledge Discovery and Data Mining. United States: San Francisco, CA, 2001: 245 - 250.

[85] HOU C P, ZHANG C S, WU Y, et al. Stable local dimensionality reduction approaches[J]. Pattern Recognition, 2009, 42(9): 2054 - 2066.

[86] VLACHOS M, DOMENICONI C, GUNOPULOS D, et al. Non-linear dimensionality reduction techniques for classification and visualization[C]. KDD-2002 Proceedings of the Eight ACM SIGKDD International Conference on Knowledge Discovery and Data Mining. Canada: Edmonton, Alta, 2002: 645 - 651.

[87] WENG S, ZHANG C, LIN Z. Exploring the structure of supervised data by discriminant isometric mapping[J]. Pattern Recognition, 2005, 38(4): 599 - 601.

[88] SIMARD P Y, LEE C Y, DENKER J S. Efficient pattern recognition using a new transformation distance [C]. Annual Conference on Neural Information Processing Systems. Stanford: Morgan Kaufmann, 1992: 50 - 58.

[89] BELHUMEUR P N, HESPANHA J P, KRIEGMAN D J. Eigenfaces vs. fisherfaces: recognition using class specific linear projection [J]. IEEE Transactions on Pattern Analysis and Machine Intelligence, 1997, 19(7): 711 - 720.

[90] CHANG H, YEUNG D Y, XIONG Y. Super-resolution through neighbor embedding [C]. Proceedings of the 2004 IEEE Computer Society Conference on Computer Vision and Pattern Recognition. United states: Washington, DC, 2004, 1: 1275 - 1282.

[91] LEE J, ZHANG C. Classification of gene-expression data: The manifold-based metric learning way[J]. Pattern Recognition, 2006, 39(12): 2450 - 2463.

[92] SEUNG H S, LEE D D. The manifold ways of perception[J]. Science, 2000, 290(5500): 2268 - 2269.

[93] ZHANG Z Y, ZHA H Y. Principal manifolds and nonlinear dimensionality reduction via tangent space alignment[J]. SIAM Journal on Scientific Computing, 2005, 26(1): 313 - 338.

[94] WEINBERGER K Q, SAUL L K. An introduction to nonlinear dimensionality reduction by maximum variance unfolding[C]. 21st National Conference on Artificial

Intelligence and the 18th Innovative Applications of Artificial Intelligence Conference. United State: Boston, MA, 2006: 1683 – 1686.

[95] NG A Y, JORDAN M, WEISS Y. On spectral clustering: analysis and an algorithm [C]. 15th Annual Neural Information Processing Systems Conference. Canada: Vancouver, BC, 2001.

[96] GENG X, ZHAN D C, ZHOU Z H. Supervised nonlinear dimensionality reduction for visualization and classification[J]. IEEE Transactions on Systems, Man, and Cybernetics, Part B: Cybernetic, 2005, 35(6): 1098 – 1107.

[97] RIDDER D, KOUROPTEVA O, OKUN O, et al. Supervised locally linear embedding[C]. Artificial Neural Networks and Neural Information Processing. Turkey: Istanbul, 2003: 333 – 341.

[98] CHEN H T,CHANG H W,LIV T L. Local discriminant embedding and its variants [C]. 2005 IEEE Computer Society Conference on Computer Vision and Pattern Recognition. United states: San Diego, CA, 2005, 2(2): 846 – 853.

[99] KAEMARUNGSI K, KRISHNAMURTHY P. Modeling of indoor positioning systems based on location fingerprinting[C]. Conference on Computer Communications-Twenty-Third Annual Joint Conference of the IEEE Computer and Communications Societies. China: Hongkong, 2004, 2: 1012 – 1022.

[100] KAEMARUNGSI K. Distribution of WLAN received signal strength indication for indoor location determination[C]. 1st International Symposium on Wireless Pervasive Computing. Thailand: Phuket, 2006: 1 – 6.

[101] MA J, LI X S, TAO X P, et al. Cluster filtered KNN: A WLAN – based indoor positioning scheme [C]. 9th IEEE International Symposium on Wireless, Mobile and Multimedia Networks. United states: Newport Beach, CA, 2008: 1 – 8.

[102] BRUSKE J, SOMMER G. Intrinsic dimensionality estimation with optimally topology preserving maps [J]. IEEE Transactions on Pattern Analysis and Machine Intelligence, 1998, 20(5): 572 – 575.

[103] SCHWARTZ E L, TENENBAUM J B, SILVA V, et al. The isomap algorithm and topological stability[J]. Science, 2002, 295(5552): 7 – 9.

[104] YOUSSEF M, AGRAWALA A. Location – clustering techniques for WLAN location determination systems [J]. International Journal of Computers and Applications, 2006, 28(3): 278 – 283.

[105] KRISHNAPURAM R, KELLER J M. A possibilistic approach to clustering [J]. IEEE Transactions on Fuzzy Systems, 1993, 1(2): 98 – 110.

[106] BRUNATO M, BATTITI R. Statistical learning theory for location fingerprinting in wireless LANs[J]. Computer Networks, 2005, 47(6): 825 –845.

[107] KUSHKI A. A cognitive radio tracking system for indoor environments[D]. Canada: University of Toronto, 2008.

[108] FREY B J, DUECK D. Clustering by passing messages between data points [J]. Science, 2007, 315(5814): 972 –976.

[109] SHI N, LIU X, GUAN Y. Research on k-means clustering algorithm: an improved k-means clustering algorithm [C]. International Symposium on Intelligent Information Technology and Security Informatics. China: Jinggangshan, 2010: 63 –67.

[110] DUNN J C. A fuzzy relative of the ISODATA process and its use in detecting compact well-separated clusters[J]. Cybernetics, 1973, 3(3): 32 –57.

[111] FENG C, AU W S A, VALAEE S, et al. Received-signal-strength-based indoor positioning using compressive sensing[J]. IEEE Transactions on Mobile Computing, 2012, 11(12): 1983 –1993.

[112] DING G, TAN Z, ZHANG J, et al. Fingerprinting localization based on affinity propagation clustering and artificial neural networks [C]. IEEE Wireless Communications and Networking Conference. China: Shanghai, 2013: 2317 –2322.

[113] WAGSTAFF K, CARDIE C. Clustering with instance-level constraints[C]. 17th International Conference on Machine Learning. Stanford: Morgan Kaufmann, 2000: 1103 –1110.

[114] XIAO Y, YU J. Semi-supervised clustering based on affinity propagation algorithm[J]. Journal of Software, 2008, 19(11): 2803 –2813.

[115] YOUSSEF M, AGRAWALA A, Shankar A U. WLAN location determination via clustering and probability distributions [C]. 1st IEEE International Conference on Pervasive Computing and Communications. United states: Fort Worth, TX, 2003: 143 –150.

[116] FANG S H, LIN T N, LEE K C. A novel algorithm for multipath fingerprinting in indoor WLAN environments[J]. IEEE Transactions on Wireless Communications, 2008, 7(9): 3579 –3588.

[117] MAZUELAS S, BAHILLO A, LORENZO R M, et al. Robust indoor positioning provided by real-time rssi values in unmodified WLAN networks[J]. IEEE Journal on Selected Topics in Signal Processing, 2009, 3(5): 821 –831.

[118] YIN J, YANG Q, NI L M. Learning adaptive temporal radio maps for signal-

strength-based location estimation [ J ]. IEEE Transactions on Mobile Computing, 2008, 7(7): 869 – 883.

[119] LIN Y M, LUO H Y, LI J T, et al. Dynamic radio map based particle filter for indoor wireless localization [ J ]. Computer Research and Development, 2011, 48(1): 139 – 146.

[120] KRISHNAN P, KRISHNAKUMAR A S, JU W H, et al. A system for LEASE: location estimation assisted by stationary emitters for indoor RF wireless networks [ C ]. Conference on Computer Communications-Twenty-Third Annual Joint Conference of the IEEE Computer and Communications Societies. China: Hong kong, 2004: 1001 – 1011.

[121] NI L M, LIU Y, LAU Y C, et al. LANDMARC: indoor location sensing using active RFID [ C ]. 1st IEEE International Conference on Pervasive Computing and Communications. United States: Fort Worth, TX, 2003: 407 – 415.

[122] OUYANG R W, WONG A K S, LEA C T, et al. Indoor location estimation with reduced calibration exploiting unlabeled data via hybrid generative/discriminative learning[ J ]. IEEE Transactions on Mobile Computing, 2012, 11(11): 1613 – 1626.

[123] ALPAYDIN E. Introduction to machine learning[ M ]. Massachusetts, United States: MIT press, 2004.

[124] RABINER L R. A tutorial on hidden markov models and selected applications in speech recognition[ J ]. Proceedings of the IEEE, 1989, 77(2): 257 – 286.

[125] BROGNAUX S, DRUGMAN T. HMM-based speech segmentation: improvements of fully automatic approaches [ J ]. IEEE/ACM Transactions on Speech and Language Processing, 2016, 24(1): 5 – 15.

[126] ANILA R, REVATHY A. Emotion recognition using continuous density HMM [ C ]. International Conference on Communication and Signal Processing. India: Melmaruvathur, 2015: 919 – 923.

[127] TAVANAEI A, MAIDA A S. Studying the interaction of a hidden markov model with a bayesian spiking neural network [ C ]. 25th IEEE International Workshop on Machine Learning for Signal Processing. United states: Boston, MA, 2015.

[128] ZHANG C, SONG J, CHEN K C, et al. Spectral learning of large structured HMMs for comparative epigenomics [ C ]. 29th Annual Conference on Neural Information Processing Systems. Canada: Montreal, QC, 2015: 469 – 477.

[129] DEMPSTER A P, LAIRD N M, RUBIN D B. Maximum likelihood from incomplete

data via the EM algorithm[J]. Journal of the Royal statistical Society, 1977, 39(1): 1-38.

[130] DENG Z A, XU Y B, MA L. Energy efficient access point selection and signal projection for accurate indoor positioning[J]. China Communications, 2012, 2: 52-65.

[131] HEGARTY C J, CHATRE E. Evolution of the global navigation satellite system (GNSS)[J]. Proceedings of the IEEE, 2008, 96(12): 1902-1917.

[132] FANG S H, LIN T N. A dynamic system approach for radio location fingerprinting in wireless local area networks[J]. IEEE Transactions on Communications, 2010, 58(4): 1020-1025.

[133] BELLMAN R E. Adaptive control processes: a guided tour[M]. Princeton, New Jersey: Princeton University Press, 1961.

[134] 谭璐. 高维数据的降维理论及应用究[D]. 长沙：国防科技大学, 2005.

[135] SKLAR B. Rayleigh fading channels in mobile digital communication systems: I. Characterization[J]. IEEE Communications Magazine, 1997, 35: 90-100.

[136] LADD A M, BEKRIS K E, RUDYS A, et al. Robotics-based location sensing using wireless ethernet[C]. In Proceedings of the Eighth Annual International Conference on Mobile Computing and Networking (MOBICOM), Atlanta, GA: 2002, 227-238.

[137] KAEMARUNGSI K, KRISHNAMURTHY P. Properties of indoor received signal strength for WLAN location fingerprinting[C]. In Proceedings of the First Annual International Conference on Mobile and Ubiquitous Systems, Networking and Services, 2004.

[138] 严忠，岳朝龙. 概率论与数理统计新编[M]. 合肥:中国科学技术大学出版社, 2007.

[139] YOUSSEF M, AGRAWALA A. The horus WLAN location Determination System [C]. In Proceedings of the Third International Conference on mobile systems, applications and services, seattle, washington: 2005, 205-218.

[140] BAHL P, PADMANABHAN V N. RADAR: an in-building RF-based user location and tracking system[C]. 19th Annual Joint Conference of the IEEE Computer and Communications Societies: Reaching the Promised Land of Communications. Isr: Tel Aviv, 2000, 2: 775-784.

[141] PAN J J, PAN S J, YIN J, et al. Tracking mobile isers in wireless networks via semi-supervised colocalization[J]. IEEE Transactions on Pattern Analysis and Machine Intelligence, 2012, 34(3): 587-600.

[142] MA L, ZHOU C F, QIN D Y, et al. Green wireless local area network received signal strength dimensionality reduction and indoor localization based on fingerprint algorithm[J]. International Journal of Communication Systems, 2014, 27(12): 4527 -4542.

[143] LASHLEY M, BEVLY D M, HUNG J Y. Performance analysis of vector tracking algorithms for weak GPS signals in high dynamics[J]. IEEE Journal of Selected Topics in Signal Processing, 2009, 3(4): 661 -673.

[144] JARDOSH A P, PAPAGIANNAKI K, BELDING E M, et al. Green WLANs: on - demand WLAN infrastructures[J]. Mobile Networks and Applications, 2009, 14(6): 798 -814.

[145] WIROLA L, LAINE T A,SYRJARINNE J. Mass-market requirements for indoor positioning and indoor navigation[C]. 2010 International Conference on Indoor Positioning and Indoor Navigation. Switzerland: Zurich, 2010: 1 -7.

[146] SUN G, CHEN J, GUO W, et al. Signal processing techniques in network - aided positioning: a survey of state-of-the-art positioning designs[J]. IEEE Signal Processing Magazine, 2005, 22(4): 12 -23.

[147] SERTTHIN C, FUJII T, OHTSUKI T, et al. Multi-band received signal strength fingerprinting based indoor location system[J]. IEICE Transactions on Communications, 2010, E93. B(8): 1993 -2003.

[148] KUSHKI A, PLATANIOTIS K N, VENETSANOPOULOS A N. Intelligent dynamic radio tracking in indoor wireless local area networks[J]. IEEE Transactions on Mobile Computing, 2010, 9(3): 405 -419.

[149] SMAILAGIC A, KOGAN D. Location sensing and privacy in a context aware computing environment[J]. IEEE Wireless Communications, 2002, 9(5): 10 -17.

[150] WARD A, JONES A, HOPPER A. A new location technique for the active office[J]. IEEE Personal Communications, 1997, 4(5): 42 -47.

[151] NI L M, LIU Y H, Lau Y C, et al. LANDMARC: indoor location sensing using active RFID[C]. 1st IEEE International Conference on Pervasive Computing and Communications. United states: Fort Worth, TX, 2003: 407 -415.

[152] CHON H D, JUN S, JUNG S W, et al. Using RFID for accurate positioning [J]. Journal of Global Positioning Systems, 2004, 3(1/2): 32 -39.

[153] HIGHTOWER J,WANT R, BORRIELLO G. Spoton: an indoor 3D location sensing technology based on RF signal strength[R]. Se attle: University of Washington, Department of Computer Science and Engineering, 2000.

[154] LIU H, DARABI H, BANERJEE P, et al. Survey of wireless indoor positioning techniques and systems [J]. IEEE Transactions on Systems, Man, and Cybernetics, Part C (Applications and Reviews), 2007, 37(6): 1067-1080.

[155] DEMPSTER A P, LAIRD N M, RUBIN D B. Maximum likelihood from incomplete data via the EM algorithm[J]. Journal of the Royal Statistical Society Series B (Methodological), 1977: 1-38.

[156] VON L U. A tutorial on spectral clustering [J]. Statistics and Computing, 2007, 17(4): 395-416.

[157] NG A Y, JOORDAN M I, WEISS Y. On spectral clustering: analysis and an algorithm[J]. Advances in neural information processing systems, 2002, 2: 849-856.

[158] 王玲，薄列峰，焦李成. 密度敏感的半监督谱聚类[J]. 软件学报，2007，19(11): 2412-2422.

[159] KAMVAR K, SEPANDAR S, KLEIN K, et al. Spectral learning [C]. International Joint Conference of Artificial Intelligence. Stanford Info Lab, 2003: 561-567.

[160] PEDRYCZ W. Algorithms of fuzzy clustering with partial supervision [J]. Pattern Recognition Letters, 1985, 3(1): 13-20.

[161] HUANG R, LAM W. An active learning framework for semi-supervised document clustering with language modeling[J]. Data & Knowledge Engineering, 2009, 68 (1): 49-67.

[162] BASU S, BANERJEE A, MOONEY R J. Active semi-supervision for pairwise constrained clustering[C]. Proceedings of SIAM Conference on Data Mining, 2004: 333-344.

[163] STREHL A, GHOSH J. Cluster ensembles-a knowledge reuse framework for combining multiple partitions [J]. Journal of Machine Learning Research, 2003, 3: 583-617.

[164] YAN B, DOMENICONI C. Subspace metric ensembles for semi-supervised clustering of high dimensional data[C]. Proceedings of European Conference on Machine Learning, 2006: 509-520.

[165] BLUM A, MITCHELL T. Combining labeled and unlabeled data with co-training [C]. Proceedings of the eleventh annual conference on Computational learning theory. ACM, 1998: 92-100.

[166] ZHOU Z H, ZHANG M L, HUANG S J, et al. Multi-instance multi-label learning[J]. Artificial Intelligence, 2012, 176(1): 2291-2320.

[167] ENGE P, MISRA P. Special issue on global positioning system[J]. Proceedings of IEEE, 1999, 87(1): 3-15.

[168] 田辉, 夏林元, 莫志明,等. 泛在无线信号辅助的室内外无缝定位方法与关键技术[J]. 武汉大学学报(信息科学版), 2009, 34(11): 1372-1376.

[169] GU Y Y, LO A, NIEMEGEERS I. A survey of indoor positioning systems for wireless personal networks[J]. IEEE Communications Surveys & Tutorials, 2009, 11(1): 13-32.

[170] 霍夫曼-韦伦霍夫. 全球卫星导航系统-GPS. GLONASS. Galileo 及其他系统[M]. 北京: 测绘出版社, 2009.

[171] CINAR T, INCE F. Contribution of GALILEO to search and rescue[C]. RAST 2005-2nd International Conference on Recent Advances in Space Technologies. Turkey: Istanbul, 2005: 254-259.

[172] 崔哲, 阎鸿森, 惠卫华, 等. GPS 信号信噪比对接收机捕获性能的影响[J]. 时间频率学报, 2004, 27(2): 120-128.

[173] WINTEMITZ L M B, BAMFORD W A, HECKLER G W. A GPS receiver for high-altitude satellite navigation[J]. IEEE Journal of Selected Topics in Signal Processing, 2009, 3(4): 541-556.